C 语言程序设计

唐名华　主　编

伍春晖　侯　昉　鲜征征　王　泽　编　著

清华大学出版社

北　京

内 容 简 介

在学习一门语言的时候,人们普遍遵循字、句、篇的顺序,循序渐进地进行。为了迎合学习者的习惯,本书按照字、词、句的顺序介绍C语言的语法,并将表达式和语句单独成章,作为C语言的"词",便于初学者理解。全书共包括13章,第1章介绍C语言的开发环境以及本书配套软件的使用方法,第2章介绍C语言的数据与运算符,第3章介绍C语言的表达式与语句,第4章介绍顺序结构程序设计,第5章介绍选择结构程序设计,第6章介绍循环结构程序设计,第7章介绍数组,第8章介绍函数,第9章介绍编译预处理,第10章介绍指针,第11章介绍结构体,第12章介绍文件,第13章介绍程序调试。

本书适合作为高等院校计算机相关专业的教材,也可以作为从事计算机应用开发人员的参考书。

图书在版编目(CIP)数据

C语言程序设计/唐名华主编. —北京:清华大学出版社,2015(2024.8重印)
ISBN 978-7-302-39971-1

Ⅰ. ①C… Ⅱ. ①唐… Ⅲ. ①C语言－程序设计 Ⅳ. ①TP312

中国版本图书馆 CIP 数据核字(2015)第 087775 号

责任编辑:刘向威 薛 阳
封面设计:文 静
责任校对:梁 毅
责任印制:宋 林

出版发行:清华大学出版社
   网 址:https://www.tup.com.cn,https://www.wqxuetang.com
   地 址:北京清华大学学研大厦 A 座   邮 编:100084
   社 总 机:010-83470000   邮 购:010-62786544
   投稿与读者服务:010-62776969,c-service@tup.tsinghua.edu.cn
   质量反馈:010-62772015,zhiliang@tup.tsinghua.edu.cn
   课件下载:http://www.tup.com.cn,010-83470236
印 装 者:北京鑫海金澳胶印有限公司
经 销:全国新华书店
开 本:185mm×260mm 印 张:20.75   字 数:520 千字
版 次:2015 年 6 月第 1 版   印 次:2024 年 8 月第 10 次印刷
印 数:7951～8450
定 价:59.00 元

产品编号:063781-03

PREFACE 前言

随着数字阅读时代的到来,人们已经习惯通过计算机、平板电脑以及手机等电子设备阅读各类信息。为了顺应此时代潮流,本书尝试将计算机课程的习题及参考答案数字化,使读者可以通过数字设备进行阅读。

对于计算机程序设计语言的初学者,在理论课的学习环节,要理解程序设计的基本概念,掌握该语言的语法规则。除此之外,还要加强实践环节的训练,多动手编写并上机调试程序。这就要求为初学者提供合适的训练素材,包括一定的数量、各种形式的题型、适当的难易程度等。

为了给计算机程序设计语言的学习者提供合适的素材,我们开发了一套辅助计算机教学的题库软件,作为本书的配套练习软件。该题库中包含大量的题目供初学者练习,以此为基础,初学者可以进行适量的训练,增强动手编程的能力,并加深对语法规则的理解。

将练习题目以题库的形式提供给学习者有以下几个方面的优点。

(1)章节考试。传统上,在学期末进行考试有以下两个方面的弊端:第一,很多学生都在临考前才突击复习,考完后就把知识还给老师;第二,如果学生没有学好,老师只有在这个时候才能发现问题,但为时已晚,再也没有机会督促他学习了。有了题库系统的支持,就可以章节为单元组织考试。学生必须在学习期间掌握所有的知识,才能获得好成绩。同时,如果老师发现问题也能够及时采取补救措施,提高教学质量。

(2)顺应时代。随着计算机、平板电脑以及手机等电子设备的普及,人们,特别是上大学的学生,已经习惯了通过电子设备阅读信息、吸收知识。因此,将程序设计的练习题目以数据库的形式呈现出来,并通过电子设备阅读,符合新时代的阅读习惯。

(3)海量素材。如果将练习题目以习题集的形式出版,由于受到版面的限制,将不得不对题目进行裁剪,舍弃许多题目。相反,由于数据库不像习题集一样受到版面的约束,可以包含大量的素材,不必为了节约版面而舍弃有用的素材。针对C语言程序设计,本题库包括约三千道题目,涵盖了C语言程序设计的所有知识点。同时,由于可读性较高的源代码要求有恰当的缩进和分行排版,这就需要比较多的版面,把源代码存储到数据库中就不必为了节约版面而放弃可读性较高的排版方式。

(4)分类管理。除了按照章节和题目类型对题目进行分类外,还可以按照题目的难易程度进行分类管理。本题库中题目的难度等级分为:小学、中学、大学。练习者开始可以选择低难度的题目,并逐渐提高难度,完成从简单到复杂的学习过程,最后完全掌握该门课程知识。

（5）自主学习。传统上，教师在布置练习题目的时候，都是统一给所有人以相同的题目。这种方式有一个比较大的弊端，部分人可能觉得题目偏难，从而打击了他们的学习信心；而对另外一些人而言，题目又偏简单，使他们丧失了学习的兴趣。把题目存储在数据库中并分类管理后，练习者可以根据自己掌握知识的情况和学习习惯，选择知识点、题目类型以及难易程度。学生可以自主管理自己的学习过程，教师也可以分类指导。

（6）动态更新。如果把练习题放在习题集中，一经出版就不能再更改其中的内容了。相反，将题目素材存储在数据库中，可以动态更新题库内容，如可以根据练习者的反馈情况更新题目的难度等级，可以将新题目添加到数据库中等。

（7）方便使用。当练习者需要调试数据库中习题的程序源代码时，可以直接从数据库中读取。从而避免冗长的输入过程，节省了大量时间。

（8）免费使用。由于无须出版纸质的书籍，数据库可以免费使用，减轻了学习者的经济负担，这也符合开放、平等、协作、分享的互联网精神。

除了清华大学出版社网站有配套的免费软件之外，本书还有以下几方面的特色。

（1）表达式和语句单独成章。表达式在 C 语言中有非常重要的作用，在选择语句、循环语句以及函数调用中都会使用表达式以及求表达式的值。本书第 2 章介绍 C 语言的数据（常量和变量）和运算符，第 3 章介绍表达式和语句，然后在后面章节中介绍各种控制语句。这样安排章节有以下几个方面的好处。

首先，这符合按照字、词、句的顺序学习语言的规律，C 语言中"字"就是数据和运算符，"词"就是表达式和语句，"句"就是各种控制语句。

其次，在介绍完数据和运算符之后，可以很自然地引出表达式的概念。在第 2 章中独立地介绍完各种运算符之后，读者就会问：如果有多个运算符的混合运算怎么执行？这时就在第 3 章顺理成章地引出表达式的概念。有的教材介绍完一种运算符的时候就介绍相应的表达式，如介绍算术运算符时就介绍算术表达式，介绍关系运算符时又介绍关系表达式等。在这种章节安排下，当要介绍多种运算符的混合运算的时候，就很不自然了，有些教材甚至都没有正式介绍混合运算的表达式。同时，这样安排会引出很多表达式的概念，给读者一种印象就是 C 语言太复杂了，初学者会有一种心理压力。

最后，可以强调表达式的值与值的类型两种属性。在以往的教学中我们发现，由于教材中没有强调表达式值的类型，部分学生在学习条件语句和循环语句的时候存在很大的困难。本书把表达式的内容单独成章，就可以强调表达式值的类型。特别强调 C 语言中任何类型的值都可以看作逻辑值。这样学生就能够比较容易理解条件语句和循环语句中表达式的作用了。

（2）引入"转义数组"。在介绍通过指针变量访问多维数组的时候，本书引入了"转义数组"的概念，并正式地定义了"行地址"的概念。例如，a 是一个二维数组名，基于"转义数组"和"行地址"这两个概念，本书很顺利地解释了为什么 $a+1$ 和 $*(a+1)$ 的值是相同的。这是二维数组中比较难以理解的一个问题，在以往的教材中，有的花了很长的篇幅来解释这个问题，有的却对它避而不谈。

（3）例题难度适中。本书中选用的大部分例题都选自于配套的题库中。为方便初学者学习，例题的难度等级以小学和中学为主。同时，例题所涉及的算法都是比较简单的算法，避免读者花太多精力去理解算法而耽误了学习 C 语言的语法。

（4）N-S 图表示算法。书中的编程例题都提供了其算法的 N-S 图。虽然，各学校分配给 C 语言程序设计的课时量都比较少，教师就没有太多的时间分析算法的 N-S 图。但是，我们也给出算法的 N-S 图，这样就能给读者一个正确的引导，在编写程序之前画出算法的 N-S 图，养成良好的编程习惯。

（5）分解课程设计题目。本书还把一个课程设计的题目分解为几个模块，然后把各个模块作为相应章节的练习题目。在顺序学习各章节的时候，通过课后作业完成各个模块。在学习完全书内容之后，把各个模块的程序合并起来，完成课程设计的题目。这样，初学者就能够完成一个比较大的题目，编写出一个比较长的程序。这有利于提升初学者的信心，增强其学习计算机的兴趣，为后续课程的学习打下坚实的基础。

本书第 1～4 章以及第 13 章由唐名华编写，第 5 章和第 6 章由伍春晖编写，第 7 章和第 8 章由侯昉编写，第 9 章和第 10 章由鲜征征编写，第 11 章和第 12 章由王泽编写。全书由唐名华统稿。

受限于作者的水平，书中难免有缺漏和不足之处，敬请读者不吝指正。

作者
2014 年 12 月

CONTENTS 目录

第1章

C语言开发环境

俗话说"工欲善其事,必先利其器",熟练掌握开发工具是软件开发的第一步。本章介绍具体的 C 语言开发软件,即 Visual C++6.0,以及本书的配套软件——367 计算机学习软件。

1.1　程序设计过程

计算机是一种可以进行算术运算和逻辑判断的电子设备,它能够快速完成人力需要很长时间才能完成甚至无法完成的计算量。计算机只能识别计算机指令,所以要把一个任务交给计算机完成,必须把它用一组计算机指令表示出来,规定好每个具体步骤,这一组设计好的计算机指令称为计算机程序。所以程序(Program)是指为实现特定目标或解决特定问题而编写的命令序列的集合。

用机器语言(计算机指令)编写程序有一系列缺点,如学习困难,效率太低,难以维护等。一种较好的方案是先用高级语言(如本书介绍的 C 语言)编写好源程序,然后再把它转换成用机器语言表示的可执行程序。这需要分以下几个步骤完成。

(1) 编辑源程序。用源程序编辑软件(本课程选用 Visual C++6.0)将源程序输入计算机并保存好,用 Visual C++6.0 编辑的源程序的扩展名为 C 或 CPP。

(2) 编译。在编译过程中,首先是对源程序进行语法分析,判断源程序中是否存在语法错误,如果有语法错误则报告错误信息,说明错误所在位置以及错误类型。这时候,程序设计人员的主要任务就是根据这些错误信息修改程序,直到没有语法错误。然后编译系统会生成目标程序,扩展名为 obj。

(3) 连接。将目标程序和库函数或其他目标程序连接,如果有库函数或者目标程序无法连接,连接系统还会报告错误,程序设计人员还需要根据错误报告修改程序。当没有错误的时候,才能生成可执行文件,其扩展名为 exe。

(4) 运行。运行可执行文件。这时,程序设计人员的主要任务就是检查运行的结果是否达到了预期的目的。如没有达到,则说明程序存在逻辑错误或者语义错误(如 0 作除数)。这些错误无法由编译程序检查出,只能由程序设计人员检查出。程序设计人员可以运用的技术手段有:仔细分析源代码、分析程序运行的中间结果或者运用程序调试手段,详细的方法将在第13章介绍。当程序运行的结果达到了预期的目的时,程序设计的过程才宣告完成。

由于各种原因,程序总是会出现各种各样的错误,特别对于初学者而言更是如此。所以,在程序设计的过程中,程序设计人员最重要的职责就是检查出程序中的错误,然后改正程序,直到程序运行达到预期目的。

当程序有错误时,设计人员不能急躁,应该平心静气地分析程序以及其运行的结果,找出错误的位置并修改程序。

1.2 Hello World 程序

本章用一个简单的程序来介绍 C 语言程序的特性以及用 Visual C++6.0 开发程序的过程。此例子程序(本书中,此程序简称为 HelloWorld 程序)如下。

[例]

```
#include<stdio.h>                    //包含头文件
void main()
{
    printf( "Hello, World!\n" );      /*调用库函数 printf */
}
```

本程序的作用是在屏幕上输出以下一行信息:

Hello, World!

从 Hello World 程序可以看到,用 C 语言编写的程序主要有以下几个方面的特性。

(1) 函数是 C 语言程序的基本构成单位。一个 C 程序有且仅有一个函数 main,除了函数 main,C 程序还可以包含其他函数。

(2) 一个函数可以调用其他函数。如果被调用的函数是库函数,要包含定义该函数的头文件。本例中,在函数 main 中调用了函数 printf,它是在文件"stdio.h"中定义的。所以,本程序的第一行的作用就是包含该文件。如果没有第一行,编译系统将报告一个编译错误。

(3) 函数是由若干语句构成的。语句的结束标志是一个分号,它是语句的必要组成部分。如果一个语句没有分号,编译系统将报告编译错误。

(4) C 程序可以包含注释信息。注释对程序进行解释或说明,方便程序设计人员开发及维护程序,编译系统不对注释进行编译。在程序运行时,注释信息不起任何作用。C 程序中的注释有两种,//称作单行注释,它注释的范围是从它开始到该行剩下的部分。/*…*/称作多行注释,它注释的范围是由它包括的所有内容。

(5) C 程序的执行是从函数 main 开始的,在函数 main 中结束。从函数 main 的第一条语句开始执行,当函数 main 的最后一条语句执行完毕后,整个程序的执行就结束了。

1.3 Visual C++6.0 的安装与开发过程

Visual C++6.0 具有典型的 Windows 窗口界面,能够实现所见即所得的效果,操作简单,适合初学编程者使用。本书的所有程序都在 Visual C++6.0 开发环境下通过调试。本节介绍它的安装过程和使用方法。Visual C++6.0 对系统的软硬件配置要求较低,如操作系统为 Microsoft Widows 95 或者更新的版本,内存要求 32MB 以上,磁盘空间要求 400MB 以上。

在 Visual C++6.0 的安装向导的引导下可以很容易地完成安装,下面介绍其具体过程。

(1) 从安装包中找到 SETUP.EXE,双击程序 SETUP.EXE,出现启动安装界面,如图 1-1 所示,单击"下一步"按钮。

图 1-1　启动安装界面

(2) 在用户许可协议界面中,如图 1-2 所示,选择"接受协议"单选按钮,然后单击"下一步"按钮。

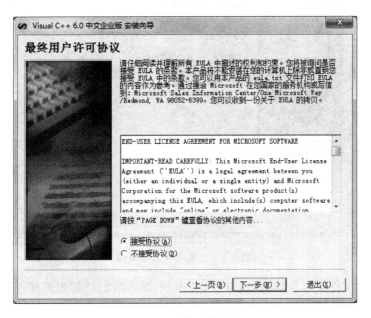

图 1-2　用户许可协议界面

（3）在"产品号和用户 ID"界面中，如图 1-3 所示，输入姓名和公司名称，然后单击"下一步"按钮。

图 1-3 "产品号和用户 ID"界面

（4）在安装内容选择界面中，如图 1-4 所示，选择"安装 Visual C++6.0 中文企业版"，然后单击"下一步"按钮。

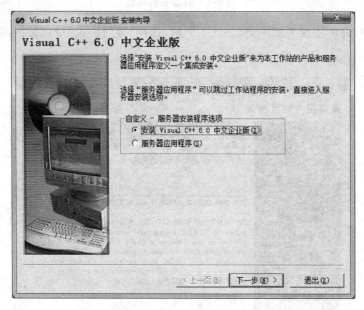

图 1-4 安装内容选择界面

（5）在安装文件夹选择界面中，如图 1-5 所示，单击"浏览"按钮选择一个文件夹作为安装目录，或者使用默认设置，然后单击"下一步"按钮。

（6）在欢迎界面中，单击"继续"按钮，如图 1-6 所示。

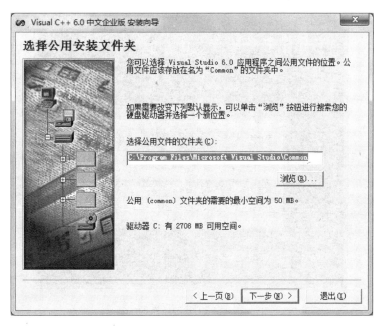

图 1-5　安装文件夹选择界面

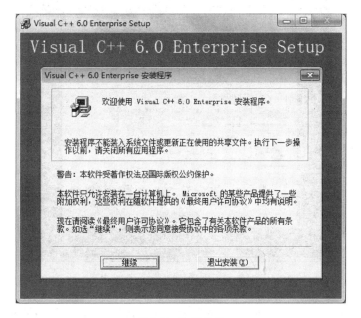

图 1-6　欢迎界面

（7）在产品 ID 界面中，如图 1-7 所示，单击"确定"按钮。

（8）在安装类型选择界面中，如图 1-8 所示，单击 Typical 左边的图标，就可以完成安装。

安装完成后，可以通过"开始"菜单或者桌面快捷方式启动 Visual C++6.0，它的界面如图 1-9 所示。它的界面是一个典型的 Windows 窗口界面，包含 Windows 界面中的常见元素，例如，最上面的 4 栏分别是标题栏、菜单栏和两个工具栏，最下面的一栏是状态栏。

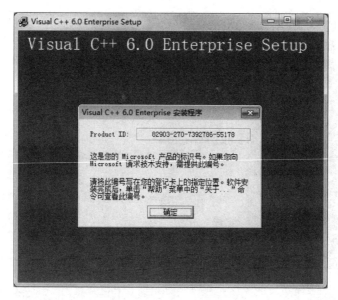

图 1-7 产品 ID 界面

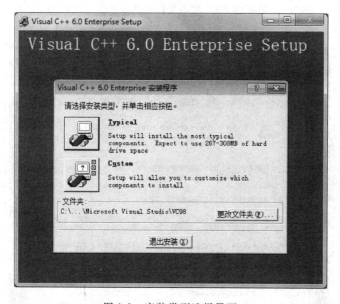

图 1-8 安装类型选择界面

中间偏左的窗格是工作空间,在工作空间中显示的是与用户项目(Visual C++6.0 设置一个项目来管理一个程序)有关的信息,如项目中文件列表等。中间偏右的窗格是工作区,工作区是 Visual C++6.0 中的主要区域,在工作区中可打开文件并对文件进行编辑。工作区下面是输出区域,输出区域中显示编译和连接过程中的输出信息。

Visual C++6.0 界面中的元素可以根据需要开启和关闭。操作方法是在菜单栏和工具栏的空白处单击右键,然后在弹出的菜单中选择相关选项,如选择"标准"命令可以开启或关闭标准工具栏。

下面以例 1-1 中的 HelloWorld 程序为例介绍如何使用 Visual C++6.0。

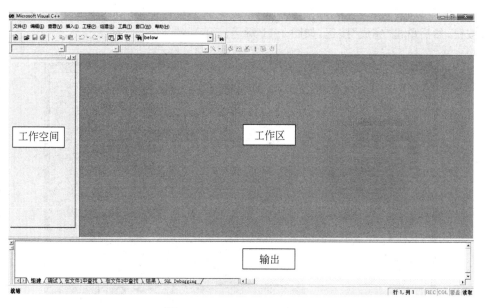

图 1-9　Visual C++6.0 主界面

（1）在磁盘上建一个文件夹（本例中建立的文件夹为 D:\vc projects），用来保存用户建立的项目，然后运行程序 Visual C++6.0。

（2）执行"文件"→"新建"菜单命令，弹出如图 1-10 所示的"新建"对话框；在此对话框中选择"工程"选项卡，在左边的列表框中选择倒数第三项 Win32 Console Application，在"工程名称"下边的文本框中输入"hello"（也可以是其他名字），在"位置"下边的文本框中输入第（1）步中所建的文件夹"D:\vc projects\hello"，然后单击"确定"按钮。

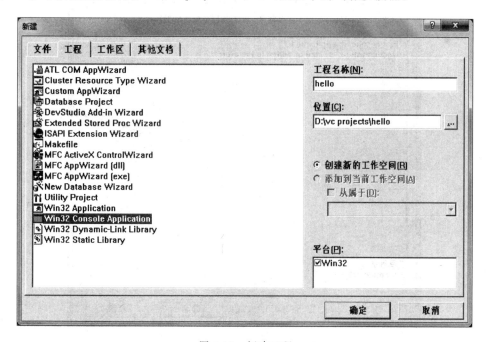

图 1-10　新建工程

（3）在弹出的"Win32 Console Application-步骤1共1步"对话框中选择"一个空工程"单选按钮，然后单击"完成"按钮，如图1-11所示。

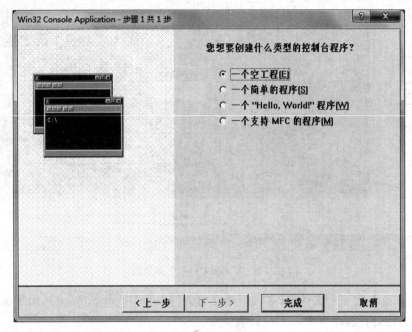

图1-11　选择工程类型

（4）在弹出的"新建工程信息"对话框中单击"确定"按钮，如图1-12所示。

图1-12　新建工程信息

（5）新工程建立后的窗口界面如图 1-13 所示。

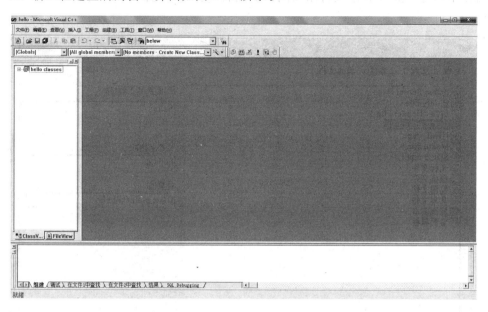

图 1-13　成功新建工程

（6）单击工作空间窗格右下角的 File View 标签，上边会出现 hello files，单击它左边的
＋号，在它的下面将出现三个空文件夹：Source Files、Header Files 以及 Resource Files，如
图 1-14 所示。

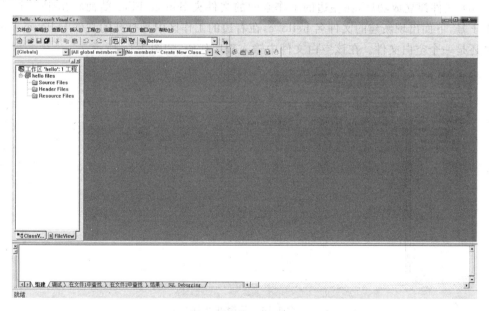

图 1-14　新工程文件夹

（7）执行"文件"→"新建"命令，弹出如图 1-15 所示的对话框。在弹出的对话框中选择
"文件"选项卡，在左边的列表中选择第 4 项 C++Source File；选中右边的"添加到工程"复
选框，并在它下边的选择框中选 hello；在"文件名"文本框中输入要建立的文件名 hello.c

（也可以不指定扩展名 c，系统将添加默认扩展名 cpp）；"位置"下面的文本框中使用默认设置。

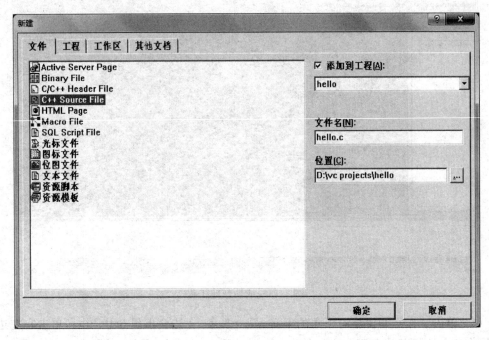

图 1-15　新建文件

（8）文件建立成功后，在左边的工作空间的文件夹 Source Files 前面将出现一个＋号，单击＋号，下面出现新建的文件名 hello.c，在右边的工作区中是打开的文件 hello.c，此时该文件还是一个空白文件。在该空白文件中输入程序代码，如图 1-16 所示。

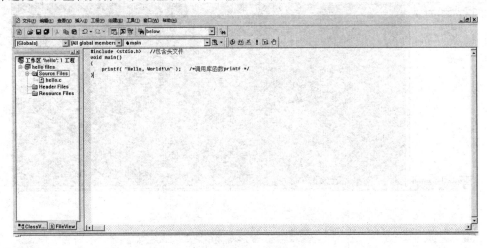

图 1-16　编辑新文件

（9）执行"组建"→"编译"命令，将对程序进行编译，如果程序中没有语法错误，得到文件 hello.obj。输出区中显示图 1-17 中的内容。其中，"hello.obj - 0 error(s)，0 warning(s)"表示编译时没有错误和警告，所以成功生成目标文件 hello.obj。

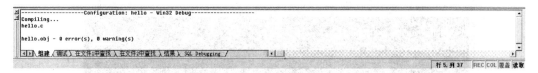

图 1-17 编译成功

如果编译时出现了错误,则要先改正相应错误才能进行下一步。初学者易犯的一个典型错误是忘记输入语句"printf("Hello,World! \n")"后面的分号";",编译时将会给出如图 1-18 所示的错误提示信息。

```
----------------Configuration: hello - Win32 Debug----------------
Compiling...
hello.c
D:\vc projects\hello\hello.c(5) : error C2143: syntax error : missing ';' before ')'
执行 cl.exe 时出错.

hello.obj - 1 error(s), 0 warning(s)
```

图 1-18 编译出错

当编译时出现了错误,系统会给出错误提示信息,错误提示信息的含义如下:

① "hello.obj-1 error(s), 0 warning(s)"表示编译 hello.obj 的时候出现了错误,其中的 1 表示只有一个错误。

② ":\vc projects\hello\hello.c(5)"表示编译文件 hello.c 的时候出现了错误,其中的 5 表示错误出现在第 5 行。需要注意的是,系统给出的提示中指出的错误所在行,有时并不是绝对准确,改正程序错误的时候只能把它作为参考。

③ "error C2143"表示错误代码是 C2143。

④ "syntax error : missing ';' before '}'"表示具体错误是语法错误,错误的内容为在括号}前面少了分号";"。

根据这些提示信息,在程序中的语句"printf("Hello,World! \n")"后面加上分号";",就没有编译错误了。

(10) 执行"组建"→"组建"命令,将对程序进行组建,如果没有遇到错误,得到文件 hello.exe。输出区中显示图 1-19 中的内容。"hello.exe - 0 error(s), 0 warning(s)"表示组建时没有遇到错误和警告,所以成功生成可执行文件 hello.exe。

```
----------------Configuration: hello - Win32 Debug----------------
Linking...

hello.exe - 0 error(s), 0 warning(s)
```

图 1-19 组建成功

(11) 执行"组建"→"执行"命令,运行程序 hello.exe,程序的输出结果如图 1-20 所示。

这样就成功地用 Visual C++ 6.0 开发了一个简单的程序,并通过这个例子熟悉了 Visual C++ 6.0 的开发环境以及开发步骤,为以后的学习打下了基础。

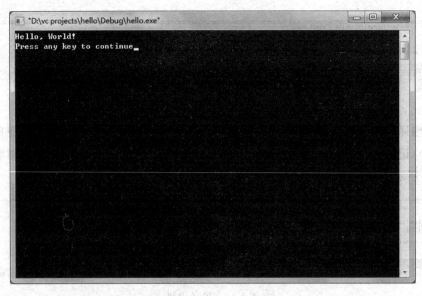

图 1-20　运行结果

1.4　题库系统简介

本节介绍与本书《C语言程序设计》配套的题库系统,该系统包含本书的题库。

题库中包括了约三千道题目。按知识点分为基础知识、顺序结构、选择结构、循环结构、数组、函数、编译预处理、指针、结构体和共用体、位运算、文件,与本书章节一一对应,方便教师在教学过程中安排考试;按难度等级分为小学、中学、大学;按题型分为选择题、填空题、判断题、程序填空题、写程序结果题、编程题和课程设计题。

使用题库系统需要通过微信小程序"开卷考"。系统分为服务器端、教师端和学生端。本节只介绍教师端和学生端。

1.4.1　教师端

教师通过教师端使用题库系统,教师端的界面如图 1-21 所示。教师端有两个功能:

图 1-21　教师端主界面

（1）创建考试；

（2）改卷；

在如图 1-21 所示的教师端界面中创建考试。在"教师账号"文本框中输入教师账号，在"选择课程"和"选择章节"下拉列表中分别选择课程和章节，在"考试班级"文本框中输入班级的名称，在"时间分钟"文本框中输入考试时间。设置好考试内容后，教师单击"开始考试"按钮，学生端就可以开始考试。同时，教师端显示考试时间倒计时。

考试结束时间到，学生开始交卷。当所有的学生都交卷后，教师单击"改卷"按钮，启动评分功能。评分完成后，成绩会显示在"成绩表"列表中。

本软件评分时，采用相对分的方法。具体规则是：答对题目最多的 A 同学得分为 100 分，其余同学的分数为相对于 A 同学的分数。如答对题目最多的 A 同学答对了 10 道题，得分 100，则答对了 7 道题的同学得 70 分，答对 5 道题的同学得 50 分，以此类推。同时，考虑输入填空题答案的时间比输入选择题答案的时间长，系统给每个填空题的得分设置了 5 倍系数。同时为了防止某人得分远超其他人，造成其他人得分偏低，评分时会以第三名为基准计算其他同学的得分，前三名同学都得 100 分。采用相对分的好处在于能够最大程度防范舞弊。因为任何人都不知道自己能答对几题，得多少分，所以只有尽量多答题，自然就不敢停下来"帮别人的忙"，因此可以有效防止作弊的情况发生。极大减轻老师监考的压力。

1.4.2　学生端

学生通过学生端使用题库系统。学生有两种方式使用题库。一种是自由练习，学生自由选择练习范围；另一种是考试，在上课期间，教师在教师端创建班级并设定考试范围。

学生自由练习的界面如图 1-22 所示。学生在"选择课程""选择章节""选择类型"中设定练习内容。单击"获取题目"可以获取题目，并显示在"题目内容"列表框中，单击"参考答案"按钮可以获取对应题目的答案，并显示在题目后面。

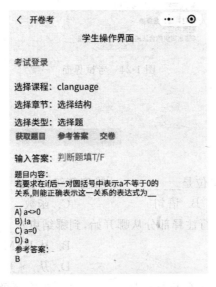

图 1-22　自由练习界面

上课期间,当教师创建班级并设置开始考试后,学生单击"考试登录"按钮,弹出如图 1-23 所示的登录对话框。输入学生的学号和姓名,并选择考试班级,考试班级由教师设置考试信息时设置,单击"登录"按钮登录系统。

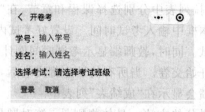

图 1-23　考试登录对话框

学生登录系统后,进入如图 1-24 所示的考试界面。考试界面中显示了考试剩余时间。学生无须设置课程、章节和类型信息,直接单击"获取题目"按钮就可以开始考试,题目显示在"题目内容"列表中。学生在"输入答案"文本框中输入答案内容。填空题的答案直接输入相应内容;选择题的答案输入 A、B、C、D;判断题的答案输入 T、F。完成一道题后,学生可继续单击"获取题目"按钮,系统将保存当前题目的答案并显示下一道题。考试结束时间到,学生单击"交卷"按钮提交试卷。

图 1-24　考试界面

习题

一、选择题

1. C 语言程序的基本单位是_____。[难度等级:小学]

　　A. 程序行　　　　　　B. 语句　　　　　　C. 函数　　　　　　D. 字符

2. 在 C 语言程序中,多行注释部分从哪开始,到哪结束?_____[难度等级:小学]

　　A. 从(到)结束　　　　　　　　　　B. 从 REM 开始无结束志标志

　　C. 无起始标志　　　　　　　　　　D. 从/ * 开始, * /结束

3. C 语言可执行程序的开始执行点是_____。[难度等级:小学]

　　A. 程序中第一条可执行语句　　　　B. 程序中第一个函数

　　C. 程序中的函数 main　　　　　　　　D. 包含文件中的第一个函数

二、编程题

1. 上机运行例 1-1。〔难度等级：小学〕

2. 编写一个程序，输出以下信息：〔难度等级：小学〕

Welcome to China!

3. 编写一个程序，输出以下图案：〔难度等级：中学〕

＃

＃＃＃

＃＃＃＃＃

＃＃＃＃＃＃＃

第2章

数据与运算符

计算机科学家沃思提出:

程序＝数据结构＋算法

其中,数据结构是指数据以及数据之间的关系。算法是指为解决某个问题而设计的操作步骤。即程序可以看作是用设计出的算法操作数据。

C 语言要求数据带有类型信息,数据的类型指定了数据的存储宽度、取值范围以及数据能够参与的运算。C 语言提供了广泛的运算符,使数据可以进行各种运算。

2.1 数据类型

C 语言提供了丰富的数据类型,如图 2-1 所示。

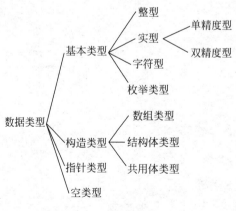

图 2-1　C 语言的数据类型

本章介绍 C 语言的三种基本类型,即整型、实型、字符型,其他类型在后面章节中介绍。

2.1.1 整型

按进制划分,整型数可以分为以下三种。

（1）十进制整数，例如 110，−119 等。

（2）八进制整数，以数字 0 开头的数是八进制数，后面跟的数字只能是 0～7。例如 $0110=(110)_8=(72)_{10}$；$-0120=(-120)_8=(-80)_{10}$。

（3）十六进制整数，以 0x 开头的数是十六进制数，后面跟的字符是 0～9 以及 A～F。例如 $0x2AB=(683)_{10}$；$-0x119=(-281)_{10}$。

2.1.2　实型

在 C 语言中，实型数又称为浮点数，它有以下两种表示形式。

（1）十进制数形式，由数字和小数点组成。例如 3.14、0.314、314.0 等。如果小数点前或后只有一个 0，则可以省略 0，但是小数点不能省，例如 0.314 可以写作.314，314.0 可以写作 314.等。

（2）指数形式，例如 3.0e8 或 3E8 都代表 3.0×10^8。指数形式的实型数要求字母 e（或 E）之前必须有数，如 10^3 必须写作 1e3 或 1.0E3。并且字母 e（或 E）之后的数必须是整数，如 2e2.5 是不合法的指数形式。

2.1.3　字符型

C 语言的字符型数据包括字符和字符串。字符是用单引号括起来的一个字符，如'a'、'A'、'1'、'?'等。

需要注意的是字符数据和整型数据的区别，例如：'9'是一个字符，而 9 是一个整数。

除了上述的普通字符外，C 语言还用"\"开头的字符序列表示一些非显示字符。例如'\n'代表一个换行符。这些字符的意义与"\"后面的字符相比发生了转变，故这些字符称作转义字符。C 语言中的转义字符见表 2-1。

表 2-1　C 语言的转义字符

转义字符	功　　能
\n	回车换行
\t	横向跳格到下一个输出区
\b	退格
\r	回车（回到行首）
\f	走纸换页
\\	反斜杠字符'\'
\'	单引号字符
\"	双引号字符
\a	响铃
\ddd	1～3 位八进制数所代表的字符
\xhh	1 或 2 位十六进制数所代表的字符

表中倒数第二行是用一个八进制数表示一个字符，该八进制数是所表示字符的 ASCII 码。倒数第一行是用一个十六进制数表示一个字符，该十六进制数是所表示字符的 ASCII 码。例如，'\141'和'\x61'都表示字符'a'，前者是用八进制数 141 表示，后者是用十六进制数 61 表示。

[例 2-1]

```
# include < stdio. h>
void main()
{
    printf( "Hello, World!\n" );
    printf( "Hello, \bWorld!\n" );
    printf( "Hello, \tWorld!\n" );
    printf( "Hello, \rWorld!\n" );
    printf( "Hello, \nWorld!\n" );
}
```

程序的输出结果为：

```
Hello, World!
Hello,World!
Hello,    World!
World!
Hello,
World!
```

此程序是在 HelloWorld 程序的基础上加上了一些转义字符。程序的第一个输出语句与 HelloWorld 程序的输出语句相同，所以输出结果中的第一行与该程序输出相同。程序的第二个输出语句在字符'W'前面加了一个转义字符'\b'，它的作用是退一格，字符'W'及其以后的字符都将退一格输出，因此输出结果第二行中字符'W'之前的空格就被覆盖了。程序的第三个输出语句在字符'W'前面加了一个转义字符'\t'，它的作用是跳到下一个输出区，一个输出区占 8 列，下一个输出区从第 9 列开始，因此输出结果第三行中字符'W'之前有两个空格。程序第四个输出语句在字符'W'前面加了一个转义字符'\r'，它的作用是回到行首继续输出，因此输出结果第四行中"World!"将把前面的内容覆盖掉。程序第五个输出语句在字符'W'前面加了一个转义字符'\n'，它的作用是换到下一行行首继续输出，因此输出结果第五行只有"Hello,"，其余字符在第六行输出。

字符串是由一对双引号括起来的字符序列，如" Hello"，" 2. 71828"，" A " 等。HelloWorld 程序输出的就是一个字符串"Hello, World! \n"。

2.1.4 字符型数据在内存中的存储形式

将字符存放到计算机内存中的时候，不是把字符本身存放到内存单元中，而是将该字符的 ASCII 码值存放到内存单元中。ASCII 码是美国信息交换标准代码的简称，它用一个 8 位二进制数来表示字符，如 a、b、c、d 等字母（包括大写），以及 0、1 等数字、一些常用的符号如 * 、♯、@等，以及一些不可见的控制字符。字符与其 ASCII 码对照表见附录 B。例如，字符'a'的 ASCII 码为 97，内存中存放的就是整数 97。所以，字符数据既可以以字符形式输出，也可以以整数形式输出。

[例 2-2]

```
# include < stdio. h>
void main()
{
```

```
        printf( "%c\n", 'a');
        printf( "%d\n", 'a');
}
```

程序的输出结果为：

```
a
97
```

程序的第 4 行以字符形式输出字符'a',故输出结果的第一行为字符 a。程序的第 5 行以整数形式输出字符'a',故输出结果的第二行为字符'a'的 ASCII 码 97。

字符串在内存中存储的时候要在每个字符串的结尾加一个字符串结束标志,即转义字符'\0'。这就能够解释为什么'a'和"a"是不同的。'a'是一个字符,内存中只存储它的 ASCII 码。而"a"是一个字符串,内存中存储的是字符'a'的 ASCII 码,后面接着存放转义字符'\0'的 ASCII 码。字符串'a'在内存中存储的是

因此,字符串"a"的长度是 2,不是 1。

2.2　常量与变量

2.1 节中学习了 C 语言的基本数据类型。程序在运行的时候不能处理数据类型,而只能处理数据,而且 C 语言要求所处理的数据都包含类型信息。所以本节就是探讨如何由数据类型生成数据。根据运行过程中值能否被改变,C 语言的数据分为常量和变量。

2.2.1　标识符

在 C 语言中,数据和函数常常用标识符来命名。本节介绍标识符的命名规则。该规则规定：

（1）标识符只能包含字母(A~Z,a~z)、数字(0~9)和下划线(_)三种符号。

（2）标识符的第一个字符只能是字母或下划线。

（3）标识符不能使用 C 语言的关键字。C 语言的所有关键字见表 2-2。

表 2-2　C 语言的关键字

关键字类别	关　键　字				
循环结构关键字	for	do	while		
流程控制关键字	return	continue	break	goto	
类型修饰关键字	short	long	signed	unsigned	
复杂类型关键字	struct	union	enum	typedef	sizeof
数据类型关键字	void	char	int	float	double
分支结构关键字	if	else	switch	case	default
存储级别关键字	auto	static	register	extern	const	volatile

[**例 2-3**] 下面可用作用户标识符的一组标识符是_____。

    A. void   B. a3_b3

       define   _xyz

       WORD   IF

    C. For   D. 2a

       —abc   DO

       Case   sizeof

答案：B

选项 A 中的 void 是关键字；选项 C 中的—abc 不是以字母或下划线为第一个字符；选项 D 中的 2a 也不是以字母或下划线为第一个字符。所以正确答案是 B 选项。

2.2.2 常量

常量是指在程序运行过程中值不能改变的数据。根据 C 语言的基本类型，常量有字符常量，如'T'，'9'；字符串常量，如"Hello，World!"；整型常量 101，—500；实型常量 3.14，2.71 等。常量还可以用一个标识符来代表，称为符号常量。

[**例 2-4**]

```
# include <stdio.h>
# define PI 3.14
void main()
{
    printf( "area1 = % f\n", 3.14 * 2 * 2 );
    printf( "area2 = % f\n", PI * 2 * 2 );
}
```

程序的输出结果为：

```
area1 = 12.560000
area2 = 12.560000
```

程序是计算并输出一个半径为 2 的圆的面积。程序中用 # define 命令定义 PI 代表常量 3.14，PI 称为符号常量。定义后，在该程序中出现的 PI 都代表 3.14，且不能改变。例 2-4 表明：分别用 3.14 和 PI 计算得到的圆面积相等。

2.2.3 变量

变量是指在程序运行过程中值可以改变的数据。C 语言规定，变量应当遵循"先定义，后使用"的原则。

C 语言中，变量定义的基本形式是：

数据类型 变量名;

其中：

(1) 变量名必须遵循标识符的命名规则。

(2) 数据类型既可以是基本类型也可以是构造类型和指针类型，不能是空类型。

基本类型中整型的类型说明符为 int，实型分为单精度实型和双精度实型，单精度实型的类型说明符为 float，双精度实型的类型说明符为 double，字符型的类型说明符为 char。这几种基本类型之前还可以加上各种修饰符。C 语言的类型修饰符见表 2-3。

表 2-3 C 语言的类型修饰符

类型修饰符	含　义
signed	有符号类型
unsigned	无符号类型
short	短型
long	长型

signed、unsigned、short 和 long 可以修饰整型 int，分别表示有符号整型、无符号整型、短整型和长整型。long 可以修饰双精度浮点型 double。signed、unsigned 可以修饰字符型 char。

C 语言规定每一个变量都要有一个确定的类型。因为变量的类型决定：

（1）编译系统为此变量分配存储单元的数量。不同类型的变量占有不同数量的存储单元。

（2）此变量能够进行的运算。不同类型的变量能够进行的运算也是不同的。

以下都是合法的变量定义：

```
char ch;
int num;
short int a;
double height;
```

变量定义后，就可以使用变量，包括给变量赋值，用来计算其他变量的值，输入输出变量的值等。

［例 2-5］

```
#include <stdio.h>
#define PI 3.14
void main()
{
    double r;                          //定义变量
    r = 2.0;                           //给变量赋值
    double area;                       //定义变量
    area = PI * r * r;                 //变量参与运算
    printf( "area = %f\n", area );     //输出变量的值
}
```

程序的输出结果为：

```
area = 12.560000
```

变量定义除了基本形式外，还可以有以下一些可变形式：

（1）同时定义多个变量，定义形式为：

数据类型　变量名 1，变量名 2，变量名 3，…；

变量名之间用逗号分隔，这样定义的所有变量具有相同的类型。

例如 int a，b，c；

（2）定义变量的同时给变量赋初值，定义形式为：

数据类型　变量名 = 初值；

例如 char ch = 'a'；

double g = 2.71828；

也可以同时定义多个变量，只给部分变量赋初值。

例如 int r1，r2，r3 = 3；

当同时定义多个变量并赋以相同的初值时，不能写成：

int i = j = k = 0；

应该写成：

int i = 0，j = 0，k = 0；

2.2.4　数据的存储宽度、取值范围与精度

2.2.3 节提到，定义变量后，编译系统根据变量的类型为变量分配内存单元，分配内存单元的数量取决于该数据类型的存储宽度。C 语言中的基本类型，以及基本类型加上修饰符后得到的类型在存储宽度方面可能有所不同。下面用两个例子来说明如何得到数据类型的存储宽度。

〔**例 2-6**〕

```
# include < stdio.h >
void main()
{
    printf( "sizeof(char) = % d\n", sizeof(char) );
    printf( "sizeof(int) = % d\n", sizeof(int) );
    printf( "sizeof(float) = % d\n", sizeof(float) );
    printf( "sizeof(double) = % d\n", sizeof(double) );
}
```

程序的输出结果为：

```
sizeof(char) = 1
sizeof(int) = 4
sizeof(float) = 4
sizeof(double) = 8
```

可以用 sizeof 来判断数据类型、常量或者变量的存储宽度。例 2-6 表明字符型数据的存储宽度为 1 字节，整型和单精度实型的存储宽度为 4 字节，双精度浮点数的存储宽度为 8 字节。类似地，修改例 2-6 中数据类型的名字可以得到其他数据类型的存储宽度。

〔**例 2-7**〕

```
# include < stdio.h >
void main()
{
    printf( "sizeof('a') = % d\n", sizeof('a') );
```

```
    printf( "sizeof(\"a\") = %d\n", sizeof("a") );
}
```

程序的输出结果为：

```
sizeof('a') = 1
sizeof("a") = 2
```

例 2-7 表明字符'a'的存储宽度为 1 字节，而字符串"a"的存储宽度为 2 字节，与 2.1.4 节中的分析吻合。

除了存储宽度，当使用数据类型的时候还应当关注该类型的取值范围。数据类型的取值范围是指该类型的变量能够取的最大值以及最小值。不同数据类型的取值范围可能会有所不同。由于无符号数不能表示负数，所以它取值范围的最小值都是 0。

[例 2-8]

```
# include < stdio. h>
# include < limits. h>
void main( )
{
    printf("整数的最小值为 %d\n", INT_MIN);
    printf("整数的最大值为 %d\n", INT_MAX);
    printf("无符号整数的最大值为 %u\n", UINT_MAX);
}
```

程序的输出结果为：

```
整数的最小值为 – 2147483648
整数的最大值为 2147483647
无符号整数的最大值为 4294967295
```

例 2-8 显示的是整数及无符号整数的取值范围。类似地，修改其中数据类型的名字可以得到其他类型的取值范围。如表 2-4 所示为 C 语言中各数据类型的取值范围。

表 2-4 C 语言中各数据类型的取值范围

类　　型	存储宽度	取　值　范　围
char	1	－128～127
unsigned char	1	0～255
signed char	1	－128～127
int	4	－2 147 483 648～2 147 483 647
unsigned int	4	0～4 294 967 295
signed int	4	－2 147 483 648～2 147 483 647
short int	2	－32 768～32 767
unsigned short int	2	0～65 535
signed short int	2	－32 768～32 767
long int	4	－2 147 483 648～2 147 483 647
unsigned long int	4	0～4 294 967 295
signed long int	4	－2 147 483 648～2 147 483 647
float	4	(约)－1e-38～1e38
double	8	(约)－1e308～1e308
long double	8	(约)－1e308～1e308

当 int 前没有加 signed 或 unsigned 修饰符时,系统默认为 signed,所以 int 和 signed int 有相同的存储宽度和取值范围,其他类型同理。short int 和 long int 可以分别简写为 short 和 long。

需要说明的是,C 语言并没有规定各种类型数据所占内存字节数,不同计算机的实现可能会有所不同。以上数据是在 AMD Athlon(tm) II P320 Dual-Core Processor 计算机上获取的。

当使用实数的时候,还应当关注它的精度,即小数点后面精确的位数。一般地,单精度实数的精度为 6 位,小数点后面 6 位是精确的,第 7 位开始就不精确了;双精度浮点数的精度为 15 位,小数点后面 15 位是精确的,第 16 位开始就不精确了。

[例 2-9]

```c
# include < stdio.h >
void main( )
{
    float f = 3.14;
    double g = 3.14;
    printf("单精度实数保留 6 位小数 %.6f\n", f);
    printf("单精度实数保留 7 位小数 %.7f\n", f);
    printf("双精度实数保留 15 位小数 %.15f\n", g);
    printf("双精度实数保留 16 位小数 %.16f\n", g);
}
```

程序的输出结果为:

```
单精度实数保留 6 位小数 3.140000
单精度实数保留 7 位小数 3.1400001
双精度实数保留 15 位小数 3.140000000000000
双精度实数保留 16 位小数 3.1400000000000001
```

从例 2-9 可以看到:单精度实数小数点后第 7 位出现了一个 1(也有可能是别的数字),说明该位上的数字是不精确的,而小数点后前 6 位是精确的,说明单精度实数的精度为 6 位。双精度实数小数点后第 16 位出现了一个 1(也有可能是别的数字),说明该位上的数字是不精确的,而小数点后前 15 位是精确的,说明双精度实数的精度为 15 位。

2.3 运算符

C 语言的运算符也称作操作符,参与运算的对象称为操作数。下面分类介绍 C 语言的运算符。

2.3.1 算术运算符

C 语言中,基本算术运算符有以下几种。

(1) 加法运算符+。加法运算符为双目运算符,应有两个操作数参与加法运算。

(2) 减法运算符-。减法运算符为双目运算符。此运算符也可以作为负值运算符,如 -7,-3.5 等。负值运算符为单目运算符。

(3) 乘法运算符*。乘法运算符为双目运算符。

(4) 除法运算符/。除法运算符为双目运算符。

(5) 模运算符%。模运算符也称为求余运算符,为双目运算符。要求参与运算的两个操作数均为整数,运算结果为两数相除的余数,如 11%3 的结果为 2。一般情况下,余数的符号与被除数的符号相同,如−13%5 的结果为−3,13%−5 的结果为 3。

C 语言对算术运算还有以下一些规定。

针对双目运算符,参与运算的两个操作数的类型应当相同,且满足运算符的要求,运算结果的类型与操作数的类型相同。如 3 和 7 的类型为整型,则 3+7 的结果 10 也为整型。

[例 2-10]

```
# include < stdio.h >
void main( )
{
    double d = 7/2;
    printf("d = % f\n", d);
}
```

程序的输出结果为:

```
d = 3.000000
```

尽管将 7 除以 2 的结果赋给双精度实数 d,程序的输出结果仍然是 3.0,而不是希望的 3.5。这是因为参与除法运算的两个操作数中,7 是整型,2 也是整型,所以运算结果也是整型。相除的结果为 3,再将 3 赋给变量 d,则 d 的值为 3.0。

如果两个操作数的类型不同,则需要进行类型转换,将两个操作数转换为相同的类型,转换规则如图 2-2 所示,然后进行计算,计算结果为转换后的类型。

图 2-2 中横向自右至左的转换是从低到高的转换,这种是必定转换,即 char 型数据必定先转换成 int 型,short int 型数据必定先转换成 int 型才能参与运算。例如:

```
i = 'b'-'a';
```

要先把字符数据'b'和'a'转换 int 型,值分别为 98 和 97,然后用 98 减去 97,结果赋给变量 i,值为 1。

图 2-2 中纵向由下至上的转换也是从低到高的转换,当运算对象的类型不同时才进行纵向转换。例如:

```
int i = 5, j;
j = i + 2;
```

由于变量 i 和 2 的类型都是 int,所以它们是同类型的数据,它们相加不需要进行类型转换,它们相加的结果为 7。

```
double f = 3.0, g;
g = f + 2;
```

由于变量 f 的类型是 double,而 2 的类型是 int,所以要把 2 转换成 double 型,值为 2.0,再把它与 f 相加,结果为 5.0,赋给变量 g。

注意纵向的箭头表示当两个数据类型不同时类型转换的方向,不表示要进行层层转换。例如上例中,把 int 类型数据 2 转换成 double 型数据 2.0 是一次转换完成的,没有经过中间过程,如转换成 unsigned int 等中间过程。

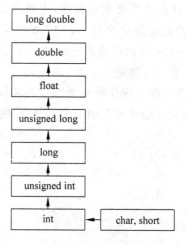

图 2-2　数据类型转换规则

当有多个不同类型的数据参与运算时,类型转换随着计算过程逐步进行,运算结果的类型为参与运算的数据中类型最高的类型。例如:

```
5 + 'A' + 2 * 10.0
```

运算次序为:①先进行 5＋'A',需要将'A'转换成 int 型,值为 65,然后相加,结果为 int 型数 70;②进行 2 * 10.0,需要将 2 转换成 double 型,值为 2.0,然后相乘,结果为 double 型数 20.0;③将 70 转换成 double 型,值为 70.0,然后与 20.0 相加,结果仍为 double 型,值为 90.0。

〔例 2-11〕

```
# include < stdio. h >
void main( )
{
    printf(" % d\n", 13.0/5);
}
```

程序的输出结果为:

```
 - 858993459
```

本程序是将 13.0 除以 5 的结果以整数形式输出。程序的输出结果当然是错误的,原因在于参与除法运算的两个操作数中 13.0 是实数,5 是整数,根据转换规则,要把 5 转换成实数 5.0,然后进行除法运算,相除的结果为 2.6,类型为实数。但是程序中却将实型的计算结果当整型输出,自然就出错了。

这样只要把结果当实型输出,如例 2-12 所示,输出就正确了。

〔例 2-12〕

```
# include < stdio. h >
void main( )
{
    printf(" % f\n", 13.0/5);
}
```

程序的输出结果为:

2.600000

如果想要例 2-10 中 7/2 的结果为 3.5,可以利用强制类型转换将一个操作数转换成所需要的类型。强制类型转换的一般形式为:

(类型名)操作数

例如,(double)5 将整数 5 转换成 double 类型。

需要注意的是,(double)(5/2)和(double)5/2 是不同的,前者是将整数 5 除以整数 2 的结果 2 转换成 double 型,结果为 2.0;后者是将整数 5 转换成 double 型,然后除以整数 2,按照自动转换规则,需要把整数 2 转换成 double 型,然后再相除,结果为 2.5。

[例 2-13]

```
# include < stdio. h >
void main( )
{
    printf(" % f\n", (double)(5/2));
    printf(" % f\n", (double)5/2);
}
```

程序的输出结果为:

2.000000
2.500000

从 2.1.4 节中可知,字符型数据在内存中存放的是它的 ASCII 码,所以字符型数据也可以参与算术运算。如:

'a' — 1,字符型数据和整数相减,结果为 96;

'z' — 'a',字符型数据和字符型数据相减,结果为 25;

'9' — '0',字符型数据和字符型数据相减,结果为 9;

9 — 0,整数和整数相减,结果为 9。

虽然'9' — '0'与 9 — 0 的结果相同,但是它们的含义是不同的,前者是两个字符(其 ASCII 码值)相减,后者是两个整数相减。

2.3.2 自增、自减运算符

C 语言中,自增、自减运算符有以下两种。

(1)自增运算符"++"。自增运算符是单目运算符,只需要一个变量参与运算,作用是使变量的值增 1。如 i 为一个已定义的变量,自增运算符有两种使用形式:i++ 和 ++i。i++ 是先使用变量 i,然后使 i 的值增 1;++i 是先使 i 的值增 1,然后再使用 i(增加后的值)。

(2)自减运算符"−−"。自减运算符是单目运算符,只需要一个变量参与运算,作用是使变量的值减 1。如 i 为一个已定义的变量,自减运算符有两种使用形式:i−− 和 −−i。i−− 是先使用变量 i,然后使 i 的值减 1;−−i 是先使 i 的值减 1,然后再使用 i(减少后的值)。

如变量 i 的值为 3,则:

j = i++ 是先使用 i,即把 i 的值赋给 j,j 的值为 3;然后再使 i 的值增 1,i 的值为 4。

j = ++i 是先使 i 的值增 1,i 的值为 4;然后再使用 i,即把 i 的值(增加后)赋给 j,j 的值也为 4。如变量 i 的值为 3,则:

printf("%d\n", i++);输出 3。这里先使用 i,即输出 i 的值;然后再使 i 的值增 1,i 的值为 4;

printf("%d\n", ++i);输出 4。这里先使 i 的值增 1,i 的值为 4;然后再使用 i,即输出 i 的值 4;

需要注意的是,自增、自减运算符只能作用于单个变量,如以下的用法是错误的:5++,--6,(i+j)++,--(i*j)等。

2.3.3 逻辑运算符

逻辑值是表示真或假的值,逻辑值有两种,即真或假。C 语言中,用 1 表示逻辑值真,0 表示逻辑值假。

C 语言中,逻辑运算符有以下三种。

(1)逻辑与运算符 &&。逻辑与运算符是双目运算符,其运算规则是:两个操作数都为真时结果为真,否则结果为假。

(2)逻辑或运算符 ||。逻辑或运算符是双目运算符,其运算规则是:两个操作数都为假时结果为假,否则结果为真。

(3)逻辑非运算符"!"。逻辑非运算符是单目运算符,其运算规则是:操作数为真,结果为假,操作数为假,结果为真。

三种逻辑运算符的运算规则如表 2-5 所示(又称为逻辑运算的真值表)。

表 2-5　三种逻辑运算的运算规则

a	b	! a	! b	a&&b	a||b
真	真	假	假	真	真
真	假	假	真	假	真
假	真	真	假	假	真
假	假	真	真	假	假

C 语言中,任何合法的数据都可以进行逻辑运算。非逻辑值参与逻辑运算的取值规则是非 0 值为真,0 值为假。例如:

! 3 是逻辑运算,结果为假,0;

! -10 是逻辑运算,结果为假,0;

! 0 是逻辑运算,结果为真,1;

!'a' 是逻辑运算,结果为假,0;

'c' && 32 是逻辑运算,结果为真,1;

'?' || 0 是逻辑运算,结果为真,1;

0 || 0 是逻辑运算,结果为假,0。

'\0' && 56 是逻辑运算,结果为假,0。

"" && 's' 是逻辑运算,结果为真,1。

2.3.4　关系运算符

C语言中,关系运算符有以下几种。

(1) 小于运算符<

(2) 小于等于运算符<=

(3) 大于运算符>

(4) 大于等于运算符>=

(5) 等于运算符==

(6) 不等于运算符! =

关系运算是将两个值进行比较,比较两个值是否满足给定的条件,所以其运算结果为逻辑值(真或假),满足条件结果为真,反之为假。例如:

3 < 4,结果为真,1;

5 <= 5,结果为真,1;

6 == 6,结果为真,1;

7 >= 8,结果为假,0;

2 ! = 2,结果为假,0。

字符型数据也可以进行比较运算,如:

'a' < 'A',结果为假,0;

'a' < 'z',结果为真,1;

2.3.5　位运算符

位运算是用两个数的二进制位进行运算。为了叙述方便,本节用8位整数为例。C语言中,位运算符有以下几种。

(1) 按位与运算符 &。按位与运算符是双目运算符,它对两个操作数的二进制补码逐位执行逻辑与运算。它的运算规则是,如果两个操作数都为1,则结果为1,否则结果为0。即:0&0=0,0&1=0,1&0=0,1&1=1。例如:

5&6,并不是5和6两个数进行运算,而是用它们的补码进行按位与运算。

$$5 \text{ 的补码:} 00000101$$
$$6 \text{ 的补码:} 00000110$$
$$\&: \quad 00000100$$

因此,5&6的结果为4。

(2) 按位或运算符 |。按位或运算符是双目运算符,它对两个操作数的二进制补码逐位执行逻辑或运算。它的运算规则是,如果两个操作数都为0,则结果为0,否则结果为1。即:0|0=0,0|1=1,1|0=1,1|1=1。例如:

20|12,用这两个数的补码进行按位或运算。

$$20 \text{ 的补码:} 00010100$$
$$12 \text{ 的补码:} 00001100$$
$$|: \quad 00011100$$

因此,20|12的结果为28。

(3) 按位异或运算符^。按位与运算符是双目运算符,它对两个操作数的二进制补码逐位执行逻辑异或运算。它的运算规则是,如果两个操作数不同,则结果为1,否则结果为0。即:0^0=0,0^1=1,1^0=1,1^1=0。例如:

52^44,用这两个数的补码进行按位异或运算。

$$
\begin{array}{r}
52\text{ 的补码：}00110100 \\
44\text{ 的补码：}00101100 \\
\hline
\text{^：}\qquad 00011000
\end{array}
$$

因此,52^44 的结果为 24。

(4) 按位取反运算符~。按位取反运算符是单目运算符,它对操作数的二进制补码逐位执行逻辑非运算。它的运算规则是将 0 变成 1,1 变成 0。即:~0=1,~1=0。例如:

~180,对 180 的补码按位取反。

$$
\begin{array}{r}
180\text{ 的补码：}10110100 \\
\hline
\text{~：}\qquad 01001011
\end{array}
$$

因此,~180 的结果为 75。

(5) 按位左移运算符<<。按位左移运算符是双目运算符,它使第一个操作数的二进制补码按位左移第二个操作数规定的位数,高位数左移后舍弃不用,低位补 0。如果左移后,舍弃的高位中不含 1,则一个数左移一位相当于该数乘以 2,左移两位相当于该数乘以 4,以此类推。例如:

1<<1,使 1 的二进制补码左移一位。

$$
\begin{array}{r}
1\text{ 的补码：}00000001 \\
1\text{ 位} \\
\hline
\text{<<：}\qquad 00000010
\end{array}
$$

因此,1<<1 的结果为 2,相当于 1 乘以 2。

1<<2,使 1 的二进制补码左移两位。

$$
\begin{array}{r}
1\text{ 的补码：}00000001 \\
2\text{ 位} \\
\hline
\text{<<：}\qquad 00000100
\end{array}
$$

因此,1<<2 的结果为 4,相当于 1 乘以 4。

(6) 按位右移运算符>>。按位右移运算符是双目运算符,它使第一个操作数的二进制补码按位右移第二个操作数规定的位数,低位数右移后舍弃不用,高位补 0。一个数右移一位相当于该数除以 2,右移两位相当于该数除以 4,以此类推。例如:

48>>1,使 48 的二进制补码右移一位。

$$
\begin{array}{r}
48\text{ 的补码：}00110000 \\
1\text{ 位} \\
\hline
\text{>>：}\qquad 00011000
\end{array}
$$

因此,48>>1 的结果为 24,相当于 48 除以 2。

48>>2,使 48 的二进制补码右移两位。

$$48 \text{ 的补码：} 00110000$$

$$\underline{\qquad 2\text{ 位} \qquad\qquad}$$

$$>> : \qquad 00001100$$

因此,48>>2 的结果为 12,相当于 48 除以 4。

2.3.6　赋值运算符

C 语言中,赋值运算符为=,赋值运算符是双目运算符,它的左边须是一个变量,它的作用是将右边的操作数的值赋给左边的变量,如 a＝3 是将 3 赋给变量 a;而 7＝b 则是一个不合法的赋值运算,编译系统将报告错误。

如果赋值运算符两边的操作数类型不一致,并且都是数值型或字符型时,需要进行类型转换。分以下几种情况讨论。

(1) 将实型数赋给整型变量时,舍弃实数的小数部分。如 a 为整型变量,这样给 a 赋值 a＝5.26 时,a 的值为 5。并且编译系统会给出一条警告信息。

(2) 将整型数赋给实型变量时,数字不变,只是将该数以浮点数的形式存储到变量中。

(3) 不同类型的数据有不同的取值范围,如果将一个数据赋给一个变量,但是数据超出了该变量的取值范围,将会造成数据丢失,出现不可预知的结果。

[例 2-14]

```
# include < stdio. h >
void main()
{
    char b = 200;
    printf( "%c\n", b );
}
```

程序的输出结果为:

?

这是因为 char 型变量的取值范围是－128～127,而程序中给变量 b 赋值 200,超出了 char 型变量的取值范围,所以出错。

所以,在不同类型的数据之间赋值时,要慎重行事。

初学者要注意区分赋值运算符(＝)和等于运算符(＝＝)。

赋值运算符还可以与其他双目运算符组合起来构成复合赋值运算符。可以与赋值运算符组合的运算符有:

＋、－、*、/、%、&、|、^、<<、>>

它们与赋值运算符组合起来的复合赋值运算符为:

＋＝、－＝、*＝、/＝、%＝、&＝、|＝、^＝、<<＝、>>＝

以＋＝为例来说明复合赋值运算符的运算规则,如:

x ＋＝ 7　　　等价于 x ＝ x ＋ 7

y ＋＝ 6 － 4 等价于 y ＝ y ＋ (6 － 4)

其余的复合赋值运算符的运算规则与此类似。

习题

一、选择题

1. 不是 C 语言提供的合法的数据类型关键字是_____。[难度等级：小学]

    A. double   B. short   C. integer   D. char

2. 下列标识符组中，合法的用户标识符为_____。[难度等级：小学]

    A. _0123 与 ssiped   B. del-word 与 signed

    C. list 与 *jer   D. keep% 与 wind

3. 已知字母 A 的 ASCII 码为十进制数 65，且 c2 为字符型，则执行语句 c2='A'+'6'−'3'后，c2 中的值为_____。[难度等级：小学]

    A. D   B. 68   C. 不确定的值   D. C

4. 逻辑运算符两侧运算对象的数据类型是_____。[难度等级：小学]

    A. 只是 0 或 1   B. 只能是 0 或非 0 正数

    C. 只能是整型或字符型数据   D. 可以是任何合法的类型数据

5. 写出执行 int a=6,b; b=(a++); 语句后 a,b 的值_____。[难度等级：小学]

    A. a=6,b=6   B. a=7,b=6   C. a=7,b=7   D. a=6,b=7

二、填空题

1. 若有以下定义：char c='\010';则变量 C 中包含的字符个数为_____。[难度等级：小学]

2. 运算 "a" && 89 的结果为_____。[难度等级：小学]

3. 当 x=4,y=4 时，x>=y 的值是_____。[难度等级：小学]

4. 若 k 为 int 型变量且赋值 7，执行赋值运算 k *= k + 3 后，变量 k 的值为_____。[难度等级：小学]

5. 25&26 的值为_____。[难度等级：小学]

三、编程题

1. 参考例 2-6，编写一个程序，输出你的计算机中，各种类型数据的存储宽度。

2. 有 4 个整型变量 i,j,m,n，并赋值为：i=3,j=5,m=i++,n=++j。编程输出这 4 个变量的值。

第3章

表达式与语句

C语言中一个表达式也有一个值,表达式值的类型由连接表达式的运算符决定。表达式也可以参与各种运算。表达式加上分号就构成一个语句,语句是C语言程序执行的基本单位,程序执行时,一次执行一个语句。

3.1　表达式

C语言中,表达式是指用运算符和括号将操作数(包括常量、变量以及表达式)连接起来且符合语法规则的式子。例如,下面是一些合法的C语言表达式:

```
3 + 5 - 7;
4 * 6 + 20;
'a'>= 50;
100 && k;
232 | 100;
i = 1;
```

(5 + j) * 10,表达式中又包含表达式。

特别地,单个常量或变量也可以称作表达式,如120,'k',f等。

下面一些不是合法的C语言表达式:

2 + - 9,4a * 120。

3.2　表达式的值及其类型

3.2.1　值与类型

C语言中,表达式有两个属性:值及其类型。C语言中的数据都包含类型信息,计算表达式会产生一个值,这个值也应当包含类型信息,表达式值的类型也称为表达式的类型。那么如何计算表达式的值以及确定它的类型呢?

当表达式中只包含一个常量或变量时,常量或变量的值就是表达式的值,它的类型就是表达式的类型。

当表达式中只有一个运算符且不是赋值运算符时，运算结果就是表达式的值，它的类型就是表达式的类型。例如，表达式 3＋5 的值是 8，它的类型是整型；表达式 'a'＞＝50 的值是 1，它的类型是逻辑型。

当运算符是赋值运算符时，赋值运算符左边变量得到的值就是表达式的值，它的类型就是表达式的类型，如有 int 变量 i，表达式 i＝1 的值是 1，它的类型是 int；如 f 为 double 型，表达式 f＝2 的值是 2.0，它的类型是 double。

［例 3-1］

```
# include < stdio. h>
void main()
{
    double f;
    printf( "%d\n", f = 2 );
}
```

程序的输出结果为：

0

这是因为程序是要输出赋值表达式 f＝2 的值，而该表达式值的类型是 double，而程序却按整型去输出它的值，结果当然是错误的。

3.2.2 运算符的优先级与结合性

当表达式中有多个运算符时，计算表达式的值以及确定它的类型需要考虑运算符的优先级与结合性。在表达式求值时，按运算符的优先级别从高到低的顺序执行，如数学运算中的先乘除后加减，3＋4＊2 等价于 3＋(4＊2)；如果一个操作数两侧的运算符有相同的优先级，则按照运算符的结合性确定计算顺序。C 语言中的结合性分为左结合性和右结合性。左结合性又称自左至右结合性，即操作数先与左侧的运算符结合，如算术运算符具有左结合性，2＋3－4，3 应先与左侧的运算符结合，故该表达式等价于(2＋3)－4。右结合性又称自右至左结合性，即操作数先与右侧的运算符结合，如赋值运算符具有右结合性，a＝b＝4，b 应先与右侧的运算符结合，故该表达式等价于 a＝(b＝4)。

C 语言中运算符的优先级与结合性如表 3-1 所示，其中部分运算符将在后面章节中学习。

表 3-1 运算符的优先级与结合性

优先级	运　算　符	结合性	优先级	运　算　符	结合性
1	( ) [ ] -> .	左结合性	9	^	左结合性
2	! ~ ++ -- -（类型）* & sizeof	右结合性	10	|	左结合性
3	* / %	左结合性	11	&&	左结合性
4	+ -	左结合性	12	||	左结合性
5	<< >>	左结合性	13	? :	右结合性
6	< <= > >=	左结合性	14	＝复合赋值运算符	右结合性
7	== !=	左结合性	15	,	左结合性
8	&	左结合性			

在求具有多个运算符的表达式值的时候,按照运算符的优先级与结合性,最后一个执行的运算符将决定表达式的类型。例如:

5+4*2,表达式最后执行的是+,它的值为13,整型。

12>3+7,表达式最后执行的是>,它的值为1,逻辑型。

5>4>3,按照>运算符的结合性4先与左边的>结合,该表达式最后执行的是4右边的>,该表达式等价于(5>4)>3,括号中5>4的结果为1,该表达式最后执行1>3,值为0,逻辑型。

5>4&&4>3,因为比较运算符>的优先级比逻辑运算符&&的优先级高,故该表达式等价于(5>4)&&(4>3),5>4和4>3的值都为1,该表达式最后执行1&&1,值为1,逻辑型。

这两个例子说明如果要判断变量a的值是否在3~5之间不能写作3<x<5,也不能写作5>x>3;而应该写作3<x&&x<5,或者写作5>x&&x>3。同理,判断一个字符变量c的值是否为小写字母应当写作'a'<=c&&c<='z',或者写作'z'>=c&&c>='a'。判断一个字符变量c的值是否为数字字符应当写作'0'<=c&&c<='9',或者写作'9'>=c&&c>='0'。

2>1|3,该表达式最后执行|,它等价于(2>1)|3,2>1的结果为1,该表达式最后执行1|3,值为3,整型。

2+6>4&&3,该表达式最后执行&&,它等价于((2+6)>4)&&3,值为1,逻辑型。

a&&b&&c&&d,该表达式等价于((a&&b)&&c)&&d,实际执行时,当a为真时才去计算表达式b的值,然后执行a&&b等,如果a为假,表达式后面的部分就不再执行,其余以此类推。这称为逻辑表达式的短路特性。

a||b||c||d,该表达式等价于((a||b)||c)||d,只有当a为假时才去计算表达式b的值等,如果a为真,表达式后面的部分就不再执行,其余以此类推。

C语言中,表达式广泛地参与逻辑运算或者逻辑判断,本节对此情况进行说明。对于表达式而言,所有表达式的值都可以看作逻辑值,可以参与逻辑运算或者逻辑判断。具体规则为:表达式的值非0为真,0为假。例如:

12,可以看作逻辑值,值为真;

'r',可以看作逻辑值,值为真;

a+b,可以看作逻辑值,a+b非0则表达式的值为真,a+b为0则表达式的值为假;

i,可以看作逻辑值,变量i的值非0则表达式的值为真,i为0则表达式的值为假;

i!=0,逻辑表达式,变量i的值非0则表达式的值为真,i为0则表达式的值为假。

从以上最后两个例子可以看出,i当作逻辑表达式时,与表达式i!=0有相同的值,两个表达式等价。

3.2.3 逗号运算符和条件运算符

逗号运算符为",",它的一般形式是:

表达式1,表达式2,…,表达式n

表达式的求值规则是依次计算表达式1、表达式2到表达式n的值,逗号表达式的值与类型由表达式 n 决定。

3+5,6 * 4,表达式的值为 24,整型;

12-6,3>5,表达式的值为 0,逻辑型;

i=2,j=3.14,表达式的值为 3.14,实型。

条件运算符为"?:",条件运算符是一个三目运算符,需要三个操作数参与运算。它的一般形式是:

表达式 1?表达式 2:表达式 3

表达式的求值规则是先计算表达式 1 的值,若为真(非 0)则计算表达式 2 的值,此时表达式 2 的值就是整个表达式的值,若表达式 1 的值为假(0)则计算表达式 3 的值,此时表达式 3 的值就是整个表达式的值。

3>2?5:6,表达式的值为 5;

'g'<'d'? 2.3:5.7,表达式的值为 5.7。

表达式 2 和表达式 3 的类型决定整个表达式的值。如果表达式 2 和表达式 3 的类型相同,则整个表达式的类型也和它们相同;如果表达式 2 和表达式 3 的类型不同,则整个表达式的类型为二者中较高的类型,类型的高低参见图 2-2。

5?'f': 'g',表达式的值为'f',类型是字符型;

10>7? 5:3.2,5 是整型,3.2 是实型,所以表达式的类型是实型,值为 5.0。

条件运算符的结合性为右结合性。

4>5? 6:2>1? 3:7,表达式等价于4>5? 6:(2>1? 3:7),值为 3,类型为整型。

3.3 语句

C 语言的执行是以语句为单位,逐个执行的。C 语言的语句可以分为以下 5 类。

(1) 表达式语句。由表达式加上一个分号构成的语句为表达式语句。分号是构成语句必不可少的组成部分,如果缺少了分号,编译系统将报告错误。例如:

```
i=1;
j=3 * 2,5+6,19 % 4;
k++;
--n;
```

a-b;也是合法的语句。不过这个语句只是做了一次减法,并没有保存结果,也没有改变 a 和 b 的值,只是做了一次无用功。

(2) 函数调用语句。由一个函数调用加上一个分号构成的语句为函数调用语句,分号同样是必不可少的。例如:

```
printf("Hello, World!\n");
```

(3) 空语句。空语句只有一个分号。例如:

```
;
```

即使什么都没有也要有一个分号,这更说明分号是语句不可缺少的组成部分。

(4) 控制语句。完成相应控制功能的语句是控制语句。C语言共有9种控制语句,如下:

if 语句

switch 语句

while 语句

do…while 语句

for 语句

goto 语句

break 语句

continue 语句

return 语句

后面章节中将学习这9种控制语句。

(5) 复合语句。用{}把一组语句括起来即构成复合语句。例如:

```
{
    int i, j;
    i = 3;
    j = i * i;
    printf( "%d\n", j);
}
```

复合语句中可以定义变量,此变量仅在复合语句中有效。复合语句中,最后一个语句后面的分号也不能省略。

C语言的语句书写比较自由,可以几个语句写在一行上,也可以一个语句分开写在几个连续的行上。但是,如果把一个语句分开写在几行上,程序的可读性将变得非常差。如下面的程序:

[例 3-2]

```
#include<stdio.h>
void main()
{
    printf( "%f\n", 3>2
        ? 3 : 3>4 ?
        2.1 : 3 );
}
```

所以,编写程序的时候,应尽量把一个语句写在一行上,一行只写一个语句,以增强程序可读性。事实上,本书在分析程序的时候也是以行为单位介绍程序的。

C语言还可以用语句标号给语句命名,有些语句(如goto语句)执行的时候需要命名语句。C语言中是用语句标号给语句命名的。用语句标号给语句命名的一般形式是:

语句标号: 语句

其中,语句标号是一个标识符,它必须符合标识符的命名规则。

[例 3-3]

```
#include<stdio.h>
void main()
{
    int a, b, c;
    a = 3;
    b = 5;
sum:c = a + b;
    printf("%d\n", c);
}
```

程序的第 7 行用 sum 给语句 c＝a＋b;命名。

为了叙述方便,本书后面也会给程序中的语句加上适当的语句标号;然后在分析程序的时候用语句标号代替该语句。

习题

一、选择题

1. 表达式:10!＝9 的值是_____。[难度等级：小学]

    A. true   B. 非零值   C. 0   D. 1

2. 表示关系 x<＝y<＝z 的 C 语言表达式为_____。[难度等级：小学]

    A.（x<＝y)&&(y<＝z)   B.（x<＝y)AND(y<＝z)

    C.（x<＝y<＝z)   D.（x<＝y)&(y<＝z)

3. 若有以下定义,则能使值为 3 的表达式是_____。[难度等级：小学]

int k＝7, x＝12;

    A. x%＝(k%＝5)   B. x%＝(k-k%5)

    C. x%＝k-k%5   D.（x%＝k)-(k%＝5)

4. 设有 int x＝11;则表达式(x++ * 1/3)的值是_____。[难度等级：小学]

    A. 3   B. 4   C. 11   D. 12

5. 设 x＝3,y＝-4,z＝6,写出表达式的结果_____。[难度等级：小学]

!(x>y)+(y!＝z)||(x+y)&&(y-z)

    A. 0   B. 1   C. -1   D. 6

二、填空题

1. 若有以下定义：char a; int b; float c; double d;则表达式 a * b+d-c 值的类型为_____。[难度等级：小学]

2. 若 a＝6,b＝4,c＝3,则表达式 a&&b||b-c 的值是_____。[难度等级：小学]

3. 当 a＝3,b＝2,c＝1 时,表达式 f＝a>b>c 的值是_____。[难度等级：小学]

4. 用十进制数表示表达式：12/012 的运算结果是_____。[难度等级：小学]

5. 若 x 是 int 型变量,则执行下面表达式后,x 的值为_____。[难度等级：小学]

x＝(a＝4,6 * 2)

三、写程序结果题

写出以下程序的运行结果。[难度等级：小学]

```c
#include <stdio.h>
void main()
{
    unsigned int a = 0254, b = 0xcd;
    printf( "%x\n", a&b );
    printf( "%x\n", a|b );
    printf( "%x\n", a^b );
    printf( "%x\n", a>>2 );
}
```

四、编程题

1. 如果 $a=5, b=6, c=4a^2+3ab+5(a-b)^2$，编写程序输出 c 的值。[难度等级：小学]

2. 一个圆的半径为 3，计算并输出该圆的周长和面积。[难度等级：小学]

## 第4章

顺序结构程序设计

编写程序就是用计算机语言实现算法的过程。要实现一个算法，首先就需要充分理解算法，并用一种工具把算法准确地描述出来。N-S 是一种重要的描述算法的工具，它包含实现程序的三种结构：顺序结构、选择结构以及循环结构。输入、输出是程序的重要组成部分，程序运行时需要用户输入数据，运行结束时要输出计算结果。

4.1 算法的 N-S 图表示

算法具有以下 5 个重要的特征。

（1）输入。算法具有 0 个或多个输入数据，用以描述系统的初始状态。有的算法没有输入，算法本身包含默认的初始条件。

（2）输出。算法有一个或多个输出数据，给出算法的运算结果。

（3）有穷性。算法只能执行有限个步骤。

（4）确定性。算法的每一步都须有确定的定义。

（5）可行性。算法的每个步骤都可以被分解为可执行的基本操作。

因此，设计程序可以概括为设计算法对数据进行操作，编写程序只是将设计好的算法转换为计算机可以理解的表达方式，设计算法应该先于编写程序之前完成。那么用什么方式将设计好的算法呈现出来呢？即怎么描述算法呢？

可以采用多种方法描述算法，如 N-S 图、流程图、伪代码等。本书只介绍用 N-S 图描述算法。

用 N-S 图描述算法由美国学者 I. Nassi 和 B. Shneiderman 在 1973 年提出，N-S 来源于这两位学者名字的第一个字母。

N-S 图用矩形框描述算法的每一个处理步骤，然后按照执行的顺序将处理步骤对应的矩形框连接起来就得到算法的 N-S 图。N-S 图有 5 种基本结构，如图 4-1 所示。

顺序结构的处理过程是：按照从上到下的顺序，先执行处理 A，再执行处理 B。

二分支选择结构的处理过程是：先判断条件 C，如果为真则执行处理 T，如果为假则执行处理 F。

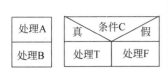

(a) 顺序结构　(b) 二分支选择结构　(c) 多分支选择结构　(d) 当型循环结构　(e) 直到型循环结构

图 4-1　N-S 图的 5 种结构

多分支选择结构的处理过程是：先计算表达式 S 的值，然后根据它的值去执行相应的处理（如为值 A，则执行处理 A，…，其余以此类推）。

当型循环结构的处理过程是：先判断条件 W，如果为真就执行处理 W，再判断条件 W，如此反复。只要条件 W 为真就一直执行处理 W，直到条件 W 为假才停止循环。

直到型循环结构的处理过程是：先执行处理 D，再判断条件 D，如果为真，再执行处理 D，如此反复，直到条件 D 为假才停止循环。

4.2　程序的三种基本结构

N-S 图的 5 种基本结构可以分为以下三类。

(1) 顺序结构，对应图 4-1 中的顺序结构。

(2) 选择结构，对应图 4-1 中的二分支选择结构和多分支选择结构。

(3) 循环结构，对应图 4-1 中的当型循环结构和直到型循环结构。

可以证明，任何问题都可以由以上三种基本结构表达出来。

［例 4-1］　输入一个整数 a，计算 a 的平方，计算 a 的三次方，输出 a、a 的平方以及 a 的三次方。

N-S 图如图 4-2 所示。

［例 4-2］　从键盘输入一个字母 ch，如果 ch 是大写字母则将它转换成小写字母，如果 ch 是小写字母则将它转换成大写字母，最后输出字母 ch 和转换后的字母。

N-S 图如图 4-3 所示。

 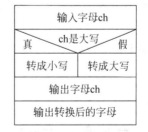

图 4-2　计算 a 的三次方的 N-S 图　　图 4-3　大小写字母转换 N-S 图

［例 4-3］　输入正整数 n，判断 n 是否素数。

N-S 图如图 4-4 所示。

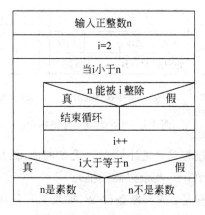

图 4-4　判断素数的 N-S 图

4.3　数据输入

在 C 语言中，从终端输入数据时，需要调用系统提供的库函数。C 语言提供的输入库函数有两个：字符输入函数 getchar 和格式输入函数 scanf。

4.3.1　字符输入函数 getchar

函数 getchar 的作用是从输入设备（默认为键盘）输入一个字符。调用函数 getchar 的一般形式为：

getchar()

函数返回的值就是从输入设备输入的字符。

［例 4-4］

```
# include < stdio. h >          //调用输入输出库函数需要包含此头文件
void main()
{
    char ch;                   //定义字符型变量,用于接收输入的字符
    ch = getchar();            //把运行时从键盘输入的一个字符保存在字符型变量 ch 中
    putchar( ch );             //输出一个字符
}
```

运行情况如下：

A 回车
A

4.3.2　格式输入函数 scanf

调用函数 getchar 一次只能输入一个字符,而调用函数 scanf 一次可以输入任意类型的多个数据。调用函数 scanf 的一般形式为：

scanf (格式控制字符串,地址列表)

其中,格式控制字符串是用双引号括起来的字符串,用来指定输入格式,地址列表是用来接收输入数据的变量的地址,多个地址之间用逗号分隔。

格式控制字符串里面包含以下两种字符。

(1) 格式字符。由%和格式字符组成,如%c,%f等。在%和格式字符之间可以有格式说明符,如%3d等。格式字符和格式说明符的作用是指定要求输入的数据类型以及格式,以赋给相应的变量。

(2) 普通字符。普通字符在输入的时候要原样输入。如格式字符串"%d,%f"包含两个格式字符%d和%f以及一个普通字符,即逗号","。

函数 scanf 可用的格式字符见表4-1。

表 4-1　函数 scanf 的格式字符

格式字符	作　　用
d	输入十进制整数
o	输入八进制整数
x	输入十六进制整数
f	输入 float 型实数,可以用指数形式或小数形式输入
e	与 f 相同
g	与 f 相同
c	输入一个字符
s	输入一个字符串

函数 scanf 可用的格式说明符见表4-2。

表 4-2　函数 scanf 的格式说明符

格式说明符	作　　用
l	用于输入长整型以及 double 型数据
h	用于输入短整型数据
整数	用于指定输入数据所占宽度
*	跳过本输入项

如有程序段:

```
int i;
scanf("%d",&i);
```

这个语句的功能是输入一个整数赋给变量 i。需要注意的是,在地址列表里面,&i 表示变量 i 的地址,这里不能直接用变量名,而要取其地址。如运行时在键盘上输入 129 后回车,则变量 i 的值为 129。

下面对函数 scanf 的格式字符逐一说明。

(1) 格式字符 d,指定输入一个整数,有以下几种用法。

%d,输入一个整数;
%ld,输入一个长整型数;
%hd,输入一个短整型数;
%md(m 为一个正整数),输入一个整数,宽度为 m(包括符号)。

例如：

```
long k;
scanf("%ld",&k);
```

输入一个长整型，保存在变量 k 中。

```
int j;
scanf("%3d",&j);
```

输入一个整数，宽度为 3，保存在变量 j 中。如运行时输入 12345 后回车，则变量 j 只得到输入项的前三位，值为 123，输入项的后面两位将被舍弃。如运行时输入-12345 后回车，则变量 j 同样只得到输入项的前三位，值为-12，输入项的后面三位将被舍弃。

（2）格式字符 o，指定输入一个八进制整数，基本用法为%o，带格式说明符的用法与格式字符 d 相同，不再赘述。

```
int i;
scanf("%o",&i);
```

输入一个八进制整数，赋给变量 i。如运行时输入-12 后回车，则变量 i 的值为十进制数-10。

（3）格式字符 x，指定输入一个十六进制整数，基本用法为%x，带格式说明符的用法与格式字符 d 相同，不再赘述。

```
int i;
scanf("%x",&i);
```

输入一个十六进制整数，赋给变量 i。如运行时输入-a2 后回车，则变量 i 的值为十进制数-162。

（4）格式字符 f、e 或 g 的作用相同，指定输入一个 float 型实数，用法为%f。

```
float g;
scanf("%f",&g);
```

输入一个 float 型实数，赋给变量 g。如运行时输入 3.14 后回车，则变量 g 的值为 3.14。

需要注意的是，格式字符 f 不能输入数据给 double 型变量，如下面的输入是错误的：

```
double g;
scanf("%f",&g);
```

如运行时输入 3.14 后回车，则变量 g 的值将不是 3.14。

如果要为 double 型变量输入数据，则需在格式字符前加上格式说明符 l，如：

```
double g;
scanf("%lf",&g);
```

如运行时输入 3.14 后回车，这时，变量 g 的值是 3.14。

输入实型数据时也可以指定输入数据的宽度，如：

```
double g;
```

```
scanf("%4lf",&g);
```

如运行时输入－3.14后回车,这时,变量 g 的值是-3.1,而不是－3.14,这是因为负号和小数点都要占用一位宽度。

(5) 格式字符 c,指定输入一个字符,用法为%c,此时,格式说明符不起作用。

```
char ch;
scanf("%c",&ch);
```

这个语句的功能是输入一个字符赋给变量 ch。如运行时输入'x'后回车,则变量 ch 的值为 x。

输入字符时,空格和转义字符都可以作为有效字符输入。如上面的例子,运行时输入空格后回车,则变量 ch 的值为空格符;如直接回车,则变量 ch 的值为回车符。

(6) 格式字符 s,指定输入字符串,保存字符串需要用到数组的概念,所以格式字符 s 留到数组的章节再讲。

可以用函数 scanf 给多个不同类型的变量输入值,这时,地址列表中的各地址项需要用逗号分开。如:

```
int k;
double g;
int p;
scanf("%d%lf%x",&k,&g,&p);
```

在这种情况下,格式字符和地址列表项是一一对应的。本例中,格式字符%d 对应变量 k,格式字符%lf 对应变量 g,格式字符%x 对应变量 p。运行时,输入的第一个数据为整数赋给变量 k,输入的第二个数据为实数赋给变量 g,输入的第三个数据为十六进制整数赋给变量 p。

当需要输入多个数据时,一个数据的输入什么时候结束呢? 这要分为以下两种情况讨论。

第一,只输入数值型(整数或实数)数据。C 语言规定,遇到以下情况就结束一个数据的输入。

(1) 遇空格、跳格(Tab 键)或者回车键,如:

```
int i;
double g;
scanf("%d%lf",&i,&g);
```

运行时,输入 2 3.14 后回车或者输入 2TAB3.14 后回车或者输入 2 后回车再输入 3.14 后回车,都可以使 i 的值为 2,g 的值为 3.14。

(2) 遇宽度结束,如:

```
int i;
double g;
scanf("%3d%4lf",&i,&g);
```

运行时,输入－123.141 56,则 i 的值为－12,g 的值为 3.14,后面的输入 156 不起作用。

(3) 遇非法输入,如:

```
int k;
```

```
double g;
scanf(" %d%lf",&k,&g);
```

运行时,输入 12-3.14,因为 12 后面的符号无法解释成整数,所以结束第一个整数的输入,故 k 的值为 12,g 的值为-3.14。

第二,输入中包含字符型数据,因为空格、跳格(Tab 键)或者回车键也是字符数据的有效输入,所以空格、跳格(Tab 键)或者回车键不能作为分隔输入项的标志,如:

```
char a;
char b;
scanf(" %c%c",&a,&b);
```

运行时,如输入 x 空格 y 后回车,则变量 a 的值为字符 x,变量 b 的值为空格字符;如输入 xTABy 后回车,则变量 a 的值为字符 x,变量 b 的值为 Tab 字符;如输入 x 后回车再输入 y 后回车,则变量 a 的值为字符 x,变量 b 的值为回车符;如输入 xy 后回车,则 a 的值为字符 x,b 的值为字符 y。

```
int i;
char a;
scanf( "%d%c", &i, &a );
```

运行时,如输入 12 空格 y 后回车,则 i 的值为 12,a 的值为空格字符。如输入 12y,则 i 的值为 12,a 的值为字符 y。

如果格式控制字符串中有普通字符,则输入的时候要原样输入,否则会出错,如:

```
char a;
char b;
scanf( "%ck%c", &a, &b );
```

格式控制字符串中有两个格式字符和一个普通字符 k,输入的时候要把字符 k 输入。如输入 xky 后回车,则变量 a 的值为字符 x,变量 b 的值为字符 y;相反如果输入 xry 后回车,则变量 a 的值为字符 x,变量 b 的值为一个随机值;如果输入 xk 后回车,则变量 a 的值为字符 x,变量 b 的值为回车符。

```
int a;
int b;
scanf("%d,%d",&a,&b);
```

格式控制字符串中有两个格式字符和一个普通字符,即逗号",",输入的时候要把字符","输入。如运行时输入 12 空格 34 后回车,或者 12 回车 34 回车,变量 a 的值为 12,变量 b 的值为随机值。输入 12,34 后回车才是正确的输入,这时,变量 a 的值为 12,变量 b 的值为 34。

格式字符前面的说明符*,用来表示跳过该输入项,如:

```
int a;
int b;
scanf("%2d%*3d%2d",&a,&b);
```

格式字符串中有三个格式字符,分别用来输入一个两位宽度的整数、三位宽度的整数以及两位宽度的整数。第二个格式字符有一个 ＊ 说明符,表示相应输入的三位宽度的整数不赋给变量。

运行时,如输入 123456789 后回车,则变量 a 的值为 12,变量 b 的值为 67。

4.4 数据输出

C 语言中,向终端输出数据的函数也有两个：字符输出函数 putchar 和格式输出函数 printf,功能分别是输出一个字符和任意数量字符。

4.4.1 字符输出函数 putchar

函数 putchar 的作用是向终端输出一个字符,调用函数 putchar 的一般形式为：

putchar(ch)

函数参数 ch 可以是字符常量、字符变量或者值为字符的表达式。

[例 4-5]

```
# include < stdio. h >
void main()
{
    char ch = 'B';
    putchar( 'A' );
    putchar( ch );
    putchar( ch + 1 );
}
```

运行情况如下：

ABC

4.4.2 格式输出函数 printf

字符输出函数一次只能输出一个字符型数据,而格式输出函数一次就可以输出多个不同类型的数据。调用函数 printf 的一般形式为：

printf(格式控制字符串,输出列表);

其中,格式控制字符串是用双引号括起来的字符串,用来规定输出格式,输出列表是所有需要输出的数据列表,多个输出项之间用逗号分隔。

格式控制字符串里面包含以下两种字符。

(1) 格式字符。由"％"和格式字符组成,如％c,％f 等。在％和格式字符之间可以有格式说明符,如％4.2d 等。格式字符和格式说明符的作用是指定输出数据的类型以及格式。

(2) 普通字符。普通字符在输出的时候要原样输出。如格式字符串"a＝％d"包含格式字符％d 以及两个普通字符"a＝"。

函数 printf 可用的格式字符见表 4-3。

表 4-3　函数 printf 的格式字符

格式字符	作　　用
d	以有符号十进制形式输出整数(正数不输出符号)
u	以无符号十进制形式输出整数
o	以无符号八进制形式输出整数(不输出前导符 0)
x	以无符号十六进制形式输出整数(不输出前导符 0x)
f	以小数形式输出实数(float 和 double),默认输出 6 位小数
e	以指数形式输出实数(float 和 double),数字部分输出 6 位小数
g	选择 f 和 e 输出宽度较短的一种,不输出无意义的 0
c	输出一个字符
s	输出一个字符串

函数 printf 可用的格式说明符见表 4-4。

表 4-4　函数 printf 的格式说明符

格式说明符	作　　用
l	用于输出长整型,可以用在格式符 d、u、o、x 前面
m(正整数)	输出的最小宽度
.n(正整数或 0)	对实数,表示输出的小数位数;对字符串,表示输出的字符个数
—	输出的数字或字符在域内向左对齐

例如:

```
int a = 10;
printf( "%d, %d, %d\n",10,a,a+1 );
```

该程序段的输出结果为:

```
10,10,11
```

格式控制字符串里面的普通字符,如逗号",",要原样输出,输出列表中可以是常量、变量以及表达式,且多个输出项之间用逗号分隔开。

下面逐一解释函数 printf 的格式字符。

(1) 格式字符 d,以有符号十进制形式输出整数,有以下几种用法。

```
%d,输出一个整型;
%ld,输出一个长整型;
%md,输出一个整型,总宽度为 m,右对齐;
%-md,输出一个整型,总宽度为 m,左对齐。
```

一个整数,无论是八进制、十进制还是十六进制都可以以十进制形式输出,如:

```
int a = 10;
int b = 010;
int c = 0x10;
printf( "%d, %d, %d\n", a, b, c );
```

输出结果为：

```
10,8,16
```

如果整数的位数超过了指定的宽度，则按实际位数输出；如果整数的位数小于指定的宽度，在右对齐的情况下在左边补空格，在左对齐的情况下在右边补空格，如：

```
int a = 1234;
printf( "%3d%8d%-8d%d\n", a, a, a, a );
```

输出结果为：

```
1234    12341234    1234
```

第一个格式符指定的输出宽度为 3，而变量 a 的实际位数为 4，所以按照实际位数输出。第二个格式符指定的宽度为 8 且为右对齐，所以在左边补 4 个空格。第三个格式符指定的宽度为 8 且为左对齐，所以在右边补 4 个空格。第四个格式符没有指定说明符，则按实际位数输出。

（2）格式字符 u，以无符号十进制形式输出整数，基本用法为%u，带格式说明符的用法与格式字符 d 相同，不再赘述。

```
unsigned int a = 10102;
printf( "%u", a );
```

输出结果为：

```
10102;
```

无符号整数也可以用格式字符 d 输出，但是如果要输出的数超出了有符号整数类型的取值范围，结果就将发生改变。本书的测试系统中有符号整型的取值范围是$-2\,147\,483\,648 \sim 2\,147\,483\,647$，而无符号整型的取值范围是 $0 \sim 4\,294\,967\,295$。

```
unsigned a = 2147483643;
printf( "%d, %u\n", a, a );
```

输出结果为：

```
2147483643, 2147483643
```

无符号变量 a 的值为 2147483643，它也在有符号整型的取值范围内，所以格式字符 d 和 u 的输出相同。

```
unsigned a = 4294967294;
printf( "%d, %u\n", a, a );
```

输出结果为：

```
-2,4294967294
```

无符号变量 a 的值为 4294967294，它超出了有符号整型的取值范围，所以格式字符 d 和 u 的输出不同。

负数也可以用格式字符 u 输出，但是结果会发生改变，如：

```
int a = -100;
printf( "%d, %u\n", a, a );
```

输出结果为:

－100,4294967196

(3) 格式字符 o,以无符号八进制形式输出整数(不输出前导符 0),基本用法为%o,带格式说明符的用法与格式字符 d 相同,不再赘述。

```
int a = 100;
printf( "%d,%o\n", a, a);
```

输出结果为:

100,144

负数也可以用格式字符 o 输出,但是结果会发生改变,如:

```
int a = -100;
printf( "%d,%o\n", a, a);
```

输出结果为:

－100,37777777634

(4) 格式字符 x,以无符号十六进制形式输出整数(不输出前导符 0x),基本用法为%x,带格式说明符的用法与格式字符 d 相同,不再赘述。

```
int a = 100;
printf( "%d,%x\n", a, a);
```

输出结果为:

100,64

负数用格式字符 x 输出的情况与格式字符 o 相同。

(5) 格式字符 f,以小数形式输出实数(包括 float 和 double),默认输出 6 位小数,有以下几种用法。

%f,输出实数,小数位保留 6 位,不足 6 位则补 0;
%m.nf,输出实数,总宽度为 m 位(小数点也占 1 位),小数位保留 n 位,不足 n 位则补 0,右对齐;
%.nf,输出实数,不指定总宽度,只指定小数位保留 n 位,不足 n 位则补 0,右对齐;
%－m.nf,与%m.nf 相同,只是向左对齐;
%－.nf,与%.nf 相同,只是向左对齐。

```
float a = 2.718;
double b = 3.1415926;
printf( "%f,%f\n", a, b);
```

输出结果为:

2.718000, 3.141593

不足 6 位要以 0 补齐,超过 6 位则进行四舍五入。

```
double b = 3.1415926;
printf( "%8.2f%-8.2f%.2f%-.2f%f\n", b, b, b, b, b);
```

输出结果为:

3.143.14 3.143.143.141593

第一个格式说明符指定总宽度为 8,保留两位小数,且右对齐,3.14 共有 4 位,所以在左边补 4 个空格。第二个格式说明符指定总宽度为 8,保留两位小数,且左对齐,3.14 共有 4 位,所以在右边补 4 个空格。第三个和第四个格式说明符只指定保留两位小数,所以输出结果相同。第五个格式说明没有指定说明符,故默认保留 6 位小数。

(6) 格式说明符 e,以指数形式输出实数(float 和 double),数值部分小数点前有且仅有一位非 0 数字,小数部分默认保留 6 位小数;指数部分宽度固定为 5 位(如 e+003,e 为 1 位,符号占 1 位,指数占 3 位)。有以下几种使用方式。

```
%e,以默认方式输出实数;
%m.ne,输出实数,总宽度为 m 位(包括数值部分和指数部分),小数位保留 n 位,不足 n 位则补 0,右
对齐;
%.ne,输出实数,不指定总宽度,只指定小数位保留 n 位,不足 n 位则补 0,右对齐;
%-m.ne,与%m.ne 相同,只是向左对齐;
%-.ne,与%.ne 相同,只是向左对齐。
double a = -27.1828;
float b = 0.31415926;
printf( "%e,%e\n", a, b );
```

输出结果为:

-2.718280e+001,3.141593e-001
```
double a = -271.828;
printf( "%10e,%10.1e\n", a, a );
```

输出结果为:

-2.718280e+002, -2.7e+002

第一个输出项只指定了总宽度为 10,而实际宽度为 14,所以按实际宽度输出。第二个输出项指定了总宽度为 10,保留一位小数,这样实际宽度为 9,小于指定的总宽度,所以输出时在左边补一个空格。

(7) 格式字符 g,自动选择 f 和 e 输出宽度较短的一种,不输出无意义的 0,使用方式为%g。

```
double a = 271.828;
printf( "%f,%e,%g\n", a, a, a );
```

输出结果为:

271.828000,2.718280e+002,271.828

对于变量 a,由于不输出无意义的 0,按小数形式的输出宽度最小,所以,第三个输出项以小数形式输出。

```
double b = 2712341.828;
printf( "%f,%e,%g\n", b, b, b );
```

输出结果为:

2712341.828000,2.712342e+006,2.71234e+006

对于变量 b,由于输出项的整数部分较多,按指数形式的输出宽度较小,所以,第三个输出项以指数形式输出。

(8) 格式字符 c,输出一个字符,有以下几种使用形式。

```
%c,输出一个字符;
%mc,输出一个字符,宽度为 m,右对齐,因为一个字符只占一位宽度,故需要在左边补 m-1 个空格;
% -mc,输出一个字符,宽度为 m,左对齐,因为一个字符只占一位宽度,故需要在右边补 m-1 个空格
char a = 'A';
printf( "%4c% -4c%c\n", a, a, a );
```

输出结果为:

```
  AA   A
```

第一个格式字符指定宽度为 4,且为右对齐,故需在左边补三个空格。第二个格式字符指定宽度为 4,且为左对齐,故需在右边补三个空格。第三个格式字符仅输出一个字符。

在格式控制字符串中用两个连续的 % 可以输出字符"%",如:

```
printf( "%d%%\n", 35 );
```

输出结果为:

```
35%
```

(9) 格式字符 s,输出一个字符串,有以下几种使用方式。

```
%s,输出一个字符串;
%ms,输出一个字符串,宽度为 m,右对齐;
% -ms,输出一个字符串,宽度为 m,左对齐;
%m.ns,输出字符串左端的 n 个字符,宽度为 m,右对齐;
% -m.ns,输出字符串左端的 n 个字符,宽度为 m,左对齐。
printf( "%s%10s% -10s% -10.3s%10.3s\n", "Hello","Hello","Hello","Hello","Hello" );
```

输出结果为:

```
Hello      HelloHello      Hel              Hel
```

第一个格式符没有指定宽度,第二个格式符指定宽度为 10 列,而输出项中只有 5 个字符,且为右对齐,故需在左边补齐 5 个空格。第三个格式符指定宽度为 10 列,而输出项中只有 5 个字符,且为左对齐,故需在右边补齐 5 个空格。第四个格式符指定宽度为 10 列,只输出输出项中前三个字符,且为左对齐,故需在右边补齐 7 个空格。第五个格式符指定宽度为 10 列,只输出输出项中前三个字符,且为右对齐,故需在左边补齐 7 个空格。

4.5　程序举例

[例 4-6]　由键盘输入 5 个学生的计算机成绩,计算他们的平均分并保留两位小数输出。[难度等级：小学]

N-S 图如图 4-5 所示。

程序如下:

```
#include<stdio.h>
main()
{
    int a,b,c,d,e;
    float total,aver;
    printf("输入 5 个学生成绩: \n");
    scanf(" %d%d%d%d%d",&a,&b,&c,&d,&e);
    total = a+b+c+d+e;
    aver = total/5;
    printf("5 个学生的平均分是: %6.2f\n",aver);
}
```

输入 5 个学生的成绩
计算总分
计算平均分
输出平均分

图 4-5　计算平均分的 N-S 图

运行情况如下:

输入 5 个学生成绩: 25, 50, 67, 78, 90 回车
5 个学生的平均分是: 62.00

[**例 4-7**]　编写程序,输入一个 double 型实数 h,函数的功能是对变量 h 的值保留三位小数,并对第四位进行四舍五入(规定 h 的值为正数),最后输出保留后的实数。[难度等级:中学]

N-S 图如图 4-6 所示。

程序如下:

```
#include<stdio.h>
void main(void)
{
    double h;
    long t;
    double s;
    printf( "输入实数 h:\n" );
    scanf( "%lf", &h );
    h = h*10000;
    t = (h+5)/10;
    s = (double)t/1000.0;
    printf( "s = %.3f\n", s );
}
```

输入 double 型实数 h
h 乘以 10000,将 h 的第 4 位小数变成个位数
h 加上 5,个位大于等于 5 将进位,小于 5 不进位
h 除以 10,把个位变成小数
把 h 转换成整型,并赋给一个整型变量 t,去掉小数位
把 t 又转换成实数并除以 1000,得到保留三位小数的实数

图 4-6　四舍五入的 N-S 图

运行情况一如下:

输入实数 h: 2.3644 回车
s = 2.364;

运行情况二如下:

输入实数 h:2.3645 回车
s = 2.365

[**例 4-8**] 编写一个程序,通过打印标准头文件里的恰当变量,确定 int 型变量的范围,包括无符号类型。[难度等级:大学]

程序如下:

```
# include <stdio.h>
# include <limits.h>
void main(void)
{
    printf("int min: % d\n", INT_MIN);
    printf("int max: % d\n", INT_MAX);
    printf("unsigned int max: % u\n", UINT_MAX);
}
```

运行情况如下:

```
int min: − 2147483648
int max: 2147483647
unsigned int max: 4294967295
```

习题

一、选择题

1. C 语言程序的三种基本结构是_____。[难度等级:小学]

    A. 顺序结构,选择结构,循环结构   B. 递归结构,循环结构,转移结构

    C. 嵌套结构,递归结构,顺序结构   D. 循环结构,转移结构,顺序结构

2. 若变量已正确说明为 float 类型,要通过语句 scanf("%f %f %f ",&a,&b,&c);给 a 赋于 10.0,b 赋予 22.0,c 赋予 33.0,不正确的输入形式是_____。[难度等级:中学]

    A. 10.0 22 33   B. 10.0,22.0,33

    C. 10.0 22.0 33.0   D. 10 22 33

3. 若有定义:int x,y;char a,b,c;并有以下输入数据:1 2 A B C,则能给 x 赋整数 1,给 y 赋整数 2,给 a 赋字符 A,给 b 赋字符 B,给 c 赋字符 C 的正确程序段是_____。[难度等级:中学]

    A. scanf("x=%d y=%d",&x,&y);a=getchar();b=getchar();c=getchar();

    B. scanf("%d %d",&x,&y);a=getchar();b=getchar();c=getchar();

    C. scanf("%d%d%c%c%c",&x,&y,&a,&b,&c);

    D. scanf("%d%d%c%c%c%c%c",&x,&y,&a,&a,&b,&b,&c,&c)

4. 程序段：printf("%d\n",strlen("ATS\n012\1\\"));的输出结果是_____。〔难度等级：小学〕

  A. 11   B. 10   C. 9   D. 8

5. 下列程序执行后的输出结果是(小数点后只写一位)_____。〔难度等级：中学〕

```
main()
{
    double d;
    float f;
    ling g;
    int i;
    i = f = g = d = 20/3;
    printf("%d %ld %f %f \n", i,g,f,d);
}
```

  A. 6 6 6.0 6.0   B. 6 6 6.7 6.7   C. 6 6 6.0 6.7   D. 6 6 6.7 6.0

二、填空题

1. getchar 函数可以接收_____个字符，输入数字也按字符处理。〔难度等级：小学〕

2. 对于 scanf("a=%d", &a)，设 a 为整型变量，输入 5，其输入可为_____。〔难度等级：小学〕

3. 设有如下定义：int x＝10,y＝3,z;则语句 printf("%d\n",z=(x%y,x/y));的输出结果是_____。〔难度等级：小学〕

4. 若运行时 x＝12,则以下程序段的运行结果为_____。〔难度等级：中学〕

```
{
    int x, y;
    scanf("%d", &x);
    y = x > 12 ? x + 10 : x - 12;
    printf("%d\n", y);
}
```

5. 执行下列程序时输入：123456789,输出结果是_____。〔难度等级：中学〕

```
main()
{
    char s[100];
    int c, i;
    scanf("%1c",&c);
    scanf("%2d",&i);
    scanf("%3s",s);
    printf("%c,%d,%s \n",c,i,s);
}
```

三、编程题

1. 利用条件运算符的嵌套来完成此题：输入一个学生的成绩，学习成绩大于等于 90 分的同学用 A 表示，60～89 分之间的同学用 B 表示，60 分以下的同学用 C 表示，输出该学生的等级。〔难度等级：小学〕

2. 已知函数 $f(x)=3x^3-5x^2+x-10$,输入自变量 x,输出函数值 f(x)。〔难度等级：

小学]

3. 输入两个两位数的正整数 a，b，将它们合并成一个整数放在 c 中。合并的方式是：将 a 数的十位和个位依次放在 c 数的千位和十位上，b 数的十位和个位数依次放在 c 数的百位和个位上。输出合并后的整数 c。[难度等级：中学]

4. 编写程序输入三个实数值，计算函数值 $F(x,y,z)=(x+y)/(x-y)+(z+y)/(z-y)$。其中，x 和 y 的值不等，z 和 y 的值不等，输出函数值。例如，当 x 的值为 9、y 的值为 11、z 的值为 15 时，函数值为 -3.50。[难度等级：小学]

5. 编写程序，把 560 分钟换算成用小时和分钟表示，然后进行输出。[难度等级：小学]

6. 在图 4-7 中，每个节点除了用一个编号表示，还用一个二维地址（未在图中标示出）表示。在二维坐标系统中，原点在图的左上角（编号为 0 的节点），向右为 X 轴增加的方向，向下为 Y 轴增加的方向。如节点 6 的坐标为 (6,0)，节点 25 的坐标为 (4,3)，其余节点的坐标以此类推。

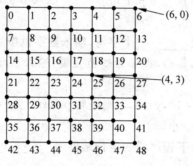

图 4-7　二维网格图

编写程序，输入一个点的编号 (0～48)，计算并输出该点的 X 坐标和 Y 坐标。[难度等级：中学]

第5章

选择结构程序设计

程序的第二种结构为选择结构,选择结构分为二分支选择结构和多分支选择结构。二分支选择结构判断条件的值(真或假)然后选择一个语句执行。多分支选择结构计算表达式的值然后选择一个语句执行。C 语言中,用 if 语句来实现二分支选择结构,用 switch 语句来实现多分支选择结构。

5.1 if 语句

5.1.1 一般形式

if 语句的一般形式为:

```
if(条件 1)
    语句 1
else
    语句 2
```

其中,语句 1 和语句 2 可以是单个语句也可以是复合语句。以下类同。

条件 1 为真就执行语句 1,为假就执行语句 2,如:

```
int a, b;
if( a < b )
    printf( "a 小于 b" );
else
    printf( "a 大于等于 b" );
```

如果 a 的值是 3,b 的值是 5,则输出为"a 小于 b";如果 a 的值是 8,b 的值是 4,则输出为"a 大于等于 b"。

```
char ch;
if( ch >= '0' && ch <= '9' )
    printf( "ch 是数字字符" );
else
```

```
        printf( "ch 不是数字字符" );
```

如果 ch 是字符'7',则输出为"ch 是数字字符";如果 ch 是字符'd',则输出为"ch 不是数字字符"。

如果有两个实数 x 和 y,要判断它们是否相等不能写作 x==y,这是因为计算机中实数只有小数点后前若干位(float 为 6 位,double 为 15 位)是精确的,后面的就不精确了,所以两个相等的实数比较的结果可能不等。要比较两个实数是否相等应当按如下方式比较:

```
double x, y;
if( fabs(x - y) < 1e - 6 )
    printf( "x 等于 y\n" );
else
    printf( "x 不等于 y\n" );
```

表达式 $fabs(x-y) < 1e-6$ 的含义是判断 x 减去 y 的差的绝对值小于 10^{-6},如果小于 10^{-6},则认为 x 等于 y,否则不相等。如果要判断 x 的值是否等于 0,应当写作 $fabs(x) < 1e-6$。

本例中调用了函数 fabs,要用以下方式包括头文件 #include<math.h>。

```
int day;
if( day % 2 )
    printf( "单号行车" );
else
    printf( "双号行车" );
```

因为整数除以 2 的余数只有 0 和 1 两种情况,所以 if(day % 2)等价于 if(day % 2 == 1)。

[例 5-1]　从键盘输入实型变量 a,b,计算 c 的值(若 a>=b,则 c=a*b,若 a<b 则 c=a/b),并输出 a,b,c 的值。[难度等级:小学]

N-S 图如图 5-1 所示。

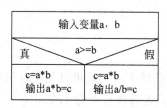

图 5-1　计算 c 的值的 N-S 图

程序如下:

```
#include < stdio.h>
void main( )
{
    double a,b,c;
    printf("输入变量 a,b:\n");
    scanf("%lf%lf",&a,&b);
    if(a>= b)
    {
        c = a * b;
```

```
        printf(" % f * % f = % f\n",a,b,c);
    }
    else
    {
        c = a/b;
        printf(" % f/ % f = % f\n",a,b,c);
    }
}
```

运行情况一如下：

输入变量 a,b:5 3 回车
5 * 3 = 15

运行情况二如下：

输入变量 a,b:3 5 回车
3/5 = 0.6

[**例 5-2**] 编写程序从三个输入的整数 a、b、c 中找出中间那个数，然后输出该数。[难度等级：中学]

N-S 图如图 5-2 所示。

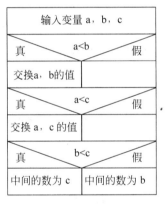

图 5-2 找中间数的 N-S 图

程序如下：

```
# include < stdio. h>
void main( )
{
    int a, b, c;
    int t;
    printf( "输入变量 a, b, c:\n" );
    scanf( " % d % d % d", &a, &b, &c );
    int t;
    if( a < b )
        { t = a; a = b; b = t; }
    if( a < c )
        { t = a; a = c; c = t; }
    if( b < c )
        printf( "中间数是 % d\n", c );
```

```
    else
        printf( "中间数是 %d\n", b );
}
```

运行情况一如下：

输入变量 a, b, c: 1 2 3 回车
中间数是 2

运行情况二如下：

输入变量 a, b, c: 12 8 20 回车
中间数是 12

运行情况三如下：

输入变量 a, b, c: 31 25 30 回车
中间数是 30

5.1.2 无 else 的 if 语句

没有 else 的 if 语句的形式为：

```
if(条件 1)
    语句 1
```

条件 1 为真就执行语句 1,为假就什么也不执行。

```
if(a > 0)
    printf("a 是正数\n" );
```

［例 5-3］ 假定输入的字符只能是字母和 * 号。请编写程序,它的功能是：输出非 * 号的字符。［难度等级：小学］

N-S 图如图 5-3 所示。

图 5-3 输出非 * 号字符的 N-S 图

程序如下：

```
void main( )
{
    char ch;
    printf( "输入一个字符 ch:\n" );
    scanf( "%c", &ch );
    if( ch != '*' )
        printf( "ch = %c\n", ch );
}
```

运行情况一如下：

输入一个字符 ch: s 回车
ch = s

运行情况二如下：

输入一个字符 ch: * 回车

在第二种情况下，输入的字符是 *，故程序没有输出。

5.1.3　扩展形式

扩展的 if 语句使用形式为：

```
if(条件 1)
    语句 1
else if(条件 2)
    语句 2
…
else if(条件 n)
    语句 n
else
    语句 n+1
```

扩展的 if 语句的 N-S 图如图 5-4 所示。

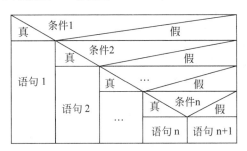

图 5-4　扩展的 if 语句的 N-S 图

扩展的 if 语句的执行过程为：先判断条件 1，如果为真就执行语句 1；如果为假就判断条件 2；如果为真就执行语句 2；…；如果所有的条件都为假就执行语句 n+1。例如：

```
if( score >= 90 )
    printf( "优秀" );
else if( score >= 80 )
    printf( "良好" );
else if( score >= 70 )
    printf( "合格" );
else if( score >= 60 )
    printf( "及格" );
else
    printf( "不及格" );
```

这个语句的作用是按照成绩输出等级：90～100 优秀；80～89 良好；70～79 合格；

60～69 及格；0～59 不及格。

[**例 5-4**]　请编写一个程序输入一个小于 100 000 且大于 10 的无符号整数 w，若 w 是 n(n≥2)位的整数，则求出 w 的后 n-1 位的数并输出该数。例如，w 值为 5923，则程序输出 923；w 值为 923，则程序输出 23。[难度等级：中学]

N-S 图如图 5-5 所示。

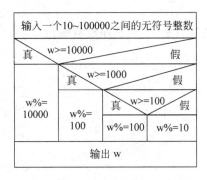

图 5-5　求后 n-1 位数的 N-S 图

程序如下：

```c
void main( )
{
    unsigned w;
    printf( "输入变量 w:\n" );
    scanf( "% d", &w );
    if ( w >= 10000) w = w % 10000;
    else if ( w >= 1000) w = w % 1000;
    else if ( w >= 100) w = w % 100;
    else w = w % 10;

    printf( "w =  % d\n", w );
}
```

运行情况一如下：

```
输入变量 w:12345 回车
w = 2345
```

运行情况二如下：

```
输入变量 w:1234 回车
w = 234
```

[**例 5-5**]　企业发放的奖金根据利润提成。利润(i)低于或等于 10 万元时，奖金可提 10%；利润高于 10 万元，低于 20 万元时，低于 10 万元的部分按 10%提成，高于 10 万元的部分，可提 7.5%；20 万～40 万之间时，高于 20 万元的部分，可提 5%；40 万～60 万之间时高于 40 万元的部分，可提 3%；60 万～100 万之间时，高于 60 万元的部分，可提 1.5%，高于 100 万元时，超过 100 万元的部分按 1%提成，从键盘输入当月利润 i，求应发放奖金总数。[难度等级：大学]

N-S 图如图 5-6 所示。

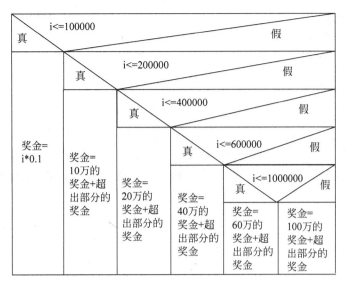

图 5-6 奖金提成的 N-S 图

程序如下：

```
void main( )
{
    long int i;
    double jiangj1,jiangj2,jiangj4,jiangj6,jiangj10,jiangj;
    printf( "输入利润 i:\n" );
    scanf(" %ld",&i);
    jiangj1 = 100000 * 0.1;                       //十万元的奖金为利润乘以 0.1
    jiangj2 = jiangj1 + 100000 * 0.075;  /*二十万元的奖金 = 十万的奖金 + 超出的十万元奖金*/
    jiangj4 = jiangj2 + 200000 * 0.05;
                            /*四十万元的奖金 = 二十万的奖金 + 超出的二十万元奖金*/
    jiangj6 = jiangj4 + 200000 * 0.03;
                            /*六十万元的奖金 = 四十万的奖金 + 超出的二十万元奖金*/
    jiangj10 = jiangj6 + 400000 * 0.015;
                            /*一百万元的奖金 = 六十万的奖金 + 超出的四十万元奖金*/
    if(i <= 100000)
        jiangj = i * 0.1;
    else if(i <= 200000)
        jiangj = jiangj1 + (i - 100000) * 0.075;
    else if(i <= 400000)
        jiangj = jiangj2 + (i - 200000) * 0.05;
    else if(i <= 600000)
        jiangj = jiangj4 + (i - 400000) * 0.03;
    else if(i <= 1000000)
        jiangj = jiangj6 + (i - 600000) * 0.015;
    else
        jiangj = jiangj10 + (i - 1000000) * 0.01;
    printf("jiangj = %f",jiangj);
}
```

运行情况一如下：

输入利润 i: 150000
jiangj = 13750.000000

运行情况二如下：

输入利润 i: 1100000
jiangj = 306000.000000

5.1.4 嵌套的 if 语句

if 语句中的语句 1 或语句 2 又是一个 if 语句称为嵌套的 if 语句。嵌套的 if 语句的一般形式为：

```
if(条件1)
    if(条件2)
        语句1
    else
        语句2
else
    if(条件3)
        语句3
    else
        语句4
```

嵌套的 if 语句中 if 与 else 的配对规则是：else 总是与它上面最近未配对的 if 配对，如：

```
if(条件1)
    if(条件2)
        语句1
else
    语句2
```

虽然在编辑上 else 与第一个 if 对齐了，但是它不会与第一个 if 配对，而是与第二个 if 配对。

如果要让 else 与第一个 if 配对，可以把嵌套的 if 放在一个复合语句内，如：

```
if(条件1)
    {
        if(条件2)
            语句1
    }
else
        语句2
```

这样 else 就只能跟第一个 if 配对了。

［例 5-6］ 输入一个不多于 5 位的正整数，要求：①求出它是几位数；②分别打印出每一位数字；③按逆序打印出各位数字。如原数为 12345，则逆序为 54321。［难度等级：大学］

N-S 图如图 5-7 所示。

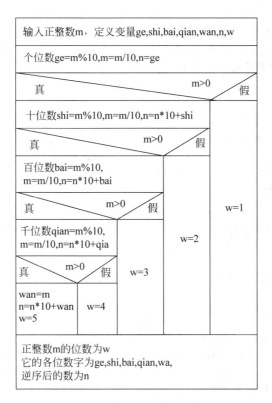

图 5-7　逆序打印的 N-S 图

程序如下：

```
# include < stdio.h >
main( )
{
    unsigned x,m,n = 0,w = 0;
    unsigned ge = 0, shi = 0, bai = 0, qian = 0, wan = 0;
    printf("输入一个正整数：\n");
    scanf(" % u",&x);
    m = x;
    ge = m % 10; m = m/10; w = 1; n = ge;
    if(m)
    {
        shi = m % 10; m = m/10; w = 2; n = n * 10 + shi;
        if(m)
        {
            bai = m % 10; m = m/10; w = 3; n = n * 10 + bai;
            if(m)
            {
                qian = m % 10; m = m/10; w = 4; n = n * 10 + qian;
                if(m)
                {
                    wan = m; w = 5; n = n * 10 + wan;}
            }
        }
```

```
            }
        printf("\n%u 为 %u 位数",x,w);
        printf("\n 正整数的原序为: %u",x);
        printf("\n 正整数的逆序为: %u",n);
}
```

运行情况如下:

输入一个正整数: 12345 回车
12345 为 5 位数
正整数的原序为: 12345
正整数的逆序为: 54321

5.2   switch 语句

switch 语句的一般形式为:

```
switch(表达式 1)
{
case 常量表达式 1: 语句 1; break;
case 常量表达式 2: 语句 2; break;
…
case 常量表达式 n: 语句 n; break;
default: 语句 n + 1
}
```

switch 后面括号中的表达式 1 的值可以是整型、字符型或者枚举类型。例如,下面是错误的用法。

```
double a;
switch(a)
{
}
```

case 后面的常量表达式的值必须互不相同。例如,下面是错误的用法。

```
int a;
switch(a)
{
case 0:语句 1
case 0:语句 2
}
```

是错误的用法。

switch 语句的执行过程是: 首先计算表达式 1 的值,如果有一个 case 后面的常量与表达式 1 的值相等,就执行该 case 后面的语句,然后执行 break 语句,break 语句的作用是跳出 switch 语句,从而结束 switch 语句;如果没有 case 后面的常量表达式的值与表达式 1 的值相等,就执行 default 后面的语句,因为 default 的语句执行完后就没有别的语句了,这时就自动结束 switch 语句,所以 default 后面不需要 break 语句。

［**例 5-7**］ 编写程序进行数字字符转换。若输入的是数字字符'0'～'9'，则'0'转换成'9'，'1'转换成'8'，'2'转换成'7'，……，'9'转换成'0'；若是其他字符，则保持不变。最后输出转换后的字符。［难度等级：中学］

N-S 图如图 5-8 所示。

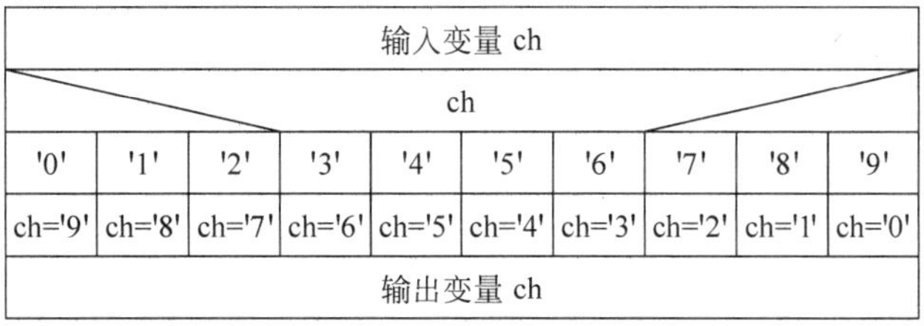

输入变量 ch									
ch									
'0'	'1'	'2'	'3'	'4'	'5'	'6'	'7'	'8'	'9'
ch='9'	ch='8'	ch='7'	ch='6'	ch='5'	ch='4'	ch='3'	ch='2'	ch='1'	ch='0'
输出变量 ch									

图 5-8 字符转换的 N-S 图

程序如下：

```
void main( )
{
    char ch;
    printf( "输入一个字符 ch:\n" );
    scanf( "%c", &ch );
    switch(ch)
    {
    case '0': ch = '9'; break;
    case '1': ch = '8'; break;
    case '2': ch = '7'; break;
    case '3': ch = '6'; break;
    case '4': ch = '5'; break;
    case '5': ch = '4'; break;
    case '6': ch = '3'; break;
    case '7': ch = '2'; break;
    case '8': ch = '1'; break;
    case '9': ch = '0'; break;
    }
    printf( "ch = %c\n", ch );
}
```

运行情况一如下：

输入一个字符 ch:0 回车
ch = 9

运行情况二如下：

输入一个字符 ch:9 回车
ch = 0

如果 case 后面的语句没有跟 break 语句，那么执行完该语句后不会结束 switch 语句，也不再做判断，而是继续执行后面的语句，如：

```
switch(g)
{
```

```
case 'A':printf( "优秀\n" );
case 'B':printf( "良好\n" );
case 'C':printf( "合格\n" );
case 'D':printf( "及格\n" );
default:printf( "不及格\n" );
}
```

运行时,若 g 的值是 'C',则输出为:

合格
及格
不及格

这是因为 printf("合格\n");后面没有 break 语句,执行完该语句后继续执行后面的两个输出语句,从而导致了错误结果。

也可以利用 switch 语句这个特性让多个 case 共用一组执行语句。

[例 5-8] 有一函数:

$$y = \begin{cases} x & (-5 \leqslant x < 0) \\ x-1 & (x=0) \\ x+1 & (0 < x < 10) \end{cases}$$

编写一程序,要求输入大于 -5 且小于 10 的整型变量 x 的值,输出 y 的值。要求用 switch 语句。[难度等级:小学]

N-S 图如图 5-9 所示。

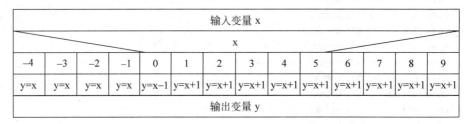

输入变量 x														
x														
−4	−3	−2	−1	0	1	2	3	4	5	6	7	8	9	
y=x	y=x	y=x	y=x	y=x−1	y=x+1	y=x+1	y=x+1	y=x+1	y=x+1	y=x+1	y=x+1	y=x+1	y=x+1	
输出变量 y														

图 5-9　switch 语句的 N-S 图

程序如下:

```
void main( )
{
    int x, y;
    printf( "输入整型变量 x:\n" );
    scanf( "%d", &x );
    if( x <= -5 || x >= 10 )
    {
        printf( "输入错误\n" );
        return;
    }
    switch(x)
    {
    case -4:
    case -3:
```

```
    case - 2:
    case - 1: y = x; break;
    case 0: y = x - 1; break;
    default: y = x + 1; break;
    }
    printf( "y = % d\n", y );
}
```

运行情况一如下：

```
输入整型变量 x:- 3 回车
y = - 3
```

运行情况二如下：

```
输入整型变量 x:0 回车
y = - 1
```

运行情况三如下：

```
输入整型变量 x:5 回车
y = 6
```

在 case-4、case-3 和 case-2 后面都没有 break 语句，因此它们和 case-1 共用一个执行语句 y = x;。

习题

一、选择题

1. 若要求在 if 后一对圆括号中表示 a 不等于 0 的关系，则能正确表示这一关系的表达式为_____。〔难度等级：小学〕

　　A. a<>0　　　　　　　　B. ! a　　　　　　　　C. a=0　　　　　　　　D. a

2. 若执行下面的程序时从键盘上输入 5，则输出是_____。〔难度等级：中学〕

```
main()
{
    int x;
    scanf(" % d",&x);
    if(x++> 5)
        printf(" % d\n",x);
    else
        printf(" % d\n",x-- );
}
```

　　A. 7　　　　　　　　　B. 6　　　　　　　　　C. 5　　　　　　　　　D. 4

3. 请读程序：

```
int i = 0,j = 0,a = 6;
if((++i>0)||(++j>0))
    a++;
printf("i = % d,j = % d,a = % d\n",i,j,a);
```

则上面程序的输出结果是_____。〔难度等级：大学〕

  A．i＝0,j＝0,a＝6   B．i＝1,j＝0,a＝7

  C．i＝1,j＝1,a＝6   D．i＝1,j＝1,a＝7

4．有如下程序

```
void main()
{
    int x = 1,a = 0,b = 0;
    switch(x)
    {
    case 0: b++;
    case 1: a++;
    case 2: a++;b++;
    }
    printf("a= %d,b= %d\n",a,b);
}
```

该程序的输出结果是_____。〔难度等级：中学〕

  A．a＝2,b＝1   B．a＝1,b＝1

  C．a＝1,b＝0   D．a＝2,b＝2

5．有如下程序

```
void main()
{
    float x = 2.0,y;
    if(x < 0.0)
        y = 0.0;
    else if(x < 5.0)
        y = 1.0/x;
    else
        y = 1.0;
    printf("%f\n",y);
}
```

该程序的输出结果是_____。〔难度等级：中学〕

  A．0.000000   B．0.250000   C．0.500000   D．1.000000

二、填空题

1．以下程序段输出为_____。〔难度等级：小学〕

```
int a = 1,b = 2,c = 3;
if(a > b)a = b;
b = c;
c = a;
printf("a= %d b= %d c= %d\n",a,b,c);
```

2．以下程序段，执行后输出的结果是_____。

```
int i = 1,j = 1,k = 2;
if ((j++||k++)&&i++)
printf("%d,%d,%d\n",i,j,k); 〔难度等级：中学〕
```

3. 以下程序段的输出结果是_____。

```
int m = 5;
if (m++> 5)
printf(" % d\n",m);
else
printf(" % d \n",m-- );
```

4. 当 a＝1，b＝3，c＝5，d＝4 时，执行下面一段程序后，x 的值为_____。

```
if(a < b)
    if(c < d)
        x = 1;
    else if(a < c)
        if(b < d)
            x = 2;
        else
            x = 3;
    else
        x = 6;
else x = 7;
```

5. 下面程序段的输出结果是_____。［难度等级：中学］

```
int x = 1, y = 0, a = 0, b = 0;
    switch(x)
    {
    case 1: switch(y)
            {
    case 0: a++;break;
    case 1: b++;break;
            }
    case 2: a++; b++; break;
    }
    printf("a = % d, b = % d\n",a,b);
}
```

三、写程序结果题

以下程序的运行结果是_____。［难度等级：中学］

```
void main()
{
    int a,b,c;
    int s,w = 0,t = 0;
    a = - 1;b = 3;c = 3;
    if(c > 0)s = a + b;
    if(a <= 0)
    {
        if(b > 0)
            if(c <= 0)w = a - b;
    }
    else if(c > 0)w = a - b;
    else t = c;
    printf(" % d, % d, % d\n",s,w,t);
}
```

四、编程题

1. 编写程序，输入一个5位数，判断它是不是回文数。如12321是回文数，个位与万位相同，十位与千位相同。输出判断结果。［难度等级：小学］

2. 输入一个表示星期的数字(0表示星期日，1表示星期一，…，6表示星期六)，输出对应的英文单词。［难度等级：小学］

3. 编写程序输入三个数，最大的放在a中，最小的放在c中，中间的放在b中。［难度等级：中学］

4. 编写程序进行字母转换。若输入的字母ch为小写英文字母，则转换成相应的大写英文字母；若输入的字母ch是大写英文字母，则转换成相应的小写英文字母，输出转换后的字母。［难度等级：中学］

5. 编写程序：根据输入的三个边长值(整型值)，判断能否构成三角形。若能够构成等边三角形则输出3，若能构成等腰三角形则输出2，若构成一般三角形，则输出1；若不能构成三角形，则输出0。［难度等级：中学］

6. 设计程序：根据以下的对应关系，对输入的每个x值，求y的值。［难度等级：中学］

$$y=\begin{cases} x(x+2) & 2<x\leqslant10 \\ 2x & -1<x\leqslant2 \\ x-1 & x\leqslant-1 \end{cases}$$

7. 点的编号与坐标如图5-10所示。编写程序输入一个点的编号，计算并输出该点的邻居点的个数。注意：不同点的邻居个数是不同的，例如点0只有两个邻居，点1有三个邻居，点8有4个邻居。［难度等级：中学］

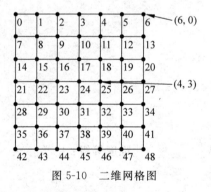

图5-10　二维网格图

8. 图5-10中，如果两个点之间有一条边相连，则称它们相邻。如点1和点2相邻，点1和点8相邻，而点6和点7不相邻。

编写程序，输入两个点的编号，判断它们是否相邻，如是则输出1，否则输出0。［难度等级：中学］

9. 图5-10中，给定互不相同且不在同一条直线上的三个点i、j、k，如果点i与点j相邻，点j与点k相邻，称这三个点构成一个转向。例如，三个节点1、2、9构成一个转向；三个节点8、9、2也构成转向；三个节点2、3、4不构成转向；三个节点3、4、12也不构成转向。

编写程序，输入三个节点的编号，判断它们是否构成转向，如是则输出1，否则输出0。［难度等级：中学］

第6章

循环结构程序设计

程序的第三种结构为循环结构,在循环结构中,当条件满足时,重复执行循环体语句。在 C 语言中,可以用以下一些语句实现循环结构:

while 语句

do…while 语句

for 语句

goto 语句

6.1 while 语句

C 语言中用 while 语句实现当型循环。它的一般使用形式如下:

while(表达式 1)
    语句 1

语句 1 称为 while 语句的循环体。

其中,表达式 1 的值可以是任意类型,其值非 0 就为真,0 值为假。

它的执行过程是先判断表达式 1 的值,如果为假就结束循环;为真就执行语句 1,然后重复其判断-执行的过程。判断表达式 1 的次数要比执行语句 1 的次数多一次。

```
int i = 1, sum = 0;
while(i <= 10)
{
    sum += i;
    i++;
}
```

当变量 i 的值小于等于 10 时,就执行循环语句;直到 i 的值大于 10。循环结束时变量 i 的值为 11,sum 的值为 55。

```
int n = 9;
while(n > 6)
```

```
{
    n -- ;
    printf(" % d",n);
}
```

当变量 n 的值大于 6 时就执行循环；直到 n 的值小于等于 6。循环结束时 n 的值为 6，程序段的输出结果为 876。

使用 while 的时候，在表达式或循环体中应当有使循环趋于结束的语句，如上面两个语句中的 i++ 和 n--。如果没有这样的语句，循环就会一直执行，永不结束，形成无限循环。

```
while(1){x + + ;}
```

这个 while 语句中的表达式的值为 1，无法更改，所以这个循环将执行无限多次。

```
int k = 0
while(k = 1)
    k + + ;
```

这个 while 语句中的表达式是一个赋值表达式，不论变量 k 的值是什么，判断此表达式的值的时候都是要求这个赋值表达式的值，结果都是 1，这个循环也是一个无限循环。

while 循环的循环体语句可以是空语句，这种情况下，也要防止出现无限循环。

```
int y = 1;
while(y - - );
printf("y = % d\n",y);
```

这个 while 语句的循环体是只有一个分号的空语句。第一次计算表达式的时候，变量 y 的值为 1，故表达式的值为 1，计算后要对 y 作自减运算，然后 y 的值变为 0；由于表达式的值为真，所以要执行循环体(空语句)。第二次计算表达式的时候，变量 y 的值为 0，故表达式的值为 0，但是依然要对 y 作自减运算，然后 y 的值变为 -1；由于表达式的值为假，故结束循环。当循环结束的时候 y 的值为 -1，所以程序段最后输出 y = -1。

[例 6-1] 编写程序，它的功能是：输入一系列字符，遇回车符结束，将其中的空格用 * 替代并输出，其他的字符原样输出。[难度等级：小学]

N-S 图如图 6-1 所示。

图 6-1 替代空格的 N-S 图

程序如下：

```
void main(void)
{
    char ch;
```

```
        printf( "输入一行字符:\n" );
        scanf( "%c", &ch );
        while( ch != '\n' )
        {
            if( ' ' == ch )
            {
                printf( "%c", '*' );
            }
            else
                printf( "%c", ch );
            scanf( "%c", &ch );
        }
    }
```

运行情况如下：

输入一行字符：a b c d e f gh回车
a * b * c * d * e * f * gh

［**例 6-2**］ 编写程序,输入 w（unsigned w）,w 是一个大于 10 的无符号整数,且 w 是
n(n≥2)位的整数,则求出 w 后 n－1 位的数,并输出该数。［难度等级：中学］

N-S 图如图 6-2 所示。

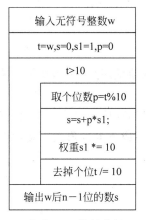

图 6-2 求后 n－1 位的数的 N-S 图

程序如下：

```
void main(void)
{
    int w;
    printf( "输入整数 w:\n" );
    scanf( "%d", &w );
    unsigned t, s = 0, s1 = 1, p = 0;
    t = w;
    while(t > 10)
    {
        p = t % 10;
        s = s + p * s1;
        s1 = s1 * 10;
        t = t/10;
    }
    printf( "s = %d\n", s );
}
```

运行情况如下:

```
输入整数 w: 987654 回车
s = 87654
```

6.2　do…while 语句

C 语言中,用 do…while 语句实现直到型循环。它的一般使用形式如下:

```
do
    语句 1
while(表达式 1);
```

其中的语句 1 称为 do…while 语句的循环体。

它的执行过程是先执行语句 1,然后再判断表达式 1 的值,如果为假就结束循环;为真就继续执行语句 1,然后重复其执行-判断的过程。判断表达式 1 的次数与循环体的执行次数相同。

```
int y = 10;
do
    y − − ;
while(y);
```

循环体每执行一次,变量 y 的值就减少 1;当变量 y 的值为 0 时结束循环。当循环结束时变量 y 的值为 0。

为了提高程序的可读性,对于循环体中只有一个语句的 do…while 语句,也应给循环体加上括号。如上面的程序段如果写成下面的形式可读性更高:

```
int y = 10;
do
{
    y − − ;
}
while(y);
```

如果循环体中有多个语句,那就必须加上括号。

```
x = 2;
do
{
    printf(" ∗ ");
    x − − ;
}
while(!x = = 0);
```

因为逻辑非运算符 ! 的优先级高于等于运算符 = =,所以表达式 ! x = = 0 等价于 (! x) = = 0,当 x 的值不为 0 时表达式的值为真,反之为假。上面的循环体执行一次就使 x 的值减 1,故该循环共执行两次。循环结束时 x 的值为 0,输出结果为 ∗∗ 。

循环体中也应该有使循环趋于结束的语句,否则会出现无限循环。

```
int k = 0;
do{
    + +k;
}
while(k> = 0);
```

这个例子中变量 k 的初值是 0,循环体执行一次就是变量 k 的值加 1,所以 while 括号里的条件 k>＝0 将永远成立,出现无限循环。

使循环趋于结束的语句也可以出现在 while 后面的表达式中,如:

```
int x = 3;
do {
    printf(" % d",x - = 2);
}
while(!( - - x));
```

循环体第一次执行输出为 1,执行后变量 x 的值为 1,然后判断表达式!(－－x)的值为真,变量 x 的值变为 0;循环体第二次执行输出为－2,执行后变量 x 的值变为－2,然后判断表达式!(－－x)的值为假,变量 x 的值为－3。所以,该循环执行两次就结束,它的输出为1－2,结束时变量 x 的值为－3。

[例 6-3] 编写程序,输入实数 x(x＜0.97),计算并输出下列多项式的值,直到 $|s_n|$＜0.000 001 为止。[难度等级:中学]

$$S_n = 1 + 0.5x + 0.5(0.5-1) x^2/2! + \cdots + 0.5(0.5-1)(0.5-2) + \cdots + (0.5-n+1) x^n/n!$$

N-S 图如图 6-3 所示。

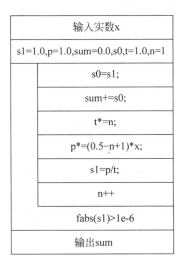

输入实数x
s1=1.0,p=1.0,sum=0.0,s0,t=1.0,n=1

	s0=s1;
	sum+=s0;
	t*=n;
	p*=(0.5−n+1)*x;
	s1=p/t;
	n++

fabs(s1)>1e-6
输出sum

图 6-3 计算多项式的 N-S 图

程序如下:

```
void main(void)
{
    double x;
    double s1 = 1.0,p = 1.0,sum = 0.0,s0,t = 1.0;
    int n = 1;
```

```
       printf( "输入实数 x:\n" );
       scanf( "%lf", &x );
       do
       {
           s0 = s1;
           sum += s0;
           t * = n;
           p * = (0.5 − n + 1) * x;
           s1 = p/t;
           n++;
       }
       while(fabs(s1)>1e − 6);
       printf( "sum = %f\n", sum );
   }
```

运行情况一如下：

输入实数 x: 0.8 回车
sum = 1.341640

运行情况二如下：

输入实数 x: 0.9 回车
sum = 1. 378404

〔**例 6-4**〕 编写程序,输入正整数 M 和 N(M,N 均小于 10 000),输出 M 和 N 之间(包括 M、N)所有满足下列条件的所有整数:整数能被 5 整除且各位数字之和等于 5。若没有满足条件的整数,则输出“没有满足条件的数\n”。〔难度等级:中学〕

N-S 图如图 6-4 所示。

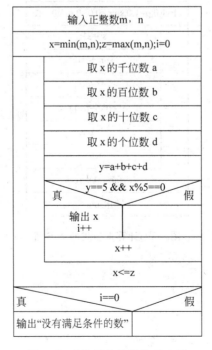

图 6-4 求满足条件数的 N-S 图

程序如下：

```c
#include <stdio.h>
void main()
{
    int m,n,a,b,c,d,x,y,z,i;
    printf("输入整数 m, n:\n");
    scanf("%d%d",&m,&n);
    i = 0;
    if(m <= n)
    {
        x = m;
        z = n;
    }
    else
    {
        x = n;
        z = m;
    }
    do
    {
        a = x/1000;
        b = (x - a * 1000)/100;
        c = (x - a * 1000 - b * 100)/10;
        d = x - a * 1000 - b * 100 - c * 10;
        y = a + b + c + d;
        if(y == 5&&x % 5 == 0)
        {
            printf("%d ",x);
            i = i + 1;
        }
        x = x + 1;
    }
    while(x <= z);
    if(i == 0)
        printf("没有满足条件的数\n");
}
```

运行情况如下：

输入整数 m, n: 1 9999 回车
5 50 140 230 320 410 500 1040 1130 1220 1310 1400 2030 2120 2210 2300 3020 3110 3200 4010 4100 5000

6.3   for 语句

使用 for 语句的一般形式为：

for(表达式 1; 表达式 2; 表达式 3)
　　语句 1

其中的语句 1 称为 for 语句的循环体。

它的执行过程如下。

（1）求解表达式 1。

（2）求解表达式 2，如果其值为假，则结束循环；如果其值为真，则执行语句 1，然后转第
（3）步。

（3）求解表达式 3。

（4）转第（2）步重复执行。

for 语句的 N-S 图如图 6-5 所示。

图 6-5　for 语句的 N-S 图

一般情况下：表达式 1 的作用是给变量赋初值，表达式 2 的作用是用作判断循环结束
的条件，表达式 3 的作用是改变变量的值以使循环趋于结束，如：

```
for(w = 10;w!= 0;w-- )
    printf(" * ");
```

这个 for 语句的作用是输出 10 个 * 字符。表达式 1 指定变量 w 的初值为 10，表达式 2
指定循环继续的条件是变量 w 的值不为 0，表达式 3 使变量 w 的值减 1 以使循环趋于结束。

表达式 1 可以没有，给变量赋初值的语句就要放在 for 语句之前，如：

```
int y = 9;
for( ; y > 0; y-- )
{
    if(y % 3 == 0)
    {
        printf(" % d", -- y);
    }
}
```

给变量 y 赋初值的语句在 for 语句之前。程序段输出 852，循环结束时变量 y 的值为 0。

表达式 3 也可以没有，使循环趋于结束的语句可以在循环体中实现，如：

```
int x;
for(x = 10;x > 8;)
    printf(" % d ",x--);
```

这个 for 语句中没有表达式 3，改变变量的语句是在循环体中实现的。程序段输出
10 9，循环结束时变量 x 的值为 8。

表达式 1 和表达式 3 可以省略，但是分隔这三个表达式的分号不能省略，如：

```
char i;
```

```
for ( ; (i = getchar ())!= '\n'; )
{
    switch (i - 'a')
    {
    case 0: putchar (i);
    case 1: putchar (i + 1);break;
    case 2: putchar (i + 2);
    case 3: break;
    default: putchar (i);break;
    }
}
```

在这个 for 语句中,表达式 1 和表达式 3 都没有,表达式 2 除了作控制循环的条件外,还完成了输入数据的功能。这个程序段的功能是读入一个字符,并对它进行处理,直到读入的是回车符'\n'为止。

在表达式 1 中可以给多个变量赋初值;同样地,在表达式 3 中,可以改变多个变量的值,各赋值之间用逗号分隔,形成逗号表达式。如:

```
int i,j;
for(i = 0, j = 1; i <= j + 1; i += 2, j-- )
    printf(" % d \n",i);
```

在这个 for 语句中,表达式 1 和表达式 3 都是逗号表达式。

表达式 2 也可以省略,相当于表达式 2 的值为真,这时循环变成一个无限循环,如:

```
int i, s = 0;
for( i = 0; ; i++)
    s += i;
```

表达式 1、表达式 2 和表达式 3 都可以省略,但是,括号里的分号也不能省略,如:

```
for( ; ; );
```

这个 for 语句也是一个无限循环。

在表达式 1 中还可以定义变量,如:

```
for(int i = 0; i < 100; i++)
    printf(" % d ", i);
```

在 for 循环的表达式 1 中定义变量 i 并给它赋初值。

[例 6-5] 编写程序,功能是:根据以下公式计算 s,并输出计算结果;n 由用户输入。
$s = 1 + 1/(1+2) + 1/(1+2+3) + \cdots + 1/(1+2+3+4+\cdots+n)$[难度等级:小学]

N-S 图如图 6-6 所示。

程序如下:

```
void main(void)
{
    int n;
    int i;
    double s = 1.0, t = 1.0;
    printf( "输入整数 n:\n" );
```

```
scanf( "%d", &n );
double s = 1.0, t = 1.0;
for( i = 2; i <= n; i++ )
{
    t = t + i;
    s = s + 1/t;
}

printf( "s = %f\n", s );
}
```

运行情况如下：

输入整数 n: 10 回车
s = 1.818182

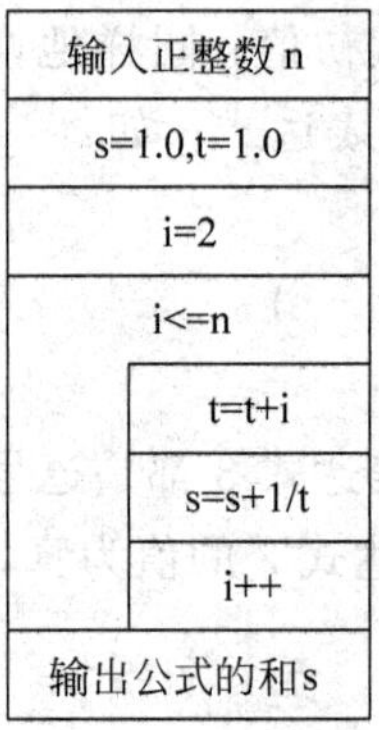

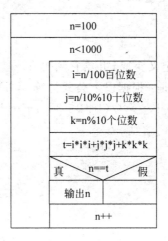

图 6-6　根据公式求值的 N-S 图

[**例 6-6**]　打印出 1000 以内所有的"水仙花数"，所谓"水仙花数"是指一个三位数，其各位数字立方和等于该数本身。例如，153 是一个"水仙花数"，因为 153 等于 1 的三次方＋5 的三次方＋3 的三次方。[难度等级：中学]

N-S 图如图 6-7 所示。

图 6-7　找水仙花数的 N-S 图

程序如下：

```
main()
{
    int i,j,k,n;
    printf("水仙花数是:");
    for(n = 100;n < 1000;n++)
    {
        i = n/100;                          /* 分解出百位 */
        j = n/10 % 10;                      /* 分解出十位 */
        k = n % 10;                         /* 分解出个位 */
        if(i * 100 + j * 10 + k == i * i * i + j * j * j + k * k * k)
        {
            printf(" % - 5d",n);
        }
    }
    printf("\n");
}
```

运行情况如下：

水仙花数是: 153 370 371 407

6.4 goto 语句构建循环

goto 语句可以使程序流程转到指定的位置继续执行。它的一般形式为：

goto 语句标号；

可以用 goto 语句与 if 语句一起构成循环结构。

[例 6-7] 编写程序，输入正整数 k，用 goto 语句与 if 语句构建循环，输出 k 个 * 字符。
[难度等级：小学]

N-S 图如图 6-8 所示。

图 6-8 输出 * 字符的 N-S 图

程序如下：

```
# include < stdio. h >
void main(void)
{
    int w, k;
```

```
    printf( "输入正整数 k:\n" );
    scanf( "%d", &k );
    w = k;
LOOPBEGRIN: if(w == 0)
        goto LOOPEND;
    w -- ;
    printf(" * ");
    goto LOOPBEGRIN;
LOOPEND:
    printf( "\n" );
}
```

运行情况如下：

输入正整数 k:5 回车

*****

6.5 break 语句与 continue 语句

break 语句不但可以用于 switch 语句,还可以用于循环语句,用来从循环体中跳出,从而结束循环,继续执行循环语句后面的语句。

```
int a, y;
a = 10; y = 0;
do
{
    a += 2;
    y += a;
    printf("a = %d y = %d\n",a,y);
    if(y > 20)
        break;
}
while(a < = 14);
```

第一次执行完循环语句的时候,变量 a 的值为 12,y 的值为 12,while 后面的条件 a $\leqslant$ 14 为真; 第二次执行完语句 printf("a=%d y=%d\n",a,y);的时候,y 的值为 26,所以条件 y>20 为真,就执行 break 语句,结束循环。程序段的输出为: a=12 y=12 a=14 y=26。

使用 continue 语句的一般形式为:

continue;

它的作用是结束本次循环,跳过循环体中剩余还没有执行的语句,接着执行下一次循环的判断(for 语句的情况下,为接着求解表达式 3)。

```
int x, y;
for(y = 1,x = 1;y < = 3;y++)
{
    if(x % 2 == 1)
    {
        x += 5;
        continue;
```

```
    }
    x -= 3;
}
```

循环体第一次执行的时候变量 x 和变量 y 的值都为 1, if 语句的条件为真, 故应当执行循环体中的 if 语句, if 语句中的第一个语句使 x 的值变为 6, 第二个语句 continue 结束本次循环, 该语句后面的语句不再执行, 结束循环体第一次执行。循环体第二次执行的时候变量 x 的值为 6, if 语句的条件为假, 故应当执行 if 语句后面的语句, 使得变量 x 的值变为 3。循环体第三次执行的时候变量 x 的值为 3, if 语句的条件为真, 故应该执行 if 语句, if 语句中的第一个语句使变量 x 的值变为 8, 同样地, 第二个语句 continue 结束本次循环, 该语句后面的语句不再执行, 第三次执行结束。循环体总共执行三次, 结束时, 变量 x 的值为 8, 变量 y 的值为 4。

break 语句和 continue 语句在同一个循环体中可以都出现, 如：

```
int x = 1, y = 1;
while(y <= 5)
{
    if(x >= 10)
        break;
    if(x % 2 == 0)
    {
        x += 5;
        continue;
    }
    x -= 3;
    y++;
}
printf(" % d, % d", x, y);
```

程序段的输出为 6, 6。

[**例 6-8**] 编写程序, 输入正整数 t, 求 Fibonacci 数列中大于 t 的最小一个数, 然后输出该数。[难度等级：小学]

其中, Fibonacci 数列 f(n) 的定义为：

$$f(0) = 0, f(1) = 1, f(n) = f(n-1) + f(n-2)$$

N-S 图如图 6-9 所示。

程序如下：

```
void main(void)
{
    int t;
    int a = 1, b = 1, c = 1, i;
    printf( "输入正整数 t:\n" );
    scanf( " % d", &t );
    for(i = 2; i <= t; i++)
    {
        if(c < t)
        {
            c = a + b;
            a = b; b = c;
```

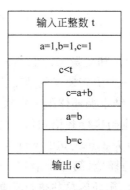

图 6-9　求 Fibonacci 数列的 N-S 图

```
        }
        else
            break;
    }
    printf( "c = % d\n", c );
}
```

运行情况如下：

```
输入正整数 t: 1000 回车
c = 1597
```

[**例 6-9**]　编写程序：输出 100 以内能被 3 整除且个位数为 6 的所有整数。[难度等级：小学]

N-S 图如图 6-10 所示。

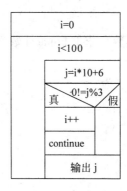

图 6-10　求整数的 N-S 图

程序如下：

```
void main()
{
    int i, j;
    for(i = 0; i < 10 ; i++)
    {
        j = i * 10 + 6;
```

```
        if( 0 != j % 3 )
            continue;
        printf(" % 5d",j);
    }
}
```

运行情况如下：

```
6  36  66  96
```

6.6 循环的嵌套

C 语言中,4 种构建循环的语句是可以互相替代的,即用一种语句构建的循环,用另外三种也可以实现,但是一般不提倡使用 goto 语句。

一个循环语句的循环体内又可以包含另一个完整的循环语句,形成循环的嵌套结构。同时,内嵌的循环还可以嵌套另外的循环,构成多层循环。

三种语句(while 语句、do…while 语句和 for 语句)构成的循环可以互相嵌套。具体分为以下几种情况。

(1) 外层是 while 循环,内层可以是 while、do…while 或者 for 循环,如图 6-11 所示。

```
while()         while()         while()
{               {               {
    ...             ...             ...
    while()         do              for( ; ; )
    {               {               {
        ...             ...             ...
    }               } while();      }
    ...             ...             ...
}               }               }
```

图 6-11 外层是 while 的嵌套的 N-S 图

(2) 外层是 do…while 循环,内层可以是 while、do…while 或者 for 循环,如图 6-12 所示。

```
do              do              do
{               {               {
    ...             ...             ...
while()          do              fo( ; ; )
    {               {               {
    ...             ...             ...
    }               } while();      }
    ...             ...             ...
}while();        }while();       }while();
```

图 6-12 外层是 do…while 的嵌套的 N-S 图

（3）外层是 for 循环，内层可以是 while 循环、do…while 循环或者 for 循环，如图 6-13 所示。

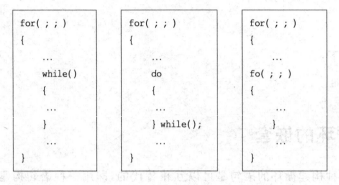

图 6-13　外层是 for 的嵌套的 N-S 图

例如：

```
int i,b,k = 0;
for(i = 1;i < = 5;i++)
{
    b = i % 2;
    while(b -- > = 0) k++;
}
printf(" % d, % d",k,b);
```

在 for 循环中嵌套了一个 while 循环，输出结果为 8，-2。

```
int i,j,x = 0;
for(i = 0;i < 3;i++)
{
    if(i % 3 == 2)
        break;
    x++;
    for(j = 0;j < 4;j++)
    {
        if(j % 2)
        break;
        x++;
    }
    x++;
}
printf("x = % d\n",x);
```

for 循环中嵌套了一个 for 循环，输出结果为 x＝6。

内层循环的执行次数可能会受到外层循环的控制，如：

```
int i, j;
for(i = 0; i < 3; i++)
{
    for( j = 0; j < = i; j++)
        printf( " * " );
```

```
    printf( "\n" );
}
```

外层循环第一次执行时,内层循环受它的控制只执行一次;外层循环第二次执行时,内层循环执行两次;外层循环第三次执行时,内层循环执行三次。该程序段的输出为:

```
*
**
***
```

[例 6-10] 编写程序输入一个正整数,并将该整数分解质因数。例如:输入 90,打印出 90＝2＊3＊3＊5。[难度等级:中学]

N-S 图如图 6-14 所示。

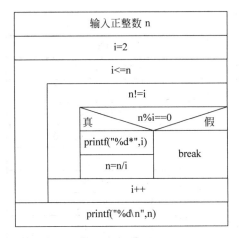

图 6-14 分解质因数的 N-S 图

程序如下:

```
# include < stdio. h >
void main()
{
    int n, i;
    printf("输入整数 n:\n");
    scanf(" % d",&n);
    printf(" % d = ",n);
    for(i = 2;i < = n;i++)
    {
        while(n!= i)
        {
            if(n % i == 0)
            {
                printf(" % d * ",i);
                n = n/i;
            }
            else
                break;
        }
```

```
        }
        printf("%d\n",n);
    }
```

运行情况如下：

输入整数 n:90 回车
90 = 2 * 3 * 3 * 5

［**例 6-11**］ 编程，从键盘输入一个人的工资（100～9999 之间的整数），计算给这个人发工资时，需面值 100 元，50 元，20 元，10 元，5 元，2 元和 1 元的人民币各多少张？输出总的方案数。［难度等级：大学］

N-S 图如图 6-15 所示。这个例子比较复杂，共有 6 层循环的嵌套。

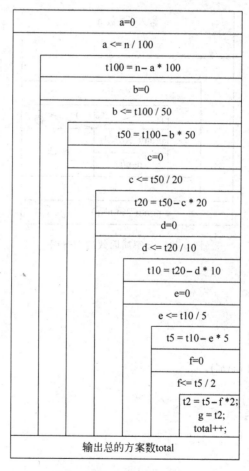

图 6-15　复杂嵌套的 N-S 图

N-S 图中的变量说明：a,b,c,d,e,f,g 分别为面值 100 元，50 元，20 元，10 元，5 元，2 元和 1 元的人民币的张数；本算法的基本思路是先用 a 张 100 元人民币，剩下的工资用 b 张 50 元人民币，以此类推。所以，t100 是用了 a 张 100 元人民币后剩下的工资额，t50 是用了 b 张 50 元人民币后剩下的工资额。同样地，t20,t10,t5,t2,分别是用了 c 张 20 元，d 张 10 元，e 张 5 元和 f 张 2 元人民币后剩下的工资额。当 2 元人民币使用后，剩下的工资就是

1元人民币的张数。

程序如下：

```c
#include <stdio.h>
void main( )
{
    int n;
    int a, b, c, d, e, f, g;
    int total = 0;
    printf( "输入正整数 n:\n" );
    scanf( "%d", &n );
    for( a = 0; a <= n / 100; a++ )
    {
        int t100 = n - a * 100;
        for( b = 0; b <= t100 / 50; b++ )
        {
            int t50 = t100 - b * 50;
            for( c = 0; c <= t50 / 20; c++ )
            {
                int t20 = t50 - c * 20;
                for( d = 0; d <= t20 / 10; d++ )
                {
                    int t10 = t20 - d * 10;
                    for( e = 0; e <= t10 / 5; e++ )
                    {
                        int t5 = t10 - e * 5;
                        for( f = 0; f <= t5 / 2; f++ )
                        {
                            int t2 = t5 - f * 2;
                            g = t2;
                            total++;
                        }
                    }
                }
            }
        }
    }
    printf( "总的方案数为 %d\n", total );
}
```

运行情况如下：

输入正整数 n:185 回车
总的方案数为 52536

习题

一、选择题

1. 有以下程序段 int k＝0 while(k＝1)k＋＋; while 循环执行的次数是_____。［难

度等级：中学]

    A. 无限次   B. 有语法错，不能执行

    C. 一次也不执行   D. 执行一次

  2. 在执行以下程序时，如果从键盘上输入：ABCdef〈回车〉，则输出为_____。[难度等级：中学]

```
void main()
{
    char ch;
    while((ch = getchar())!= '\n')
    {
        if(ch>= 'A'&& ch <= 'Z')
        {
            ch = ch + 32;
            printf( "%c", ch );
        }
    }
}
```

    A. ABCdef   B. abcdef   C. abc   D. DEF

  3. 以下程序段的输出结果是_____。[难度等级：中学]

```
int x = 3; do { printf("%3d",x -= 2);} while(!( -- x));
```

    A. 1   B. 3 0   C. 1 −2   D. 死循环

  4. 以下循环体的执行次数是_____。[难度等级：中学]

```
main() {
    int i,j;
    for(i = 0,j = 1; i <= j + 1; i += 2, j -- )
        printf("%d \n",i);
}
```

    A. 3   B. 2   C. 1   D. 0

  5. 以下程序段的输出结果是_____。[难度等级：中学]

```
int x = 10,y = 10,i;
for(i = 0;x > 8;y = ++i)
    printf("%d,%d ",x -- ,y);
```

    A. 10 1 9 2   B. 9 8 7 6   C. 10 9 9 0   D. 10 10 9 1

二、填空题

  1. 有如下程序段，该程序段的输出结果是_____。[难度等级：中学]

```
int n = 9;
while(n > 6)
{
    n -- ;
    printf("%d",n);
}
```

2. 以下程序的输出结果是_____。〔难度等级：中学〕

```
int num = 0;
while(num < = 2)
{
    num++;
    printf(" % d\n",num);
}
```

3. 下面程序段的运行结果是_____。〔难度等级：中学〕

```
int y = 10;
do
{ y-- ;}
while( -- y);
printf(" % d\n",y-- );
```

4. 以下程序段的输出结果是_____。〔难度等级：中学〕

```
int i = 5;
for ( ;i < = 15; )
{
    i++;
    if (i % 4 == 0)
        printf(" % d ",i);
    else
        continue;
}
```

5. 设 x 和 y 均为 int 型变量，则执行下面的循环后，y 值为_____。〔难度等级：中学〕

```
for(y = 1,x = 1;y < = 50;y++)
{
  if(x > = 10)break;
  if (x % 2 == 1)
  {
     x += 5;
     continue;
  }
  x -= 3;
}
```

三、程序填空题

下面的程序是求 1! +3! +5! +…+n! 的和，程序中有 4 个空，填空使程序完整。
〔难度等级：大学〕

```
main()
{
long int f,s;
int i,j,n;
[ ]
scanf(" % d",&n);
```

```
for(i = 1;i < = n; [ ])
    {
    f = 1;
    for(j = 1; [ ];j++)
        [ ]
        s = s + f;
    }
printf("n = % d,s = % ld\n",n,s);
}
```

四、写程序结果题

下列程序的输出为_____。[难度等级：中学]

```
# include < stdio. h >
void main()
{
    int i,j,x = 0;
    for(i = 0;i < 3;i++)
    {
        if(i % 3 == 2)
            break;
        x++;
        for(j = 0;j < 4;j++)
        {
            if(j % 2)
                break;
            x++;
        }
        x++;
    }
    printf("x = % d\n",x);
}
```

五、编程题

1. 编写程序：输入正整数 x,求出能整除 x 且不是偶数的各整数,并按从小到大的顺序输出这些整数。[难度等级：小学]

2. 若正整数 A 的全部约数(包括 1,不包括 A 本身)之和等于 B;且整数 B 的全部约数(包括 1,不包括 B 本身)之和等于 A,则 A、B 为亲密数。编程：输入正整数 A,输出亲密数 A,B(A≤B),若不存在亲密数,则输出"没有亲密数"。[难度等级：中学]

3. 编写程序输入两个正整数 m 和 n,求其最大公约数和最小公倍数。[难度等级：小学]

4. 编写程序：一个数如果恰好等于它的因子之和,这个数就称为"完数"。例如,6＝1＋2＋3。输出 1000 以内的所有完数。[难度等级：中学]

5. 球从 100 米高度自由落下,每次落地后反跳回原高度的一半;再落下,求它在第 10 次落地时,共经过多少米？第 10 次反弹多高？[难度等级：中学]

6. 百钱买百鸡问题。公鸡值钱五,母鸡值钱三,小鸡三值一,百钱买百鸡,问公鸡、母鸡小鸡各几只？[难度等级：中学]

7. 编写程序,输入星期几的第一个字母来判断一下是星期几,如果第一个字母一样,则继续判断第二个字母。[难度等级:大学]

8. 编程打印十进制数 1～256 的二进制、八进制和十六进制数值表。[难度等级:大学]

9. 在图 6-16 中,两个节点之间如果有一条边相连,则称这两个节点相邻接。如节点 0 和节点 1 邻接,反之,节点 1 和节点 0 也存在邻接关系。节点 0 和节点 2 则不相邻接。

图 6-16 中的所有邻接关系可以用一个矩阵来表示,该矩阵称为对应图的邻接矩阵。邻接矩阵中第 i 行,第 j 列的元素(i,j)表示节点 i 和节点 j 的邻接关系。如果节点 i 和节点 j 相邻接,则(i,j)的值为 1,反之为 0。

如 i＝0,因为只有节点 1 和节点 7 与它相邻接,故邻接矩阵第 0 行的值为:

(0 1 0 0 0 0 0 1 0 0 0 0 0 0 0 0 0 0 0 0 0 0 0 0 0 0 0 0 0 0 0 0 0 0 0 0 0 0 0 0 0 0 0 0 0 0 0 0 0)

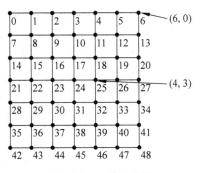

图 6-16 二维网格图

编写程序,输出图 6-16 所示的邻接矩阵。[难度等级:中学]

10. 图 6-16 中的所有邻接关系也可以用一个邻接表表示。邻接表中每个节点 i 占一行,只存放节点 i 以及与节点 i 有邻接关系的节点。例如,第 0 行存放的值为 0 1 7。第 9 行存放的值为 9 2 8 10 16。

编写程序,输出图 6-16 所示的邻接表。[难度等级:中学]

## 第7章

数　组

C语言提供了丰富的基本数据类型(整型、实型、字符型)。程序设计人员可以根据基本数据类型定义变量并处理数据。但是,根据基本数据类型定义的变量一次只能处理一个值。实际工作中,常常需要处理同类型的一组数据,如处理一个班学生的成绩,因为一次又只能定义一个变量,所以就必须定义一组变量来处理该组数据。当一组数据中的数据比较多时,这就变成一个非常烦琐的过程。

C语言允许程序设计人员定义构造类型——数组类型,来处理一组数据。数组类型是基于基本数据类型定义的构造数据类型。

数组是一组类型相同的数据的有序集合。集合中的数据称为该数组的数组元素。所有的数组元素属于同一种基本数据类型。因为数组是有序集合,所以可以通过数组名加下标的方式来访问数组元素。

7.1　一维数组

7.1.1　一维数组的定义

一维数组的定义形式为:

类型　数组名[常量表达式];

例如:

int a[5];

定义一个数组,数组元素的类型为int,数组名为a,数组共有5个元素。

数组定义中的类型可以是基本类型,如int,double,char;或加了修饰符的基本类型,如short int,long int等。

数组名应遵循标识符的命名规则,如:

double 2a[10];

是错误的数组定义。

数组名后用方括号把常量表达式括起来,不能用圆括号,如:

```
char c(20);
```

是错误的数组定义。

定义时的常量表达式用来说明数组元素的个数,称为数组长度,如:

```
unsigned int d[5];
```

表示数组 d 中共有 5 个元素。

数组定义时只能使用常量表达式来指定数组长度,不能使用变量,如:

```
long int m[100];
# define N 20
char ch[N];
```

都是正确的数组定义。

```
int k;
scanf( "%d", &k );
double g[k];
```

这个定义中试图用输入一个变量,并用输入的值来指定数组长度,是错误的数组定义。

数组在内存中所占内存单元数等于类型的存储宽度乘以常量表达式的值,如:

```
char c[20];
```
数组 c 在内存中占 20 字节;
```
int a[20];
```
数组 a 在内存中占 80 字节;
```
double g[20];
```
数组 g 在内存中占 160 字节。

7.1.2 一维数组的引用

定义数组后就可以引用数组,C 语言中,一次只能引用一个数组元素。引用时,通过下标引用数组元素,其一般形式为:

数组名[下标]

其中,下标可以是整型常量,整型变量或整型表达式。如果数组的长度为 K,那么下标的范围是 0~K−1,即第一个元素的下标为 0,最后一个元素的下标为 K−1。

如有定义:

```
int a[5];
```

那么数组 a 共有 5 个元素,引用这 5 个元素的形式是 a[0],a[1],a[2],a[3],a[4]。

为了叙述方便,本书约定,把数组中下标为 i 的元素称为数组的第 i 个元素。由于数组的首元素的下标为 0,故称为第 0 个元素,后续的元素依次称为第 1 个、第 2 个等。

不能通过数组名给数组全部元素赋值,如:

```
int a[10];
a = 1;
```

是错误的用法。

只能逐个给数组元素赋值,正确的赋值方法为:

```
int a[10],i;
for(i= 0; i<10; i+ +)
    a[i] = 1;
```

赋值后,a[0],a[1],a[2],a[3],a[4],a[5],a[6],a[7],a[8],a[9]的值都为1。

不能通过数组名把一个数组赋给另一个数组,如:

```
int a[10],b[10];
b = a;
```

也是错误的。

正确的方法为:

```
int a[10],b[10],i;
for(i= 0; i<10; i+ +)
    b[i] = a[i];
```

整型表达式也可以作为引用数组元素的下标,如:

```
int a[6],i;
for(i= 0; i<6; i+ +)
    a[i] = i;
char c = 'a';
```

a['e'-c]引用数组的第 5 个元素,其值为 5。引用数组的下标'e'-c 为一个整型表达式。

7.1.3 一维数组的初始化

如同在定义变量时可以赋初值一样,数组在定义时也可以初始化。数组的初始化分为以下几种情况。

(1) 给数组的全部元素赋初值,将数组元素的初值放在一对花括号内,值与值之间用逗号分隔,如:

```
int a[10] = {1,2,3,4,5,6,7,8,9,10};
```

定义和初始化后,a[0],a[1],a[2],a[3],a[4],a[5],a[6],a[7],a[8],a[9]的值分别为 1,2,3,4,5,6,7,8,9,10。

(2) 给数组部分元素赋初值,大括号内的初值的个数少于数组的长度,如:

```
int a[10] = {1,2,3,4,5};
```

定义和初始化后,a[0],a[1],a[2],a[3],a[4]的值分别为 1,2,3,4,5。a[5],a[6],a[7],a[8],a[9]的值未知。

部分元素赋初值的数组在内存中所占内存单元数仍然等于类型的存储宽度乘以常量表达式的值。如上例中数组 a 所占内存单元数为 40,即整型的存储宽度 4 乘以数组长度 10。

(3) 给数组全部元素赋相同的初值,方法为:

```
int a[10] = {1,1,1,1,1,1,1,1,1,1};
```

（4）当给全部数组元素赋初值时，可以不指定数组长度，如：

int a[10] = {1,2,3,4,5,6,7,8,9,10};
int a[ ] = {1,2,3,4,5,6,7,8,9,10};

这两种定义并赋初值的方法等价。

〔**例 7-1**〕　定义长度为 10 的数组 score，输入 10 个学生的成绩（以正整数表示），存放在
score 数组中，输出平均分，以及低于平均分的人数。〔难度等级：小学〕

N-S 图如图 7-1 所示。

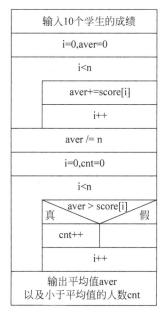

图 7-1　求平均分的 N-S 图

程序如下：

```
# include < stdio. h>
void main(void)
{
    int n;
    n = 10;
    int score[10];
    int t, i;
    double aver = 0;
    int cnt = 0;
    printf( "输入 %d 个学生的成绩:\n", n );
    for( i = 0; i < n; i++)
    {
        scanf( "%d", &t );
        score[i] = t;
    }
    for( i = 0; i < n; i++)
    {
```

```
        aver += score[i];
    }
    for( i = 0; i < n; i++)
    {
        if( aver > score[i] )
            cnt++;
    }
    printf( "平均分: %f\n", aver );
    printf( "低于平均分的人数: %d\n", cnt );
}
```

运行情况如下:

输入 10 个学生的成绩:60 64 71 75 79 82 83 88 95 99 回车
平均分: 79.600000
低于平均分的人数: 5

[**例 7-2**]   编写程序,定义一个整型数组(数组长度为 100),输入正整数 n,并输入 n(n 小于 100)个整数存入数组的前 n 个元素中。将数组 n 个元素中的前半部分元素中的值和后半部分元素中的值对换。若 n 为奇数,则中间元素不动。[难度等级:小学]

分析:只能使前半部分和后半部分的元素逐个对换。如果 n 的值为 11,则元素间的对换关系如图 7-2 所示。

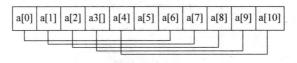

图 7-2   元素对换示意图

N-S 图如图 7-3 所示。

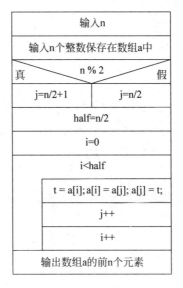

图 7-3   元素对换的 N-S 图

程序如下：

```
#define N 100
void main( )
{
    int a[N];
    int n, half;
    int i;
    int j;
    printf( "输入正整数 n:\n" );
    scanf( "% d", &n );
    printf( "输入数组 a 的前% d 个元素:\n",n );
    for( i = 0; i < n; i++)
        scanf( "% d", &a[i] );
    half = n / 2;
    if( 1 == n % 2 )
        j = n / 2 + 1;
    else
        j = n / 2;
    for( i = 0; i < half; i++)
    {
        int t;
        t = a[i];
        a[i] = a[j];
        a[j] = t;
        j++;
    }
    printf( "对换后的数组为:\n" );
    for( i = 0; i < n; i++)
        printf( "% d ", a[i] );
    printf( "\n" );
}
```

运行情况如下：

输入正整数 n:10 回车
输入数组 a 的前 10 个元素:1 2 3 4 5 6 7 8 9 10 回车
对换后的数组为：
6 7 8 9 10 1 2 3 4 5

7.2　二维数组

7.2.1　二维数组的定义

二维数组定义的一般形式为：

类型　数组名[常量表达式][常量表达式]

定义二维数组时对类型、数组名、括号以及常量表达式的要求与一维数组相同。

二维数组中的第一个常量表达式指定二维数组第一维的长度，称为二维数组的行数，第二个常量表达式指定二维数组第二维的长度,称为二维数组的列数。

```
int a[4][5]
```

定义一个 4 行 5 列的整型二维数组 a。

```
double g[5][8]
```

定义一个 5 行 8 列的实型二维数组 g。

与一维数组相似,二维数组占的内存字节数等于数据类型的存储宽度×行数×列数。

```
int a[4][5]
```

数组 a 占的内存字节数为 80。

二维数组在内存中按行存储,即先存储第一行的元素,再存储第二行的元素,以此类推。

7.2.2 二维数组的引用

引用二维数组只能通过下标一次引用一个数组元素,其一般形式为:

数组名[下标][下标]

其中,第一个下标称为行下标,第二个下标称为列下标。下标可以是整型常量、整型变量或整型表达式。如果二维数组的行数为 M,列数为 N,则行下标的取值范围是 $0 \sim M-1$,列下标的取值范围是 $0 \sim N-1$。

如定义二维数组:

```
int a[3][4];
```

那么数组 a 共有 12 个元素,分别是:

```
a[0][0],a[0][1],a[0][2],a[0][3],
a[1][0],a[1][1],a[1][2],a[1][3],
a[2][0],a[2][1],a[2][2],a[2][3]。
```

与一维数组类似,本书约定,行下标为 i 的行称为数组的第 i 行。首行元素的行下标为 0,故称为第 0 行。列下标为 j 的元素称为该行的第 j 个元素。每行的首个元素称为该行的第 0 个元素。

给二维数组赋值也只能通过给逐个元素赋值的方法,如:

```
double g[4][7];
int i, j;
for( i = 0;i < 4;i++)
    for( j = 0;j < 7;j++)
        g[i][j] = 1.0;
```

将一个数组的值赋给另一个数组也必须逐个进行,如:

```
double f[5][6],g[5][6];
for( i = 0;i < 5;i++)
    for( j = 0;j < 6;j++)
        f[i][j] = g[i][j];
```

7.2.3　二维数组的初始化

二维数组的初始化分为以下几种情况。

（1）按行给二维数组赋初值。

将每一行的初始值放在一个大括号内，各值之间用逗号分隔；然后将所有的大括号放在一个大括号内，各大括号之间也用逗号分隔，如：

```
int b[3][3] = {{1,2,3},{4,5,6},{7,8,9}};
```

初始化后，

第 0 行三个元素 b[0][0],b[0][1],b[0][2]的值分别为 1,2,3；

第 1 行三个元素 b[1][0],b[1][1],b[1][2]的值分别为 4,5,6；

第 2 行三个元素 b[2][0],b[2][1],b[2][2]的值分别为 7,8,9。

（2）按顺序给二维数组赋初值。

将所有元素的初值放在一个大括号内，各值之间用逗号分隔，如：

```
int b[3][3] = {1,2,3,4,5,6,7,8,9};
```

这样初始化后，各元素的值与第(1)种方法相同。

（3）给部分元素赋初值。

可以按行给部分元素赋初值，

```
int b[3][3] = {{1},{4},{7}};
```

给每行的第 0 个元素赋初值。

第 0 行第 0 个元素 b[0][0]的值为 1；

第 1 行第 0 个元素 b[1][0]的值为 4；

第 2 行第 0 个元素 b[2][0]的值为 7。

其余元素的初值未知。

```
int b[3][3] = {{1},{4,5,6},{7}};
```

第 0 行第 0 个元素 b[0][0]的值为 1；

第 1 行三个元素 b[1][0],b[1][1],b[1][2]的值分别为 4,5,6；

第 2 行第 0 个元素 b[2][0]的值为 7。

其余元素的初值未知。

也可以只给部分行的元素赋初值。

```
int b[3][3] = {{1,2,3},{4,5,6}};
```

只给前两行的元素赋初值。

```
int b[3][3] = {{1},{},{7,8}};
```

只给第 0 行和第 3 行的部分元素赋初值。

当给全部元素都赋初值时，定义数组时，可以不指定第一维的长度，但第二维的长度仍

然要指定,如:

```
int b[][3] = {1,2,3,4,5,6,7,8,9};
```

系统可以用总的初值数和列数确定行数为3。

按行给二维数组赋初值时,也可以不指定第一维的长度,如:

```
int b[][3] = {{1,2,3},{4,5},{6}};
```

[**例 7-3**] 编写程序,定义一个 N×N 的整型二维数组,并输入该数组的值。求出数组周边元素的平均值,并输出该平均值。[难度等级:中学]

N-S 图如图 7-4 所示。

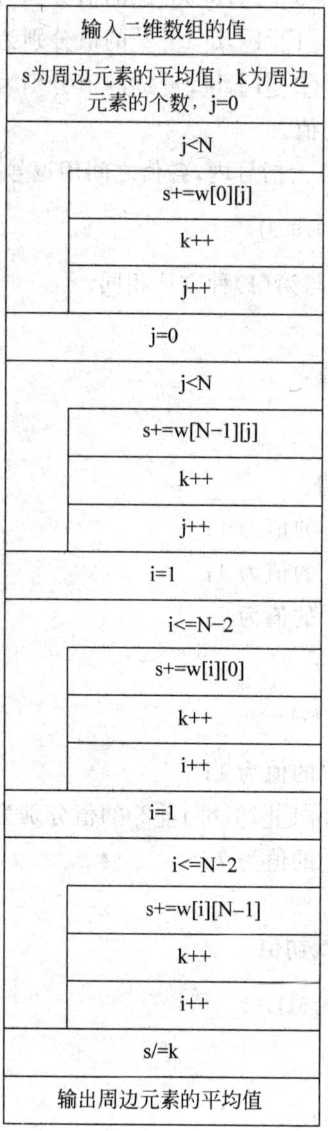

图 7-4 求周边元素平均值的 N-S 图

程序如下：

```
#define N 3
void main()
{
    int w[N][N];
    int i, j;
    int k = 0;
    double s = 0.0;
    printf( "输入二维数组 w:\n" );
//输入二维数组的值
    for( i = 0; i < N; i++)
    {
        for( j = 0; j < N; j++)
        {
            scanf( "%d", &w[i][j] );
        }
    }

    //求第一行元素的和,以及元素个数
    for(j = 0;j < N;j++)
    {
        s += w[0][j];
        k++;
    }
    //求最后一行元素的和,以及元素个数
    for(j = 0;j < N;j++)
    {
        s += w[N-1][j];
        k++;
    }
    //求第一列元素的和,以及元素个数,除去第一个和最后一个
    for(i = 1;i <= N-2;i++)
    {
        s += w[i][0];
        k++;
    }
    //求最后一列元素的和,以及元素个数,除去第一个和最后一个
    for(i = 1;i <= N-2;i++)
    {
        s += w[i][N-1];
        k++;
    }
    s /= k;

    printf( "周边元素的平均值:%f\n", s );
}
```

运行情况如下：

输入二维数组 w:1 2 3 4 5 6 7 8 9回车
周边元素的平均值:5.000000

[**例 7-4**] 编写程序,调用随机函数为 5 * 4 的矩阵置 100 以内的整数,输出该矩阵,求出每行元素之和,并把和值最大的那一行与第一行的元素对调。[难度等级:大学]

N-S 图如图 7-5 所示。

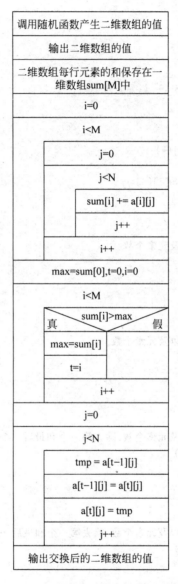

图 7-5 求每行元素和的 N-S 图

程序如下:

```c
# include < stdlib. h>
# define M 5
# define N 4
void main( )
{
    int a[M][N];
    int i, j;
```

```
    int sum[M] = {0, 0 ,0, 0, 0};
    int max = 0, t;
    for( i = 0; i < M; i++)
        for( j = 0; j < N; j++)
        {
            a[i][j] = rand() % 100;
        }
    printf( "产生的随机矩阵为：\n" );
    for( i = 0; i < M; i++)
    {
        for( j = 0; j < N; j++)
            printf( "%d ", a[i][j] );
        printf( "\n" );
    }
    for( i = 0; i < M; i++)
    {
        for( j = 0; j < N; j++)
            sum[i] += a[i][j];
    }
    for( i = 0; i < M; i++)
        if( sum[i] > max )
        {
            max = sum[i];
            t = i;
        }
    for( j = 0; j < N; j++)
    {
        int tmp;
        tmp = a[t-1][j];
        a[t-1][j] = a[t][j];
        a[t][j] = tmp;
    }
    printf( "交换后的矩阵为\n" );
    for( i = 0; i < M; i++)
    {
        for( j = 0; j < N; j++)
            printf( "%d ", a[i][j] );
        printf( "\n" );
    }
}
```

运行情况如下：

产生的随机矩阵为：

41 67 34 0
69 24 78 58
62 64 5 45
81 27 61 91
95 42 27 36

交换后的矩阵为：

```
41 67 34 0
69 24 78 58
81 27 61 91
62 64 5 45
95 42 27 36
```

7.2.4 多维数组

三维及以上的多维数组很少使用，本书不作详细介绍，此处简单介绍一下其定义和引用方法。多维数组的定义与引用方法与二维数组类似。如三维数组的定义形式为：

类型　数组名[常量表达式][常量表达式][常量表达式];

引用三维数组时需要三个下标，如：

数组名[下标][下标][下标]

7.3 字符数组

7.3.1 字符数组的定义与引用

字符数组的定义、引用与其他数组相同，只需把类型名设为 char，如：

char c[6]; 定义一个一维字符数组 c;
c[0],c[1],c[2],c[3],c[4],c[5]为数组 c 的 6 个元素;
char ch[5][5]; 定义一个二维字符数组;
ch[0][0],ch[0][1],ch[0][2],ch[0][3],ch[0][4]为数组 ch 第 0 行的 5 个元素。

7.3.2 字符数组的初始化

字符数组的初始化分为以下两种情况。
（1）用字符初始化字符数组。
当用字符初始化字符数组时，可以给数组的全部元素赋初值，如：

char c[5] = {'H', 'e', 'l', 'l', 'o'};

也可以只给数组的部分元素赋初值，如：

char d[10] = { 'W', 'e', 'l', 'c', 'o','m', 'e'};

数组 d 的前 7 个元素赋了初值，后面 3 个元素没有初值。
给全部元素赋初值时，可以不指定一维数组或二维数组的第一维的长度，如：

char a[] = { 'c', 'h', 'i', 'n', 'a'};

系统确定数组 a 的长度为 5。

char b[][3] = { 'a', 'b', 'c', 'd', 'e','f', 'g', 'h', 'i'};

系统确定数组 b 的第一维的长度为 3。

（2）用字符串初始化字符数组。

2.1.4 节介绍了存储字符串的时候要在字符串的末尾加上一个字符串结束标志，即字符 '\0'。所以，用字符串初始化字符数组的时候，数组应当足够长使得它能够存储此结束标志。例如：

```
char c[5] = "hello";
```

将会出现编译错误，因为字符串"hello"的长度为 6，而数组 c 的长度为 5，所以会出错。

```
char c[6] = "hello";
```

就是正确的初始化。

用字符串初始化字符数组也可以不指定数组的长度，如：

```
char c[] = "hello";
printf( "%d", sizeof(c) );
```

这种情况下，系统自动确定数组 c 的长度为 6，所以输出为 6。

7.3.3 字符数组与字符串

字符数组与字符串的关系如下。

（1）可以用字符串初始化字符数组。

char a[] = "hello";与 char a[] = {'H', 'e', 'l', 'l', 'o', '\0'};是等价的。

相反，char b[] = "hello";与 char b[5]={'H', 'e', 'l', 'l', 'o'};是不等价的。

这是用字符初始化字符数组和用字符串初始化字符数组的不同之处。

（2）可以把字符数组当作字符串处理。

C 语言处理字符串的时候遇到字符串结束标志'\0'就结束处理，不再处理该标志后面的字符，如：

```
char c[] = {'t','h','a','n','k','\0','y','o','u','\0'};
printf( "%d\n", sizeof(c) );
printf( "%s\n", c );
```

定义字符数组 c 时，用 10 个字符对它进行初始化。第一个输出语句输出数组 c 的长度，为 10。但是，第二个输出语句把数组 c 当字符串输出时却只输出 thank，第一个结束标志'\0'后面的字符不再处理。

反之，如果一个字符数组没有字符串结束标志'\0'，又被当作字符串处理，系统就会把该字符数组后面的内容当作字符串的内容，直到找到字符串结束标志'\0'，如：

```
char d[5] = {'t','h','a','n','k'};
printf( "%d\n", sizeof(d) );
printf( "%s\n", d );
```

定义字符数组 d 时，指定它的长度为 5，用 5 个字符对它进行初始化，但没有字符串结束标志'\0'。第一个输出语句输出数组 d 的长度，为 5。第二个输出语句把数组 d 的内容全部输出后没有找到字符串结束标志'\0'，于是就继续把该数组后面的内容当作字符串

输出,直到找到字符串结束标志'\0',这部分内容是不确定的。一次运行的输出为:thank
烫鬴。

故,如果字符数组 d 中没有字符串结束标志'\0',要输出它的全部元素的时候,只能逐
个输出它的元素,应当这样编写程序:

```
int i;
for( i = 0; i < 5; i++)
    printf( "%c", d[i] );
```

将输出正确的结果 thank。

7.3.4 字符数组的输出输入

字符数组输出时可以用格式字符"%c"逐个字符输出。也可以用格式字符"%s"将字符
数组当作字符串输出,详细情况如 7.3.3 节所述。

字符数组输入时也可以用两种方法,第一种方法是用函数 scanf 逐个字符输入,格式控
制符为"%c"。这种方法已经讲过,此处不再赘述。

第二种方法是用格式控制符"%s"一次输入整个字符串,如:

```
char a[10];
scanf( "%s", a);
```

在函数 scanf 的地址列表中,应使用数组名,不能使用数组元素,如:

scanf("%s", a[0]);是错误的。

输入字符串时系统自动在后面加一个字符串结束标志'\0',如:

```
char a[10];
scanf( "%s", a );
```

如输入 thank 后回车,则数组 a 的内容为:

t	h	a	n	k	\0				

所以,在定义数组时,数组的长度应至少比输入字符串的长度大 1。本例中,数组 a 的
长度为 10,如果运行时给数组 a 输入的字符串长度大于 9,则是危险的,会出现不可知的
错误。

输入字符串时,以非空白字符结束输入,如:

```
char a[10];
scanf( "%s", a );
```

如运行时输入 thank you 后回车,则遇到 k 后面的空格就结束输入,数组 a 的内容只有
thank,没有后面的字符。

[例 7-5] 编写程序,输入一个长度小于 100 的字符串,以回车符结束输入,保存在数组
a 中。在 a 所指字符串中找出 ASCII 码值最大的字符,将其放在第一个位置上;并将该字
符前的原字符向后顺序移动。[难度等级:小学]

N-S 图如图 7-6 所示。

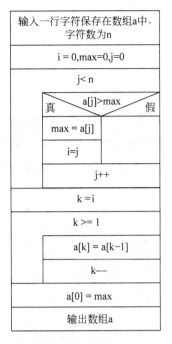

图 7-6 找最大 ASCII 码值的 N-S 图

程序如下：

```
#define N 100
void main()
{
    char a[N];
    printf( "输入字符数组 a:\n" );
    char ch;
    int n = 0;
    int i = 0;
    char max = 0;
    while( (ch = getchar()) != '\n' )
    {
        a[n] = ch;
        n++;
    }
    a[n] = ch;
    for( int j = 0; j < n; j++)
    {
        if( a[j] > max )
        {
            max = a[j];
            i = j;
        }
    }
    for( int k = i; k >= 1; k-- )
        a[k] = a[k -1];
    a[0] = max;
```

```
        printf( "移动后的字符串为:% s\n", a );
    }
```

运行情况如下:

输入字符数组 a:thank you 回车
移动后的字符串为:ythank ou

[**例 7-6**] 编写程序,输入一行数字字符,以回车符结束输入,定义一个有 10 个元素的整型数组,并用该数组元素作为计数器来统计每个数字字符的个数。用下标为 0 的元素统计字符"0"的个数,下标为 1 的元素统计字符"1"的个数,……最后,输出该数组。[难度等级:中学]

N-S 图如图 7-7 所示。

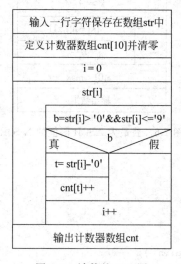

图 7-7 计数的 N-S 图

程序如下:

```
#define N 100
void main()
{
    char str[N];
    int cnt[10];
    char ch;
    int i = 0;
    printf( "输入一行数字字符: \n" );
    while( (ch = getchar()) != '\n')
    {
        str[i] = ch;
        i++;
    }
    str[i] = '\0';
    i = 0;
    for( i = 0; i < 10; i++)
        cnt[i] = 0;
```

```
    i = 0;
    while( str[i] )
    {
        int t;
        if( str[i] >= '0' && str[i] <= '9' )
        {
            t = str[i] - '0';
            cnt[t]++;
        }
        i++;
    }
    printf( "0--9中各个字符的个数为: \n" );
    for( i = 0; i < 10; i++ )
        printf( "%d", cnt[i] );
    printf( "\n" );
}
```

运行情况如下:

输入一行数字字符:000111222333344455556666777788889999 回车
0--9中各个字符的个数为:
3 3 3 3 3 4 4 4 4 5

7.3.5　常用字符串处理函数

C 语言的函数库中提供了一些字符串处理函数,下面介绍几种常用的函数。

1. 函数 gets

函数 gets 的使用形式为:

```
gets(str)
```

函数的参数是一个字符数组名,它的作用是输入一个字符串到该数组。函数 gets 输入的时候遇回车结束输入,如:

```
char a[10];
gets(a);
```

如运行时输入 thank you 后回车,数组 a 的内容为 thank you,包括中间的空格。这是它与函数 scanf 不同的地方。

与函数 scanf 相同的是,输入的字符串的长度应比数组的长度至少小 1,否则会出现未知的错误。

2. 函数 puts

函数 puts 的使用形式为:

```
puts(str)
```

函数 puts 的参数是一个字符串或者一个字符数组名,它的作用是输出一个字符串。与函数 printf 相同的是,函数 puts 输出字符数组时也是遇到字符串结束标志'\0'就结束输出。不同的是函数 puts 输出一个字符串后会自动换行,如:

```
char a[5] = { 'a','\0','b','\0'};
puts( a );
puts( a );
```

输出结果为：

```
a
a
```

3. 函数 strlen

函数 strlen 的使用形式为：

```
strlen(str)
```

函数 strlen 的参数是一个字符串或者字符数组名,它的作用是测试并返回字符串的长度,它返回的是字符串的实际长度,不包括'\0'在内。

```
char a[5] = { 'a','\0','b','\0'};
printf( " % d\n", strlen(a) );
```

输出结果为 1。而,

```
printf( " % d\n", sizeof(a) );
```

输出结果为 5。

4. 函数 strcmp

函数 strcmp 的使用形式为：

```
strcmp(str1,str2)
```

函数 strcmp 的参数是两个字符串或者字符数组名,它的作用是比较两个字符串并返回比较结果。比较的规则是从左至右逐个比较两个字符串的字符(ASCII 码),直到遇到不同的字符或'\0'为止。如果两个字符串的全部字符相同,则认为两个字符串相等;如果有不同的字符,则以第一个不相同的字符作为比较的结果。比较结果分为以下三种情况。

(1) 字符串 str1 等于 str2,函数返回值为 0;

(2) 字符串 str1 大于 str2,函数返回值为一个正整数;

(3) 字符串 str1 小于 str2,函数返回值为一个负整数;

例如：

```
strcmp("abc","abc")的值为 0;
strcmp("abc","abb")的值为正;
strcmp("abc","ab")的值为正;
strcmp("abc","abd")的值为负。
```

字符串比较时,如下的方法是错误的：

```
if(str1 = = str2)
    printf("OK");
```

5. 函数 strcpy

函数 strcpy 的使用形式为：

```
strcpy(str1,str2)
```

函数 strcpy 的第一个参数 str1 是一个字符数组名,第二个参数 str2 是一个字符串或者一个字符数组名,它的作用是将第二个字符串连同字符串结束标志'\0'复制到第一个字符数组中。数组 str1 的长度要比字符串 str2 的长度至少大 1,否则运行时会出现错误。

例如:

```
char c[10];
strcpy( c, "hello" );
```

将字符串"hello"复制到字符数组 c 中。

```
char a[10];
char b[ ] = "thank";
strcpy( a, b );
```

将字符数组 b 复制到字符数组 a 中。

字符串复制时,以下的方法是错误的:

```
char ch[10];
ch = "welcome";
```

习题

一、选择题

1. C 语言中数组下标的下限是_____。[难度等级:小学]

    A. 1   B. 0   C. 视具体情况   D. 无固定下限

2. 假定 int 类型变量占用两个字节,其有定义:int x[10]={0,2,4};,则数组 x 在内存中所占字节数是_____。[难度等级:小学]

    A. 3   B. 6   C. 10   D. 20

3. 下列描述中不正确的是_____。[难度等级:小学]

    A. 字符型数组中可以存放字符串

    B. 可以对字符型数组进行整体输入、输出

    C. 可以对整型数组进行整体输入、输出

    D. 不能在赋值语句中通过赋值运算符"="对字符型数组进行整体赋值

4. 以下程序的输出结果是_____。[难度等级:中学]

```
main( )
{
    char a[10] = {'1','2','3','4','5','6','7','8','9',0}, * p;
    int i;
    i = 8;
    p = a + i;
    printf(" % s\n",p - 3);
}
```

    A. 6   B. 6789   C. '6'   D. 789

5. 若有定义和语句：char s[10];s＝"abcd";printf("%s\n",s);则结果是(以下 u 代表空格)＿＿＿＿。[难度等级：小学]

    A. 输出 abcd   B. 输出 a

    C. 输出 abcduuuuu   D. 编译不通过

二、填空题

1. 设 double y[4][5];,则数组 y 中元素的个数是＿＿＿＿。[难度等级：小学]

2. 阅读程序：设从键盘输入字符串：abcde,则程序的输出结果是＿＿＿＿。[难度等级：小学]

```
main()
{ char a[10];
    int i;
    for(i＝1;i<＝5;i++)
     scanf("%c",&a[i]);
    printf("%c",a[0]);
}
```

3. 设已定义：int x[2][4]＝{1,2,3,4,5,6,7,8};则元素 x[1][1] 的正确初值是＿＿＿＿。[难度等级：小学]

4. 设有 char str[ ]＝"Beijing";则执行

printf("%d\n", strlen(strcpy(str,"China")));后的输出结果为＿＿＿＿。[难度等级：中学]

5. 以下程序的输出结果是＿＿＿＿。[难度等级：中学]

```
main()
{
    int b[3][3]＝{0,1,2,0,1,2,0,1,2},i,j,t＝1;
    for(i＝0;i<3;i++)
        for(j＝1;j<＝i;j++)
            t+＝b[i][b[j][i]];
    printf("%d\n",t);
}
```

三、写程序结果题

写出下面程序的运行结果。(程序运行时,输入一个整数 5。)＿＿＿＿[难度等级：中学]

```
#include<stdio.h>
void main()
{
    int a,b[10],c,i＝0;
    printf("输入一个整数\n");
    scanf("%d",&a);
    while(a!＝0)
    { c＝a%2;
      a＝a/2;
      b[i]＝c;
      i++;
    }
    for(;i>0;i--) printf("%d", b[i-1]);
}
```

四、编程题

1. 编写程序：输入正整数 m 以及 k,将大于整数 m 且紧靠 m 的 k 个素数存入数组 a 中。然后输出该数组。[难度等级：小学]

2. 编写程序：输入一个 100 以内的正整数 n,输入小于 n 的正整数 p,输入 n 个整数并保存到一维数组。移动一维数组中的内容,要求把下标从 0 到 p(p≤n−1)的数组元素平移到数组的最后,把下标从 p+1 的数组元素移到数组的前部。[难度等级：小学]

3. 编写程序：定义并输入一个一维整型数组 a,删去一维数组中所有相同的数,使之只剩一个。数组中的数已按由小到大的顺序排列,输出删除之后的数组 a。[难度等级：中学]

4. 编写程序：定义一个 3×3 的整型二维数组,并输入其中的 9 个值。使数组左下半三角元素中的值全部置成 0,然后输出该二维数组。[难度等级：小学]

5. 编写程序：输入正整数 m,定义一个 N×N 的整型二维数组,并输入二维数组的值。将数组右上半三角元素中的值乘以 m,然后输出该数组。[难度等级：中学]

6. 编写程序：输入正整数 m,定义一个 N×N 的整型二维数组 w,并输入二维数组的值。找出 N×N 矩阵中每列元素中的最大值,并按顺序一次存放于一维数组 b 中,最后输出一维数组 b。[难度等级：小学]

7. 编写程序：输入一个长度小于 100 的字符串,以回车符结束输入,保存在数组 a 中,统计数组中各元音字母(即：A、E、I、O、U)的个数。注意字母不分大小写。[难度等级：小学]

8. 编写程序：输入一个长度小于 100 的字符串,以回车键结束输入,保存在数组 a 中,假定输入的字符串中只包含字母和 * 号。除了尾部的 * 号之外,将字符串中其他 * 号全部删除。[难度等级：中学]

9. 编写程序：输入一个长度小于 100 的字符串,以回车符结束输入,保存在数组 a 中,另外输入字符串 t1 以及 t2。将 a 所指字符串中最后一次出现的与 t1 所指字符串相同的子串替换成 t2 所指定字符串,所形成的新串放在 w 所指的数组中。在此处,要求 t1 和 t2 所指字符串的长度相同。最后输出字符串 w。[难度等级：中学]

10. 编写程序,将图 7-8 中每个节点的邻居节点数保存在一个一维数组 a 中,其中 a[i] 为第 i 个点的邻居数,最后输出所有节点编号以及它的邻居数。[难度等级：小学]

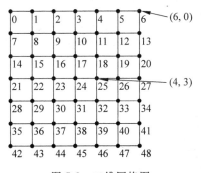

图 7-8　二维网格图

11. 图 7-8 中,如果点 i 与点 j 相邻,则称从点 i 到点 j 有一条有向边,点 i 称为该边的始点,点 j 称为该边的终点。例如：从点 0 到点 1 有一条有向边,同时,从点 1 到点 0 也有一条有向边。

编写程序,将图 7-8 中的所有边保存在一个二维数组 a 中,数组 a 的第 i 行保存第 i 条边,a[i][0]和 a[i][1]分别为第 i 条边的始点和终点。最后,输出所有边的序号、始点以及终点。[难度等级:中学]

12. 编写程序,将图 7-8 中的邻接矩阵保存在一个二维数组 a 中,并输出该二维数组。[难度等级:中学]

## 第8章

函　数

模块化程序设计是一种重要的软件开发方法,其基本思想是将一个复杂的问题分解为若干简单的问题,一个简单问题就是一个模块。在 C 语言中用函数来实现模块。本章介绍函数相关的概念以及方法。

8.1　函数概述

在人类的社会生产活动中,遇到的问题常常会超过人类的认识和处理能力。在这种情况下,通常的做法是将一个比较复杂的问题分解为一组较简单的问题,然后分别解决这些简单的问题,最后才解决复杂的问题。例如,生产一台计算机的时候,把一台计算机分解为处理器、主板、内存、硬盘、显示器、键盘、鼠标、电源、机箱等组成部分。不同的组成部分由不同的厂家生产,然后再把它们组装成一台完整的计算机。在学习一门语言如英语的时候,语言学家会把这门语言的知识进行分解,如字母、单词、语法等。学习者就按照这个分解的结果从简单到复杂逐渐掌握该语言的知识体系。

同样,当用计算机程序设计语言编写程序去解决一个问题的时候,人们也自然遵循这种把复杂问题简单化的思路,把一个大问题分解为一组小问题,并分别求解这些小问题,然后把小问题的解合并起来就构成大问题的解。在程序设计中,对大问题的分解过程称为模块化,分解后的一个小问题称为一个模块。

在 C 语言中,用一个函数来实现一个模块,一个函数就变成一个模块的解,且不同的函数之间可以互相调用,通过函数之间的调用把各个模块的解合并起来,从而得到大问题的解。把这些函数合并起来就是一个完整的 C 语言程序。

所以,C 语言程序是由一系列的函数构成的,如图 8-1 所示。

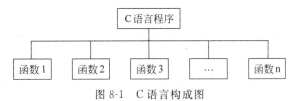

图 8-1　C 语言构成图

当一个程序较长,包含的函数比较多的时候,如果将所有的函数放在一个源文件中,将使该文件较长,致使阅读和维护程序都比较困难。这时,就可以增加一些源文件,并对函数分组,将不同的函数放在不同的源文件中。把每一个源文件的长度都保持在适度的规模,就可以增强程序的可读性。对函数进行分组时既可以按照程序的功能对函数进行分组,也可以按照其他的原则进行分组。

分组后,一个C语言程序就由一组源文件构成,每个源文件包含一组函数,还可以包含一些预处理命令以及一些全局变量定义等,如图8-2所示。

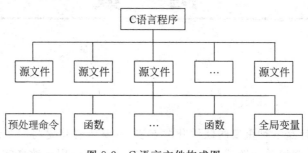

图8-2　C语言文件构成图

8.2　函数定义

8.2.1　函数定义的一般形式

C语言函数定义的一般形式为:

返回值类型 函数名(形式参数列表)
{
　　函数体
}

其中,函数名命名要符合标识符的命名规则。

例如:

```
int fun( int a, int b)
{
    int c;
    c = a * a+b * b;
    return c;
}
```

定义一个名为fun的函数,函数的返回值类型为整型,函数有两个整型参数a和b。函数体中定义一个整型变量c,且变量c的值为参数a和b的平方和,函数体的最后一个语句返回变量c的值。

函数定义时可以没有形式参数,这样的函数称为无参函数。无参函数的定义形式为:

返回值类型 函数名()
{
　　函数体

```
}
```
或者
```
返回值类型 函数名(void)
{
    函数体
}
```

例如：
```
int sayHello( )
{
    printf( "Welcome...\n" );
    return 0;
}
```

定义一个名为 sayHello 的无参函数，函数的返回值类型为 int，函数体中输出一个字符串，并返回 0。

函数定义时函数体可以为空，变成一个空函数。空函数的定义形式为：
```
返回值类型 函数名()
{
}
```

由于函数体为空，所以空函数什么工作都没有完成。

8.2.2 函数形式参数

函数没有被调用时，系统不会为形式参数列表中的变量分配存储单元，实际上，它们在内存中还不存在，故称它们为形式参数。

形式参数定义时要指定其类型，如：
```
int fun( int x, double y)
```
指定形参 x 的类型为 int，形参 y 的类型为 double。

当多个形参的类型相同时，也要分别指定它们的类型。如：
```
double func( int a, int b)
```
形参 a 和形参 b 的类型都是 int，也要分别指定。

以下定义是错误的：
```
float play( int a, b)
```
形式参数的类型可以是基本类型，也可以是构造类型，如数组等，数组作函数参数的情况见 8.5 节。

8.2.3 函数返回值

通常，一个函数被调用来进行信息处理，函数应该把处理的结果返回给调用者。根据此返回值，函数的调用者能够了解函数对信息的处理情况。C 语言中，函数通过返回值来反映处理的状态。下面通过几个方面来介绍函数返回值的情况。

（1）函数通过 return 语句返回值。

return 语句的一般形式为：

return（表达式 1）；

它的作用是返回表达式 1 的值。

把表达式 1 括起来的括号也可以省略，如：

return 表达式 1；

例如：

```
int func( int a, int b)
{
    return (a + b);
}
```

函数 func 的作用是计算两个整型变量 a 与 b 的和，它通过语句 return（a＋b）；来将计算结果传递给调用者。

（2）如果定义函数时指定了返回值的类型，则函数必须有一个 return 语句。如下面的函数定义是错误的：

```
int func( int a, int b)
{
    int c;
    c = a + b;
}
```

该函数的功能是计算两个数的和，而且函数也完成了该功能。但是函数要求一个整型的返回值，函数体内却没有一个 return 语句，故而出错。

（3）函数体内可以有多个 return 语句。当执行到一个 return 语句时，函数的执行就结束了，该 return 语句返回的就是函数的值，不再执行其他的语句，如：

```
int func( int a, int b)
{
    if( a > b )
        return a - b;
    else if( a < b )
        return b - a;
    else
        return 0;
}
```

函数有三个 return 语句，但是运行时根据参数 a、b 的值只有一个 return 起作用。

（4）函数返回值的类型也称为函数的类型，它由定义时指定的类型决定，例如：

```
int func1( int a, int b)
```

func1 的函数返回值类型是 int。

```
double func2( double x, double y)
```

func2 的函数返回值类型是 double。

如果定义时没有指定函数类型,默认该函数类型是 int,如:

func3(char c);

func3 的函数返回值类型是 int。

(5) return 表达式的值应与函数值的类型一致;如果不一致,则要将它的类型转换成函数值的类型。

例如:

```
int fun ( float x )
{
    float y;
    y = 3 * x - 4;
    return y;
}
```

函数值的类型为 int,return 表达式 y 的类型为 float,需要将 y 转换成 int 然后才返回。

(6) 如果需要函数不返回值,可以将其返回值指定为 void,如:

```
void sayHello( )
{
    printf( "Welcome...\n" );
}
```

空函数的类型须指定为 void,如:

```
void nothing()
{
}
```

8.3　函数调用

8.3.1　函数调用形式

函数调用的一般形式为:

函数名(参数列表)

无参函数的调用形式为:

```
函数名()
# include < stdio. h>
int sum( int a, int b)
{
    return (a + b);
}
void main( )
{
    int c;
```

```
    c = sum( 5, 4 );              //函数调用
    printf( "%d\n", c );
}
```

在函数 main 中调用函数 sum 计算 5 与 4 的和,并把计算结果赋给变量 c。程序输出为 9。

```
# include < stdio.h >
void sayHello( )
{
    printf( "Welcome...\n" );
}


void main( )
{
    sayHello( );                 //函数调用
}
```

在函数 main 中调用无参函数 sayHello,输出一行字符。

调用函数与被调用函数的执行顺序是:当出现函数调用时,暂停调用函数转去执行被调用函数,被调用函数执行完后恢复执行调用函数。如图 8-3 箭头指示的方向所示。

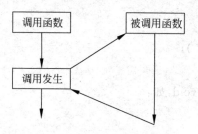

图 8-3 调用函数执行顺序

[例 8-1]

```
# include < stdio.h >
void callee()
{
    printf( "执行被调用函数\n" );
}

void main()
{
    printf( "调用函数之前\n" );
    callee();                    //函数调用
    printf( "调用函数之后\n" );
}
```

运行情况如下:

调用函数之前
执行被调用函数
调用函数之后

这个例子说明了调用函数与被调用函数的执行顺序。

8.3.2　实际参数

调用函数时,函数名后面的括号里面的参数称为实际参数(简称实参)。下面通过几个方面介绍实际参数。

(1) 实参可以是常量、变量以及表达式,如:

```
sum(5, 4)
```

实参是常量。

```
int c,d;
sum(c, d);
```

实参是变量。

```
sum(c + 3, d + 7);
```

实参是表达式。

```
f((x,y),(a,b,c),(1,2,3,4));
```

这个函数调用有三个实参,且都是逗号表达式。

(2) 实参的个数应与形参相等,按从左到右的顺序,与形参一一对应。在这种对应关系下,实参的类型应与形参一致。如不一致,系统将对实参进行类型转换,使它的类型与形参一致。如例中的函数 mul 的定义为:

```
int mul(int a, int b)
{
    return (a * b);
}
```

调用方法为:

```
c = mul (5.4, 2);
```

由于定义函数 mul 时,第一个形参的类型是 int。而调用时第一个实参为 5.4,为 double 型,所以系统将把该实参转换成 int 型,值为 5,然后再与第二个实参相乘,结果为 10。

8.3.3　函数声明

对于函数调用,C 语言要求被调用的函数必须是一个已经存在的函数。

对于系统提供的库函数,要用 ♯include 命令将被调用函数所在库的头文件包括到调用函数所在的文件中来。如要调用库函数 printf,需要包含头文件 stdio.h,包含命令为:

```
♯ include < stdio.h >
```

如要调用数学库中的函数,应包含文件 math.h,包含命令为:

```
♯ include < math.h >
```

对于用户自定义函数,如果满足以下两个原则,则系统认为被调用函数是存在的。

（1）被调用函数在调用函数之前定义；

（2）被调用函数在调用函数之后定义，但在调用函数之前进行了声明。

函数声明的一般形式为：

类型 函数名(形参类型说明列表);

其中，括号里面只需说明形参类型，可以不给出形参名，类型之间用逗号分隔，如：

int func(char, int, double);

声明函数 func 有三个参数，三个参数的类型分别是 char、int 以及 double。

例如：

```c
#include <stdio.h>
char lowercase( char c )
{
    char t;
    if( c >= 'A' && c <= 'Z' )
        t = c + 32;
    else
        t = c;
    return t;
}
void main()
{
    char t;
    scanf( "%c", &t );
    t = lowercase(t);          //函数调用
    printf( "%c\n", t );
}
```

被调用函数 lowercase 在调用函数 main 之前定义，所以不需要声明。函数 lowercase 的作用是把一个大写字母转换成它的小写形式，其他字符不转换。运行时如输入 T，输出为 t。

```c
#include <stdio.h>
int abs(int);              //函数声明
void main()
{
    int t;
    scanf( "%d", &t );
    t = abs(t);            //函数调用
    printf( "%d", t );
}
int abs( int a )
{
    if( a >= 0 )
        return a;
    else
        return -a;
}
```

因为被调用函数 abs 在调用函数 main 的后面定义,所以,需要在函数 main 调用之前声明该函数:int abs(int);。函数 abs 是返回一个整数的绝对值。运行时如输入－32 回车,输出为 32。

8.3.4 函数调用方式

C 语言中,函数的调用方式灵活多变,按照函数调用出现的位置,可以分为以下三种方式。

(1) 函数调用语句,函数调用以一个单独的语句出现,如:

```
sayHello( );
```

这样调用函数不能保存函数的返回值,这就要求不通过返回值就能了解这种函数的执行情况,如通过输出信息等。

(2) 函数调用出现在表达式中,参与表达式的运算,如:

```
a = 4 + abs(b);
```

函数调用 abs(b)是表达式的一部分,它的值加上 4,然后赋给变量 a。

这就要求被调用函数返回一个值,以参与运算。同时,通过这个返回值也能了解被调函数的运行状况。

(3) 调用函数作为另一个函数调用的参数,如:

```
c = abs( sum(a,b) );
```

函数调用 sum(a,b)作为另一个函数调用的参数。又如:

```
fun(a + b,(x,y),fun(n + k,d,(a,b)))
```

该函数调用有三个实参,其中第三个实参又是另外一个函数调用。

8.3.5 参数传递

8.2.2 节讲到,函数定义时指定的形式参数由于在编译时没有分配内存单元,故不是"实际变量",只是形式上的参数。在函数调用时才给形式参数分配内存单元,形参才成为"实际变量"。给形参分配内存单元后再把实参的值传递给形参。这就是 C 语言中参数传递的过程。

下面用一个例子来说明函数调用过程中实参值和形参值的变化过程。

[例 8-2]

```
# include < stdio. h >
int squareSum(int m, int n)
{
callin:m = m * m;
    n = n * n;
getout:return m + n;
}

void main()
```

```
{
    int a, b, c;
    a = 3;
    b = 4;
call:c = squareSum( a, b );
callover:printf( "%d", c );
}
```

为了说明方便,在本程序中给 4 个语句分别加了语句标号:callin、getout、call 以及 callover。

程序从函数 main 开始执行,当执行到语句 call 时,准备调用函数 squareSum,两个实参是变量 a 与变量 b。这时,两个实参变量在内存中已经分配单元,而函数 squareSum 的两个形参变量 m 和 n 还没有在内存中分配单元,即它们在内存中还不存在,如图 8-4(a)所示。

当执行 call 语句从而调用函数 squareSum 时,转到函数 squareSum 继续执行。当执行到 callin 语句时,形参变量 m 和 n 也分配了内存单元,并且将实参变量 a 和 b 的值分别传递给形参变量 m 和 n,如图 8-4(b)所示。此时,实参和对应的形参有相同的值。

当执行 getout 语句的时候,形参的值已经改变。因为形参的值不能传递给实参,所以实参的值保持不变,如图 8-4(c)所示。

这种只是把实参的值传递给形参的方式称为值传递。而且只能把实参的值传递给形参,不能把形参的值传递给实参,故又称为单向传递。

当执行 callover 语句的时候,完成对函数 squareSum 的调用。形参变量所分配的内存单元被释放掉,形参变量在内存中不复存在,如图 8-4(d)所示。

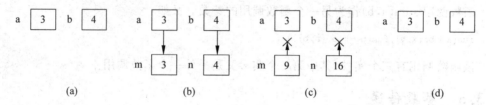

图 8-4　形参变量生成期

[例 8-3]　编写一个函数 fun,它的功能是:根据以下公式求 p 的值,结果由函数值返回。m 与 n 为两个正整数,且要求 m＞n。p＝m! /n! (m－n)! 在函数 main 中调用函数 fun,最后输出 m,n 分别为 20,10 和 15,6 以及 16,15 时的三个值。[难度等级:小学]

分析:可以设计一个函数 fun,函数的参数为两个正整数 m 和 n,它的功能是计算公式 p＝m! /n! (m－n)! 的值,并返回该值。在函数 main 中输入两个正整数,调用该函数,并输出结果。

N-S 图如图 8-5 所示。

程序如下:

```
#include <stdio.h>
double fun( int m, int n)
{
    double p, t = 1.0;
    int i;
```

```
        for (i = 1;i <= m;i++)
            t = t * i;
        p = t;
        for(t = 1.0,i = 1;i <= n;i++)
            t = t * i;
        p = p/t;
        for(t = 1.0,i = 1;i <= m - n;i++)
            t = t * i;
        p = p/t;
        return p;
}
void main()
{
        printf( "%f\n", fun(20, 10) );
        printf( "%f\n", fun(15, 6) );
        printf( "%f\n", fun(16, 15) );
}
```

运行情况如下：

```
184756.000000
5005.000000
16.000000
```

［思考］改变算法计算 fun(100，90)。

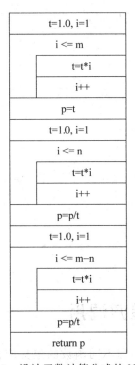

图 8-5　设计函数计算公式的 N-S 图

［**例 8-4**］　编写程序，输入正整数 n，计算 n 以内(包括 n)能被 5 或 9 整除的所有自然数的倒数之和，最后输出计算结果。［难度等级：小学］

　　分析：可以设计一个函数 fun，函数的参数为正整数，它的功能是计算 n（包括 n）以内能被 5 或 9 整除的所有自然数的倒数之和，返回该和值。在函数 main 中输入正整数，调用该函数，并输出结果。

　　N-S 图如图 8-6 所示。

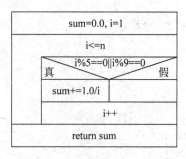

图 8-6　求倒数之和的 N-S 图

程序如下：

```
#include <stdio.h>
double fun(int n)
{
    int i;
    double sum = 0.0;
    for(i = 1; i <= n; i++)
        if(i % 5 == 0 || i % 9 == 0)
            sum += 1.0/i;
        return sum;
}
void main()
{
    int n;
    printf("输入正整数 n:\n");
    scanf("%d", &n);
    double sum = fun(n);
    printf("所求的和为: %f\n", sum);
}
```

运行情况如下：

输入正整数 n:100 回车
所求的和为: 1.021757

8.4　嵌套调用和递归调用

　　C 语言中，函数不能嵌套定义，即不同函数的定义应该互相独立，一个函数的定义不能包含在另一个函数的函数体内。

　　C 语言中函数不能嵌套定义，但是可以嵌套调用，就是一个函数在被调用的时候又可以去调用另外的函数。

如图 8-7 所示,函数 main 执行的时候调用函数 f,函数 f 在执行的时候又要调用函数 g,形成嵌套调用。函数嵌套调用的执行过程如下。

(1) 先执行函数 main 的前一部分;

(2) 遇到函数调用语句,转去执行函数 f;

(3) 执行函数 f 的前一部分;

(4) 又遇到函数调用语句,转去执行函数 g;

(5) 执行完函数 g;

(6) 返回到函数 f 中;

(7) 执行完函数 f 的后一部分;

(8) 返回到函数 main 中;

(9) 执行完函数 main 的后一部分,结束退出。

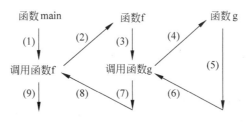

图 8-7　嵌套调用过程

[例 8-5]　编写程序,输入正整数 n,计算并输出 3～n 之间(包括 3 和 n)所有素数的平方根之和。最后,输出计算结果。[难度等级:中学]

分析:要计算 3～n 之间的所有素数的平方根的和,需要判断一个数是否是素数。因此可以将判断素数的功能用一个函数 isPrime 来实现,而将求和的功能用另一个函数 sumPrime 来实现,此函数调用函数 isPrime,将输入输出的功能放在函数 main 中实现,它调用函数 sumPrime 完成求和。

函数 isPrime 的参数是一个整数 m,它的功能是判断该整数是不是一个素数,如果是就返回 1,如果不是就返回 0。函数 isPrime 的 N-S 图如图 8-8 所示。

函数 sumPrime 的参数是一个正整数 n,它的功能是计算 3～n 之间的所有素数的平方根的和,返回该和值。函数 sumPrime 的 N-S 图如图 8-9 所示。

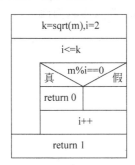

图 8-8　判断素数的 N-S 图

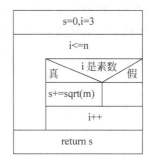

图 8-9　计算素数平方根的和的 N-S 图

程序如下：

```
#include <stdio.h>
#include <math.h>
int isPrime( int m )
{
    int i;
    int k;
    k = sqrt(m);
    for( i = 2; i <= k; i++)
        if( m % i == 0 )
            return 0;
    return 1;
}
double sumPrime(int n)
{
    int m;
    double s = 0.0;
    for(m = 3;m <= n;m++)
    {
        if( isPrime(m) )
            s += sqrt(m);
    }
    return s;
}
void main( )
{
    int n;
    printf( "输入正整数 n:\n" );
    scanf( "%d", &n );
    double sum = sumPrime( n );
    printf( "所求的和为: %f\n", sum );
}
```

运行情况如下：

```
输入正整数 n:128
所求的和为: 211.756997
```

一个函数可以直接或间接地调用该函数本身,这种调用称为递归调用。

直接递归调用就是一个函数直接调用自身,例如：

```
int f( int m )
{
    …
    int n;
    …
    f( n );
    …
}
```

直接递归函数调用的调用过程如图 8-10 所示。如果不对函数 f 的运行施加一定的条件,这个递归调用的过程将变成一个无限的过程,违反了算法必须在有限步完成的要求。使用递归调用最重要的就是要设定一定的条件,使函数能够结束运行,避免出现无限调用的情形。

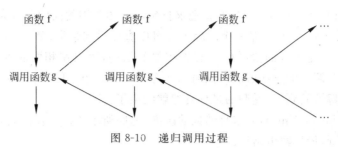

图 8-10 递归调用过程

间接递归调用就是一个函数调用另一个函数,此函数又要调用原函数,例如:

```
int f( int m )
{
    …
    int n;
    …
    g( n );
    …
}
int g( int m )
{
    …
    int k;
    …
    f( k );
    …
}
```

间接递归函数调用的调用过程如图 8-11 所示。如果不加限制,间接递归同样会出现无限调用的情形。使用间接递归也要注意设置条件使调用过程在有限步内终止。

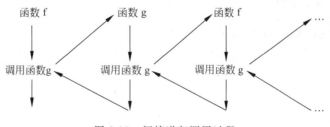

图 8-11 间接递归调用过程

有时,在求解一个问题的时候,把该问题分解为两个小问题,小问题与原问题有相似的结构,因此小问题与原问题可以用相同的方法来解决,这样的问题适合用递归函数调用来解决。

同时,把大问题分解为两个小问题,小问题分解为更小的问题,……,问题的规模就变得越来越小。当分解到一定的时候,问题的规模已经足够小可以很容易得到其解,这时,就不需再进行分解了。于是递归调用的过程很自然地终止了,避免了无限递归调用的情形。

[**例 8-6**] 编写程序,输入一个自然数 n,求该自然数 n 的阶乘(n!),然后输出所求的值。

分析:因为 n!＝n×(n−1)!,这就把求自然数 n 的阶乘的问题分解为两个小问题:求 n 与 n−1 的阶乘((n−1)!)。第一个问题求 n 可以直接得到结果,第二个问题求 n−1 的阶乘((n−1)!)与原问题求 n 的阶乘(n!)有着相似的结构,可以用相同的方法求解。所以这个问题可以用递归调用的方法解决。同时当 n 等于 1 的时候,可以很容易知道它的阶乘,这时就不需要再分解该问题了,递归的过程自然就结束了。

用一个函数 int fac(int n)来求自然数的阶乘,返回所求的值。在函数 main 中输入自然数,并调用函数 fac,最后输出结果。

函数 fac 的 N-S 图如图 8-12 所示。

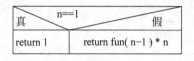

图 8-12　求阶乘的 N-S 图

程序如下:

```c
#include <stdio.h>
int fac( int n )
{
    if( 1 == n )
        return 1;
    else
        return fac ( n-1 ) * n;
}
void main( )
{
    int x,t;
    printf( "输入正整数 x: \n" );
    scanf( "%d", &x );
    t = fac ( x );
    printf( "%d!为: %d\n", x, t);
}
```

运行情况如下:

输入正整数 x: 100 回车
10! 为: 3628800

[**例 8-7**] 编写递归函数 int fun(int n),把输入的一个整数转换成二进制数输出。在函数 main 中输入正整数 x,调用函数 fun,最后输出调用结果。[难度等级:中学]

分析:设整数 n 的二进制为 M,n/2 的二进制为 N,则 M＝N×2＋n%2。这样就把求整数 n 的二进制的问题分解为两个问题:求 n/2 的二进制和求 n%2。第二个问题的解可以直接得到。第一个问题,即求 n/2 的二进制与原问题有相似的结构,即求一个整数的二进制,只是整数变为原来的一半。因此这个问题适合用递归调用的方法来求解。

函数 fun 的 N-S 图如图 8-13 所示。

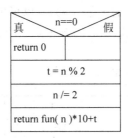

图 8-13　转换二进制数的 N-S 图

程序如下：

```
#include <stdio.h>
int fun(int n)
{
    int t;
    if(0 == n)
        return 0;
    t = n % 2;
    n /= 2;
    return fun(n) * 10 + t;
}
void main( )
{
    int x,t;
    printf( "输入正整数 x: \n" );
    scanf( "%d", &x );
    t = fun( x );
    printf( "%d 对应的二进制数为: %d\n", x, t);
}
```

运行情况如下：

输入正整数 x: 100 回车

100 对应的二进制数为：1100100。

[思考]尝试用非递归调用实现此程序,通过对比,了解递归调用的简捷之处。

8.5　数组作为函数参数

当变量作函数参数的时候,一次只能将一个变量的值传递给函数。如果需要一次传递多个值给函数,可以用数组作函数参数。数组作函数参数可以将整个数组的值传递给函数。

8.5.1　数组元素作函数实参

因为表达式可以作为函数调用时的实参,所以可以用数组元素组成表达式作为函数调用的实参,将数组元素的值传递给形参。

[例 8-8]　有一个整型数组,数组的长度为 10,输入该数组的元素。计算并输出该数组

各个元素的所有因子(不包括1与自身)之和。[难度等级：小学]

　　分析：因为要分别求10个元素的因子之和，所以可以把求一个数的因子之和的功能用一个函数 int fun(int n)来实现。函数 fun 的形参是一个整数，它的功能是计算该整数的所有因子之和，并返回所求的和。

　　函数 fun 的 N-S 图如图 8-14 所示。

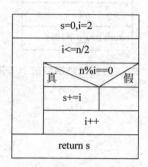

图 8-14　计算数组元素因子和的 N-S 图

　　程序如下：

```c
#include < stdio.h >
#define N 10
int fun(int n)
{
    int s = 0, i;
    for(i = 2; i <= n/2; i++)
        if(n % i == 0)
            s += i;
        return s;
}
void main()
{
    int a[N];
    int s[N];
    printf( "输入 % d 正整数: \n", N );
    int i;
    for( i = 0; i < N; i++)
        scanf( "% d", &a[i] );
    for( i = 0; i < N; i++)
        s[i] = fun( a[i] );
    for( i = 0; i < N; i++)
        printf( "正整数 % d 的所有因子之和为 % d\n", a[i], s[i]);
}
```

　　运行情况如下：

输入 10 正整数: 100 200 300 400 500 600 700 800 900 1000 回车
正整数 100 的所有因子之和为 116
正整数 200 的所有因子之和为 264
正整数 300 的所有因子之和为 567
正整数 400 的所有因子之和为 560

正整数 500 的所有因子之和为 591
正整数 600 的所有因子之和为 1259
正整数 700 的所有因子之和为 1035
正整数 800 的所有因子之和为 1152
正整数 900 的所有因子之和为 1920
正整数 1000 的所有因子之和为 1339

8.5.2 数组作函数参数

数组作函数参数定义的一般形式为:

返回值类型 函数名(数组类型 数组名[ ])
{
    函数体
}

函数的形参被定义为一个数组。形参定义为数组时,无须指定数组长度,如:

int sum(int score[ ])
{

}

形参 score 被定义为一个数组,但没有指定它的长度。

如果形参为数组,调用函数时的实参应为数组名。其一般形式为:

函数名(数组名)

[例 8-9]

```
#include <stdio.h>
#define N 10
int sum( int score[ ] )
{
    int sum = 0;
    for( int i = 0; i < N; i++)
    sum += score[i];
    return sum;
}
void main()
{
    int a[N];
    int i,s;
    printf( "输入 %d 正整数: \n", N );
    for( i = 0; i < N; i++)
        scanf( "%d", &a[i] );
    s = sum( a );
    printf( "数组 a 全部元素的和为 %d\n", s);
}
```

调用函数 sum(a)时的实参 a 是一个数组名。定义形参时没有指定数组长度,函数 sum 是把一个符号常量 N 当作数组的长度,而在函数 main 中定义数组时,也用该符号常量指定数组长度。

运行情况如下：

```
输入 10 正整数：1 2 3 4 5 6 7 8 9 10 回车
数组 a 全部元素的和为 55
```

数组作函数参数时，实参的值传递给形参的过程与变量作参数有所不同。变量作函数参数时，实参变量和形参变量分别占用不同的内存单元。数组作函数参数时，实参数组元素和形参数组元素共同占有同一段内存单元，如图 8-15 所示。

实参	a[0]	a[1]	a[2]	a[3]	a[4]	a[5]	a[6]	a[7]	a[8]	a[9]
数组元素值	1	2	3	4	5	6	7	8	9	10
形参	s[0]	s[1]	s[2]	s[3]	s[4]	s[5]	s[6]	s[7]	s[8]	s[9]

图 8-15　数组作函数参数

由于实参数组和形参数组占有相同的内存单元，所以，改变形参数组的值也将改变实参数组的值。

[例 8-10]

```c
#include < stdio.h >
#define N 10
void change( int score[ ] )
{
    int sum = 0;
    for( int i = 0; i < N; i++)
        score[i] *= 2;
}
void main()
{
    int a[N];
    int i;
    printf( "输入 %d 个正整数：\n", N );
    for( i = 0; i < N; i++)
        scanf( "%d", &a[i] );
    change( a );
    printf( "改变后数组元素的值为:\n");
    for( i = 0; i < N; i++)
        printf( "%d", a[i] );
    printf( "\n" );
}
```

运行情况如下：

```
输入 10 个正整数：1 2 3 4 5 6 7 8 9 10 回车
改变后数组元素的值为:
2 4 6 8 10 12 14 16 18 20
```

在函数 change 中将形参数组元素的值都变为原来的两倍。在函数 main 中实参数组 a 元素的值也变为原来的两倍。

这种实参与形参共用一段内存单元。不但能把实参的值传递给形参，也能把形参的值传递给实参的传递方式称为双向传递,又称地址传递。

因为形参数组与实参数组共同占有同一段内存单元,所以,形参数组与实参数组的长度相等。定义形参数组时,可以指定数组长度,但是该长度值实际上不起作用,如:

[例8-11]

```
# include < stdio. h >
# define N 10
int sum( int score[5] )
{
    int sum = 0;
    for( int i = 0; i < N; i++)
    sum += score[i];
    return sum;
}
void main()
{
    int a[N];
    int i,s;
    printf( "输入 % d 正整数 : \n", N );
    for( i = 0; i < N; i++)
        scanf( "% d", &a[i] );
    s = sum( a );
    printf( "数组 a 全部元素和为 % d\n", s);
}
```

虽然定义形参数组 score 时将其长度指定为 5,但是该长度值没有起作用。实参数组的长度为 10,所以形参数组的长度也为 10。也可以指定形参数组的长度比实参数组的长度长,如:

```
int sum(int score[50])
```

但是该长度值同样不起作用,形参数组的长度仍然为 10。

除了通过一个符号常量来指定形参数组与实参数组的共同长度的方法外,还有另一种方法。即在定义函数时用另一个整型形参变量来指定传入的实参数组的长度,该长度同时也将是形参数组的长度,如:

```
int sum( int score[], int len )
{
    int sum = 0;
    for( int i = 0; i < len; i++)
    sum += score[i];
    return sum;
}
```

实参数组和形参数组的共同长度由形参变量 len 指定。应避免使用一个全局的符号常量来指定数组长度,可以用不同长度的数组来调用该函数,使用时更加灵活,如:

[例8-12]

```
void main()
{
```

```
    int a[4], b[5];
    int i, s;
    printf( "输入%个d正整数: \n", 4 );
    for( i = 0; i < 4; i++)
        scanf( "%d", &a[i] );
    s = sum( a, 4 );
    printf( "数组a全部元素和为%d\n", s);
    printf( "输入%d个正整数: \n", 5 );
    for( i = 0; i < 5; i++)
        scanf( "%d", &b[i] );
    s = sum( b, 5 );
    printf( "数组b全部元素和为%d\n", s);
}
```

运行情况如下:

```
输入个d正整数: 1 2 3 4回车
数组a全部元素和为10
输入5个正整数: 5 6 7 8 9回车
数组b全部元素和为35
```

调用函数 sum 时,可以用长度为 4 的数组作实参调用它,如 sum(a,4),也可以用长度为 5 的数组作实参调用它,如 sum(b,5),使用比较灵活。

[**例 8-13**]　编写一个函数 int fun(int s[],int t),用来求出数组的最小元素在数组中的下标并返回该下标值。在函数 main 中随机生成一个整型数组,然后调用函数 fun。最后输出生成的数组和最小元素的下标值。[难度等级:小学]

分析:函数 fun 的第一个形参为一个 int 型数组,第二个 int 形参 t 指定数组的长度。它的 N-S 图如图 8-16 所示。

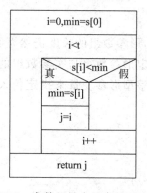

图 8-16　求数组最小元素的 N-S 图

程序如下:

```
#include <stdio.h>
#include <stdlib.h>
#define len 10
int fun ( int s[], int t )
{
    int i, min, j;
```

```
            min = s[0];
            for(i = 0;i < t;i++)
                if (s[i]< min)
                {
                    min = s[i];
                    j = i;
                }
                return j;
}
int main(int argc, char * argv[])
{
    int s[len],k;
    for( int i = 0; i < len; i++)
        s[i] = rand()%100;
    k = fun( s, len );
    printf( "生成的数组为: \n" );
    for( int j = 0; j < len; j++)
        printf( "%d ", s[j] );
    printf( "\n" );
    printf( "最小元素的下标为: %d\n", k );
    return 0;
}
```

运行情况如下:

```
生成的数组为:
41 67 34 0 69 24 78 58 62 64
最小元素的下标为: 3
```

程序调用函数 rand()生成一个随机数,调用该函数需要包含头文件 stdlib.h。

[例 8-14] m 个人的成绩存放在 s 数组中,请编写函数 int fun(int s[],int m,int b[]),它的功能是:将低于平均分的人数作为函数值返回,将低于平均分的分数放在 b 所指定的数组中。在函数 main 中调用该函数,本题中 m 为 10,分数为随机产生,最后输出原分数和低于平均分的分数。[难度等级:中学]

分析:函数 fun 的第一个形式参数为数组,它的长度由第二个形式参数 m 指定。函数 fun 的 N-S 图如图 8-17 所示。

程序如下:

```
#include < stdio.h >
#include < stdlib.h >
int fun(int s[],int m,int b[])
{
    int i,k = 0,aver = 0;
    for(i = 0;i < m;i++)
        aver += s[i];
    aver/ = m;
    for(i = 0;i < m;i++)
        if(s[i] < aver)
        {
            b[k] = s[i];
```

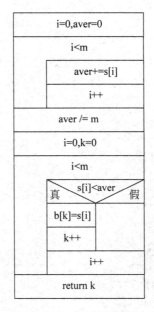

図 8-17　求低于平均分人数的 N-S 图

```
            k++;
        }
        return k;
}
void main(void)
{
    int m = 10,num;
    int s[10];
    int b[10];
    srand(0);
    for(int i = 0; i < m; i++)
        s[i] = rand()%100 + 1;
    num = fun(s, m, b);
    printf( "随机产生的成绩为: \n" );
    for(int j = 0; j < m; j++)
        printf( "%d ", s[j] );
    printf( "\n" );
    printf( "低于平均分的成绩为: \n" );
    for( int k = 0; k < num; k++)
        printf( "%d ", b[k] );
    printf( "\n" );
}
```

运行情况如下:

随机产生的成绩为:
39 20 39 38 56 98 66 86 51 13
低于平均分的成绩为:
39 20 39 38 13
数组可以作为函数的参数,但是数组不能作为函数的返回值,如:

```
int[ ] func( int n )
```

是错误的函数定义。

函数不能返回一个数组,函数的 return 语句只能返回一个值。那怎样才能返回多个值呢? 数组作为函数参数的时候,实参和形参是双向传递,可以把需要返回的多个值放到一个数组参数里面,由形参传递给实参。如本例中函数 fun 的第三个数组参数 b,在函数 fun 里面设置该数组的值,然后在函数 main 里面输出该数组的值,起到了"返回"数组的作用。

如果是字符数组作函数参数,且实参数组包含字符串结束标志,即字符'\0',则可以不指定数组长度。被调用函数可以通过该标志来判定数组的边界或者通过库函数 strlen 来获取数组长度。

〔**例 8-15**〕　编写函数 void fun(char s〔〕,char ch),该函数的功能是:从字符数组中删除指定的字符 ch,同一字母的大、小写按不同字符处理。在函数 main 中调用函数 fun,并输出调用前后的字符数组。〔难度等级:小学〕

分析:函数 fun 第一个形参为一个字符数组,却没有指定数组长度,它只能通过实参数组中的字符串结束标志来判定数组的边界。

函数 fun 的 N-S 图如图 8-18 所示。

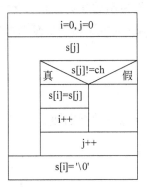

图 8-18　删除指定字符的 N-S 图

程序如下:

```
# include < stdio. h>
void fun(char s[ ], int ch)
{
    int i = 0;
    int j = 0;
    while(s[j])
    {
        if(s[j]!= ch)
        {
            s[i] = s[j];
            i++;
        }
        j++;
    }
    s[ i] = '\0';
```

```
    }
    void main()
    {
        char s[] = "abcdefg";
        puts(s);
        fun(s, 'd');
        puts(s);
    }
```

运行情况如下：

删除前的字符数组 abcdefg
删除后的字符数组 abcefg

函数 fun 虽然没有得到形参数组的长度，但是如果 s[j] 为真说明数组元素 s[j] 还不是字符串结束标志，还应该继续处理。相反如果它为假，说明它是字符串结束标志，就应该结束处理。

这是字符数组比较特别的地方。但是，如果实参数组不包含字符串结束标志，则这种处理方法就会出错。

二维数组或多维数组也可以作为函数参数。定义形参时，第一维的长度与一维数组的长度一样可以用一个符号常量指定，也可以用一个整型形参变量指定。但是，第二维及以上维的长度必须指定，如：

```
#define N 10
int min( int a[][4])
```

用符号常量 N 指定形参数组 a 第一维的长度。

或

```
int min( int a[][4], int n)
```

用整型形参变量 n 指定第一维的长度。

不能省略第二维的长度，也不能只指定第一维的长度，而省略第二维的长度，如：

```
int min( int a[][] )
```

或者

```
int min( int a[4][] )
```

都是错误的函数定义。

[例 8-16]　编写一个函数 void fun(int tt[][N],int pp[])，tt 指向一个 M 行 N 列的二维数组，求出二维数组每列中最小元素，并依次放入 pp 所指的一维数组中。二维数组中的数已在函数 main 中赋予。在函数 main 中调用函数 fun，最后输出数组 tt 和 pp。[难度等级：小学]

分析：函数 fun 的第一个形式参数是一个二维数组，二维数组的列数为 N，二维数组的行数由符号常量 M 指定。第二个形式参数是一个一维数组，它的长度就是第一个形参的列数，由符号常量 N 指定。

函数 fun 的 N-S 图如图 8-19 所示。

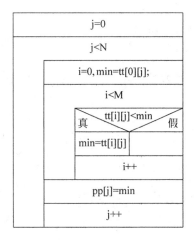

图 8-19　求每列最小元素的 N-S 图

程序如下：

```c
# include < stdio.h>
const int N = 4;
const int M = 5;
void fun( int tt[ ][N], int pp[ ])
{
    int i,j,min;
    for(j = 0;j < N;j++)
    {
        min = tt[0][j];
        for(i = 0;i < M;i++)
        {
            if (tt[i][j]< min)
                min = tt[i][j];
        }
        pp[j] = min;
    }
}
void main()
{
    int tt[M][N] = {{10, 12, 32, 44},{8, 30, 25, 36},{34, 54, 21, 9},{33, 5, 50, 19},{29, 78,
13, 10}};
    int pp[N];
    int i, j;
    fun(tt, pp);
    printf( "原数组为: \n" );
    for(i = 0; i < M; i++)
    {
        for(j = 0; j < N; j++)
        {
            printf( "%d ", tt[i][j] );
        }
        printf( "\n" );
```

```
    }
    printf( "每列中的最小值为: \n" );
    for( j = 0; j < N; j++)
    {
        printf( "% d ", pp[j] );
    }
    printf( "\n" );
}
```

运行情况如下:

原数组为:
10 12 32 44
8 30 25 36
34 54 21 9
33 5 50 19
29 78 13 10
每列中的最小值为:
8 5 13 9

8.6 变量的作用域和存储类别

使用变量时除了要注意它的类型等信息外,还要考虑它的作用域和存储类别。变量的作用域是从空间(即起作用的范围)的角度来划分变量,变量的存储类别是从时间(即变量的生存期)的角度来划分变量。

8.6.1 变量的作用域

变量的作用域指变量起作用的范围,变量起作用的范围由定义变量的位置决定。C语言中,根据变量定义的位置,可以把变量分为局部变量和全局变量。

局部变量是指在函数内部定义的变量,局部变量只在定义该变量的函数内部起作用,在函数外不能使用该变量,如:

```
int func( )
{
    int a, b;
    double c[10];
}
void main()
{
    int x, y;
}
```

变量a、b、c在函数func函数内定义,故只在该函数内起作用,出了该函数就不能使用它们了。同样,变量x和y在函数main中定义,也只能在该函数内使用。

在同一个局部定义的局部变量不能同名,不同的局部则可以用相同的名字定义变量。

```
void main()
{
```

```
    int x, y;
       ⋮
    int x, y;
}
```

是错误的定义方式。

```
int func( )
{
    int a, b;
}
void main()
{
    int a, b;
}
```

是正确的定义方式。

　　形式参数也是局部变量,只在定义它的函数内起作用。所以,实际参数和形式参数可以同名,如:

```
int func( int a, int b )
{

}
void main()
{
    int a, b;
    func( a, b );
}
```

　　函数 func 有两个形式参数 a 和 b,它们只在函数 func 的范围内起作用。在函数 main 中有两个变量 a 和 b,它们在函数 main 的范围内起作用。实参和形参同名时,它们也是占用不同的内存单元,所以不会发生冲突。

　　在一个复合语句内也可以定义变量,在复合语句内定义的变量只在复合语句内起作用。如果一个局部变量与复合语句内定义的变量同名,则该局部变量在复合语句内不起作用。

　　[例 8-17]

```
# include < stdio. h >
void main()
{
    int a;
    a = 5;
    {
        int a;
        a = 7;
        printf( "复合语句内 a = % d\n", a );
    }
    printf( "函数局部范围内 a = % d\n", a );
}
```

运行时输出：

复合语句内 a = 7
函数局部范围内 a = 5

当执行复合语句内的输出语句时，只有复合语句内的变量 a 起作用，它的值为 7。当执行第二个输出语句时，只有在复合语句外定义的变量 a 起作用，它的值为 5。

全局变量是指在函数外定义的变量，故全局变量又称为外部变量。全局变量起作用的范围是：从变量定义的位置到文件结束，如：

```c
int x = 5;

int func1()
{
    …
}

int a = 3;

double func2()
{
    …
}

void main()
{
    …
}
```

变量 x 和 a 都是全局变量，它们的作用范围是从它们定义的位置到文件结束。在函数 func1 内只能使用变量 x，不能使用变量 a。在函数 func2 和 main 内两个变量都可以使用。

[例 8-18] 写一个程序包含 4 个函数，函数 input 随机产生 10 个学生的成绩，函数 process 计算 10 个学生的平均分，以及高于平均分的人数，output 输出 10 个学生的成绩，平均分以及高于平均分的人数，在函数 main 中调用这三个函数。

程序如下：

```c
#include <stdio.h>
#include <stdlib.h>
#define N 10
int s[10];
double aver;
int num;
void input()
{
    int i;
    for( i = 0; i < N; i++)
    {
        s[i] = rand()%100;
    }
}
```

```
void process()
{
    num = 0;
    aver = 0;
    int i;
    for( i = 0; i < N; i++)
        aver += s[i];
    aver /= N;
    for( i = 0; i < N; i++)
        if( s[i] > aver )
            num++;
}

void output()
{
    printf( "10 学生的成绩为: \n" );
    int i;
    for( i = 0; i < N; i++)
        printf( "%d ", s[i] );
    printf( "\n" );
    printf( "10 学生的平均成绩为: %f\n", aver );
    printf( "高于平均成绩的人数为: %d\n", num );
}

void main()
{
    input();
    process();
    output();
}
```

运行情况如下：

```
10 学生的成绩为:
41 67 34 0 69 24 78 58 62 64
10 学生的平均成绩为: 49.700000
高于平均成绩的人数为: 6
```

由于几个函数需要处理的数据：学生成绩数组 s，平均成绩 aver，以及高于平均分的人数 num 都定义为全局变量，在这几个函数之间不需要数据传递，也不需要返回计算结果，所以这几个函数都定义为无参函数，同时返回值的类型都是 void。

如果全局变量和局部变量同名，则在局部变量起作用的范围内，全局变量不起作用，如：

[例 8-19]

```
# include "stdio. h"
int a,b,c;
void add()
{
    int a;
    a = 3;
```

```
local:c = a + b;
}
void main()
{
global:a = b = 4;
    add();
    printf("变量 c 的值为  % d\n",c);
}
```

运行时输出结果如下：

变量 c 的值为 7

在执行语句 global 时，给全局变量 a 和 b 都赋值为 4。

当函数 main 调用函数 add，然后执行语句 local 时，把变量 a 和 b 的和赋给变量 c，这时变量 a 是在函数 add 内定义的局部变量，其值为 3。所以，变量 c 的值为 7。

全局变量的使用原则是尽量少使用甚至不使用。

8.6.2 变量的存储类别

供用户程序使用的内存分为三部分：程序区、静态存储区以及动态存储区，如图 8-20 所示。

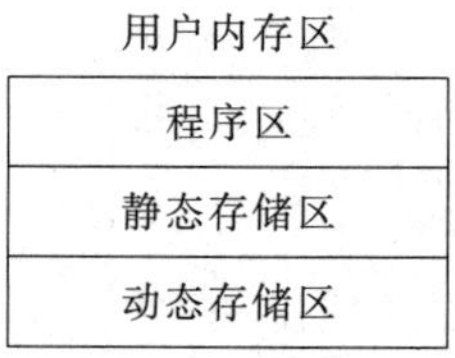

用户内存区

| 程序区 |
| 静态存储区 |
| 动态存储区 |

图 8-20   程序内存分布

其中，程序区用来存储程序代码，静态存储区和动态存储区用来存储数据。

静态存储区的内存分配方式是程序一开始运行就分配给变量，直到程序运行结束才释放，一旦分配给变量，该变量就固定占据该内存单元。静态存储区存储的数据包括全局变量和静态变量。

动态存储区的内存分配方式是需要时分配，用完就释放。动态存储存储的数据包括以下几种。

（1）函数形参变量，函数被调用时在动态存储区给形参变量分配存储单元。

（2）局部变量，在函数内部定义的局部变量也是在函数调用时在动态存储区分配存储单元。

（3）函数调用时的返回地址和现场保护等。

在函数被调用时才为以上的数据在动态存储区分配存储单元，函数运行结束时就释放这些存储单元，然后就可以分配给别的变量。如果一个函数被调用多次，那么这个分配-释放的过程就会重复多次。而每次分配给变量的存储单元地址都可能发生改变，所以编写程序时不应依赖于变量在动态存储区的地址。

除了根据变量定义的位置来确定它的存储类别外，C 语言中还可以用以下 4 个关键字来指定变量的存储类别：自动(auto)、静态(static)、寄存器(register)和外部(extern)。

加上存储类别,变量定义的形式为：

存储类别 数据类型 变量名;

下面分别介绍变量的4种存储类别。

(1) 自动(auto)。存储类别为 auto 的变量称为自动变量,如果变量定义时不加存储类别则默认为自动变量。自动变量是在动态存储区分配存储单元的,如：

```c
int a, b;
auto int a, b;
```

这两种定义变量的方式是等价的。

(2) 静态(static)。存储类别为 static 的变量称为静态变量。静态变量是在静态存储区分配存储单元的。当一个函数被多次调用时,存储类别为 static 的局部变量只在函数第一次被调用时赋初值,以后函数每次运行时,静态变量的值就是上一次运行结束时的值。

[例 8-20]

```c
#include <stdio.h>
void watchStatic()
{
    static int a = 0;
    int b = 0;
    a++;
    b++;
    printf( "a = %d,b = %d\n", a, b );
}

void main()
{
    watchStatic ();
    watchStatic ();
    watchStatic ();
}
```

运行情况如下：

```
a = 1,b = 1
a = 2,b = 1
a = 3,b = 1
```

在函数 main 中,函数 watchStatic 总共被调用三次。当函数 watchStatic 第一次被调用时,给静态变量 a 和自动变量 b 都赋初值为 0,然后两个变量都自加,所以第一次运行输出两个变量的值都是 1。当函数 watchStatic 第二次被调用时,自动变量 b 又要赋初值为 0,而静态变量 a 就不再赋初值了,它的值就是第一次执行后的值为 1,然后两个变量都自加,所以第二次运行输出两个变量的值 a 为 2,b 为 1。同理,第三次调用函数 watchStatic 后,变量 a 和变量 b 的值分别为 3 和 1。

当静态变量所在的函数被调用后,虽然该静态变量的生存期还没有结束,即它还在内存中,但在其他函数中也不能使用它。

[例 8-21]

```
# include < stdio. h >
void watchStatic ()
{
    static int a = 0;
    a++;
    printf( "a = %d\n", a );
}
void main()
{
    watchStatic ();
    printf( "a = %d\n", a );
    watchStatic ();
}
```

这个程序编译时会出错。因为虽然变量 a 是静态变量,但是它仍然是局部变量,它的作用域只限于定义它的局部范围内,在外面使用它就会出错。这个例子说明作用域和生存期的不同作用。

(3) 寄存器(register)。存储类别为 register 的变量称为寄存器变量。非寄存器变量的值存放在内存(静态存储区或者动态存储区)中,当程序运行需要使用一个变量时,才将它的值从内存送到运算器中;使用完毕后,如果需要保存,再将变量的值送回到内存中。

寄存器变量直接存放在运算器的寄存器中,当需要时使用该变量时,无须再从内存中调取它的值,就能提高执行效率。

只有局部自动变量和形参才能作为寄存器变量。当变量所在的函数被调用时才分配寄存器,调用结束后就释放寄存器。

(4) 外部(extern)。存储类别为 extern 的变量称为外部变量。存储类别 extern 只能用于全局变量,而全局变量是分配在静态存储区的。所以存储类别 extern 不是用来指示在什么存储区中分配内存单元。它是用来声明全局变量的。

一个 C 语言程序可以由一个或多个源程序组成。存储类别 extern 的使用分为两种情况:①声明同一个源文件中的全局变量;②声明不同源文件中的全局变量。

全局变量的作用范围是从其定义的位置到文件结束,如果需要在其定义的位置之前使用全局变量就要用 extern 声明全局变量,如:

```
# include < stdio. h >
extern int a;
void main()
{
    a = 4;
    printf( "a = %d\n", a );
}
int a;
```

在函数 main 的后面定义了一个全局变量 a,而需要在函数 main 中使用这个全局变量,需要在使用之前声明它。

extern int a;不是定义变量,只起到一个声明的作用,它告诉编译器变量 a 在别的地方已经定义,可以使用。

当一个 C 语言程序包含多个文件时,在一个文件中也可以使用别的文件中定义的全局变量。同样,使用之前需要用 extern 声明该全局变量。

例如,一个 C 语言程序包含两个文件 file1.c 和 file2.c。文件 file1.c 的内容为:

```
# include < stdio. h>
extern int a;
void main( )
{
    a = 4;
    printf( "a = % d\n", a );
}
```

在函数 main 中使用变量 a,但是在本文件中并没有定义变量 a,所以要在使用之前声明变量 a。extern int a;说明变量 a 在别的文件中定义。

文件 file2.cpp 的内容为:

```
int a;
```

这个文件中就定义了一个全局变量。

extern 不仅可以用来声明全局变量,还可以用来声明函数。当要调用在另一个文件中定义的函数时,就要用 extern 声明该函数。

例如,一个 C 语言程序包含两个文件 file3.c 和 file4.c。文件 file3.c 的内容为:

```
# include < stdio. h>
extern int add( int, int );
void main( )
{
    int a = 4;
    int b = 5;
    int c = add( a, b );
    printf( "a = % d\n", c );
}
```

在函数 main 中调用了函数 add,但是函数 add 在文件 file3.c 中并没有定义。所以需要在使用之前声明它。extern int add(int, int);说明该函数在其他文件中已经定义了。

文件 file4.c 的内容如下:

```
int add( int a, int b )
{
    return a + b;
}
```

在此文件中定义了函数 add。

当一个全局变量或者函数定义时指定为 static 的时候,只能在它们所在文件中使用它们,在其他文件中用 extern 声明也不能使用。

例如,一个 C 语言程序包含两个文件 file5.c 和 file6.c。文件 file5.c 的内容为:

```
static int a;
```

```
static int b;
static int add( int a, int b )
{
    return a + b;
}
```

此文件中定义了两个全局变量和一个函数，都指定为 static。它们只能在本文件中使用。

文件 file6.c 的内容为：

```
#include <stdio.h>
extern int a;
extern int b;
extern int add( int , int );
void main()
{
    int c = add( a, b );
    printf( "c= %d\n", c );
}
```

尽管在此文件中用 extern 声明了变量 a 和 b 以及函数 add，编译时还是出错。因为在文件 file5.c 中定义的变量和函数的存储类别都为 static，故它们都不能在别的文件中使用。

习题

一、选择题

1. C 语言规定，程序中各函数之间_____。［难度等级：小学］
   - A. 既允许直接递归调用也允许间接递归调用
   - B. 不允许直接递归调用也不允许间接递归调用
   - C. 允许直接递归调用不允许间接递归调用
   - D. 不允许直接递归调用允许间接递归调用

2. C 语言中函数返回值的类型是由_____决定。［难度等级：小学］
   - A. return 语句中的表达式类型
   - B. 调用函数的主调函数类型
   - C. 调用函数时临时
   - D. 定义函数时所指定的函数类型

3. 若有以下函数调用语句：fun(a＋b,(x,y),fun(n＋k,d,(a,b)))；在此函数调用语句中实参的个数是_____。［难度等级：中学］
   - A. 3　　　　B. 4　　　　C. 5　　　　D. 6

4. 在调用函数时，以下描述中不正确的是_____。［难度等级：小学］
   - A. 调用函数时，实参可以是表达式
   - B. 调用函数时，将为形参分配内存单元
   - C. 调用函数时，实参与形参的原型必须一致
   - D. 调用函数时，实参与形参可以共用内存单元

5. 以下程序的输出结果是_____。

```
int a, b;
void fun()
{
    a = 100;
    b = 200;
}
main()
{
    int a = 5, b = 7;
    fun();
    printf(" % d % d \n", a,b);
}
```

    A. 100200　　　　　　B. 57　　　　　　　　C. 200100　　　　　D. 75

二、填空题

1. 以下函数值的类型是_____。[难度等级：小学]

```
fun ( float x ) { float y; y = 3 * x - 4; return y; }
```

2. 有如下程序

```
int func(int a, int b)
{
    return(a + b);
}
main()
{
    int x = 2, y = 5, z = 8, r;
    r = func(func(x, y), z);
    printf(" % \d\n", r);
}
```

该程序的输出结果是_____。[难度等级：中学]

3. 有如下程序

```
long fib(int n)
{
    if(n > 2)
        return(fib(n - 1) + fib(n - 2));
    else
        return(2);
}
main()
{
    printf(" % d\n", fib(3));
}
```

该程序的输出结果是_____。[难度等级：中学]

4. 以下程序运行后,输出结果是_____。[难度等级:中学]

```
int func( int a, int b )
{
    static int m = 0, i = 2;
    i += m + 1;
    m = i + a + b;
    return(m);
}
void main()
{
    int k = 4, m = 1, p;
    p = func(k,m);
    printf("%d,",p);
    p = func(k,m);
    printf("%d\n",p);
}
```

5. 在 C 语言中,若需一变量只在本文件中所有函数使用,则该变量的存储类别是_____。[难度等级:小学]

三、程序填空题

若已定义 int a[10],1;,以下 fun 函数的功能是:在第一个循环中给前 10 个数组元素依次赋 1,2,3,4,5,6,7,8,9,10;在第二个循环中使 a 数组前 10 个元素中的值对称折叠,变成 1,2,3,4,5,5,4,3,2,1。请填空。[难度等级:中学]

```
fun(int a[ ])
{
    int i;
    for(i = 1;i <= 10;i++)
        [    ] = i;
    for(i = 0;i < 5;i++)
        [    ] = a[i];
}
```

四、编程题

1. 编写函数 double fun(double x)计算函数 f(x),定义如下:

$$f(x)=\begin{cases}(x+1)/(x-2) & x>0\\ 0 & x=0 \text{ 或者 } x=2\\ (x-1)/(x-2) & x<0\end{cases}$$

在主函数中输入 x 的值,调用 fun,将计算结果输出。[难度等级:小学]

2. 编写函数 double fun(int n),其功能是:计算并输出下列多项式值:

$$s=1+1/(1+2)+1/(1+2+3)+\cdots+1/(1+2+3+\cdots+n)$$

在函数 main 中输入正整数 n,调用函数 fun,最后输出计算结果。[难度等级:小学]

3. 有 5 个人坐在一起,问第 5 个人多少岁?他说比第 4 个人大两岁。问第 4 个人岁数,他说比第三个人大两岁。问第三个人,又说比第二人大两岁。问第二个人,说比第一个人大两岁。最后问第一个人,他说是 10 岁。请问第 5 个人多大?编写递归函数 int fun(int

n),求第 5 个人多大。在函数 main 中调用函数 fun,并输出计算结果。[难度等级:中学]

4. 编写函数 double fun(double x[], int n),计算并输出给定数组(长度为 9)中每相邻两个元素之平均值的平方根之和。在函数 main 中给数组赋值,调用函数 fun,并输出计算结果。[难度等级:小学]

5. 编写函数 int fun(int a[], int n),计算形参 x 所指数组中 N 个数的平均值(规定所有数均为正数),将所指数组中小于平均值的数据移至数据的前部,大于等于平均数的移至 x 所指数组的后部,平均值作为函数值返回,在主函数中输出平均值和移动后的数据。[难度等级:中学]

6. 学生的数据由学号和成绩组成,如 a[i][0] 和 a[i][1] 分别是第 i 个学生的学号和成绩,编写函数 int fun(int a[][2], int b[][2], int n),n 为学生人数,把高于平均分的学生数据放在数组 b 中,返回高于平均分的学生人数。在函数 main 中设置学生数据,并调用函数 fun,最后输出计算结果。[难度等级:中学]

7. 图 8-21 中的方向规定与地理坐标中相同,即上北,下南,左西,右东。同样规定图 8-21 中的有向边的方向。如从点 0 到点 1 的有向边的方向为东。分别用 0、1、2、3 代表方向北、东、南、西。

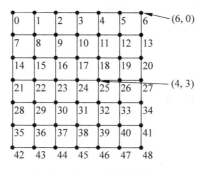

图 8-21 二维网格图

编写一个函数,形参变量为图 8-21 中一个有向边的两个点,返回该边的方向值。[难度等级:小学]

8. 按照第 7 题中的方向规定,一个转向也具有一个方向,如转向 0-1-8 的方向为东南。图 8-21 中的转向的方向共有 8 种情况,分别为:东北、东南、南东、南西、西北、西南、北东、北西。这 8 个方向分别用 0、1、2、3、4、5、6、7 这 8 个整数代表。

编写一个函数,形参变量为图 8-21 中一个转向的三个点,返回该转向的方向值。[难度等级:中学]

第9章

编译预处理

C 语言提供了几种特殊的命令,如宏定义、文件包含、条件编译等。如果 C 语言程序中包含这几种命令,编译系统在编译程序之前,先要对这些命令进行处理,然后才对处理后的源程序进行编译,故这些命令称为编译预处理。

9.1 宏定义

9.1.1 不带参数的宏定义

不带参数的宏定义的一般形式为:

#define 宏名 字符串

其中,宏名命名时要遵循标识符的命名规则,字符串是宏的内容,又称为宏体。宏定义的作用是用宏名来代表一个字符串,预处理时将源文件中所有的宏名都替换为指定的字符串。

如:

#define PI 3.14

宏名为 PI,宏体为 3.14,预处理时将把程序中的 PI 用 3.14 替换。

宏定义只是一个预处理命令,不是语句,行末的分号要根据需要决定是否添加,如:

```
#define N 10;
int a[N];
```

预处理后就变成

```
a[10; ];
```

出现语法错误。又如:

```
#define PRINT printf("Hello\n")
PRINT
```

预处理后就变成：

```
printf("Hello\n")
```

由于该语句没有分号也会出现语法错误。

宏定义的作用范围是从宏定义的位置到文件结束，也可以用#undef 来提前终止宏的作用，如：

```
#define PI 3.14
…
#undef
void main()
{
    …
}
```

在函数 main 之前终止了宏定义，宏 PI 在函数 main 中就不再起作用了。

宏定义时，可以引用已定义的宏名，系统处理时将进行层层替换，如：

```
#define N 3
#define M N+2
float a[M][N];
```

定义宏 M 时又引用了宏 N，替换后变成：

```
float a[5][3];
```

宏定义时要加上适当的括号，如：

```
#define s 1+2
c = s * 3
```

替换后变成：

```
c = 1 + 2 * 3
```

c 的值为 7。

如果宏定义时加上括号如：

```
#define s (1+2)
c = s * 3
```

替换后变成：

```
c = (1 + 2) * 3
```

c 的值为 9。

宏替换时只替换标识符，如：

```
#define STR "C Program"
printf(" % s\n","STR");
printf(" % s\n",STR);
```

输出为：

STR
C Program

第一个输出语句中双引号里面的 STR 不是标识符,故不作替换,输出字符串"STR"。第二个输出语句中的 STR 是标识符,故要替换,输出字符串 C Program。

9.1.2 带参数的宏定义

带参数的宏定义的一般形式为:

♯define 宏名(参数表)字符串

与函数类似,定义时宏名括号里面的参数也称为形参,如果程序中有与宏名同名的标识符,其括号里面的参数也称为实参。宏定义时,宏名后面括号中的参数表中仅指定参数的名字,不指定参数的类型,这是宏定义与函数定义不同的地方,多个参数之间用逗号分隔;宏体的字符串中也包含宏名后面的参数,如:

♯define M(x,y,z) x * y + z
c = M(1,2,3)

带参的宏替换时,将宏体字符串中的形参替换为宏调用中相应的实参(实参可以是常量、变量和表达式),宏体字符串中不是形参的字符保留不动。如上面的宏调用中行参为 x, y,z,它们对应的实参分别为 1,2,3,替换之后为:

c = 1 * 2 + 3

如果实参是表达式,则宏替换后的表达式可能会出现变化,如:

♯define M(x,y) x * y
int a = 1,b = 2,c;
c = M(a + b,a + b);

替换后变成:

c = 1 + 2 * 1 + 2

c 的值为 5。

如定义时给形参加上括号,结果就不同了,如:

♯define M(x,y) (x) * (y)
int a = 1,b = 2,c;
c = M(a + b,a + b);

替换后变成:

c = (1 + 2) * (1 + 2)

c 的值为 9。

[例 9-1]

```
♯ include < stdio. h>
♯ define SQR(X) X * X
void main( )
```

```
{
    int a = 6,b = 2,c;
    c = SQR(a) / SQR(b);
    printf("% d \n",c);
}
```

输出结果为 36。

程序中的宏替换后变成：$6 * 6/2 * 2$，它等于$((6 * 6)/2) * 2$，故结果为 36。

如果把宏定义改为：

```
#define SQR(X) (X * X)
```

输出结果为 9。

所以，定义带参数的宏时，要注意添加恰当的括号。

定义带参数宏时，宏名与后面的括号之间不能有空格。如果有空格，带参数的宏就变成一个不带参数的宏，空格后面的所有部分都变成不带参数宏的宏体，如：

```
#define M(x,y) (x) * (y)
```

是一个带参数的宏。如果在 M 后面加了一个空格，如：

```
#define M (x,y) (x) * (y)
```

就变成一个不带参数的宏，宏体为$(x,y) (x) * (y)$。

带参数的宏与函数有以下几个不同的方面。

(1) 函数定义时要指定形参的类型，调用时要检查实参的类型和形参的类型是否一致，如不一致，还要进行类型转换。宏定义时不需要指定形参的类型，宏调用时也不检查类型。例如：int f(int x)是一个函数，形参 x 的类型是 int；调用该函数时，实参也必须是 int 型，或者要将其转换成 int 型。

```
#define f(x)宏体
```

是一个带参数的宏，形参 x 没有类型要求，调用时的实参可以是任何类型。

(2) 函数调用时，如果实参是表达式，先要求出表达式的值，再把它的值传递给形参(如果需要，还要进行类型转换)。宏调用时，如果实参是表达式，也只是用它替换形参，而不求它的值。

(3) 函数调用是在运行时进行的，需要进行一些操作，如分配内存单元、参数传递、返回值等，这都会增加程序运行时间。而宏替换在编译之前就完成了，不会增加运行时间。

[例 9-2] 请写出一个宏定义 swap(t,x,y)用以交换 t 类型的两个参数。[难度等级：大学]

程序如下：

```
# include < stdio. h >
#define swap(t, x, y) {t z; z = x; x = y; y = z;}
void main()
{    int a = 0, b = 0;
    printf( "输入两个整数 a, b:\n" );
    scanf( "% d % d", &a, &b );
```

```
        swap( int, a, b)
        printf( "交换后的两个整数 a, b:\n" );
        printf( "a = %d, b = %d\n", a, b );
}
```

带参数宏的第一个形参是数据类型，在宏体中用它来定义变量 z。

运行情况如下：

输入两个整数 a, b:2 3 回车
交换后的两个整数 a, b:
a = 3, b = 2

9.2 文件包含

C语言中，可以把两个文件合并成一个文件进行编译，这是通过文件包含命令实现的。通过文件包含，一个文件可以把另一个文件的内容全部包含进来，合并成一个文件。文件包含命令有两种形式：

```
# inlcude "文件名"
# inlcude <文件名>
```

其中，被包含的文件可以是源文件（扩展名为 .c），也可以是头文件（扩展名为 .h）。同样，包含文件既可以是源文件又可以是头文件。

图 9-1 显示了文件包含的情况。一个 C 语言程序中有两个文件：头文件 a.h（图 9-1(a)）与源文件 a.c（图 9-1(b)）。在源文件 a.c 的开始有一个文件包含命令 # inlcude "a.h"。在预处理阶段，系统将把头文件 a.h 的内容全部放到源文件 a.c 的前面，如图 9-1(c)所示。这样源文件 a.c 的内容分为两部分，前面是头文件 a.h 的内容，后面才是它自己的内容。

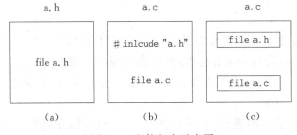

图 9-1　文件包含示意图

文件包含可以嵌套，即被包含的文件又可以包含另一个文件。如图 9-2(c)所示，源文件 a.c 包含头文件 a.h，头文件 a.h 又包含头文件 b.h，如图 9-2(b)所示。这样包含后源文件 a.c 的内容分为三部分，第一部分为头文件 b.h 的内容，第二部分为头文件 a.h 的内容，第三部分才是它自己的内容，如图 9-2 所示。

文件包含的两种方式，即用双引号和尖括号把文件括起来的区别在于：当文件是用双引号括起来时，系统先在包含文件所在的目录中搜索被包含的文件，若找不到，再按系统指定的搜索路径检索被包含文件。当文件是用尖括号括起来时，系统则不搜索包含文件所在目录，而是直接到系统指定的搜索路径中检索被包含的文件。

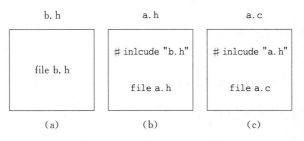

图 9-2　文件嵌套包含示意图

当一个文件被包含进另一个文件时,两个文件就合并成一个文件,在被包含文件中定义的全局变量也变成了包含文件中的全局变量,这时就不需要用 extern 声明那些全局变量了。例如,一个 C 语言程序中包含两个文件:文件 add.c 和文件 file1.c。

文件 add.c 中的内容为:

```
static int a;
int b;
int add( int a, int b )
{
    return a + b;
}
```

文件 file1.c 的内容为:

```
# include < stdio.h>
# include "add.c"
void main( )
{
    a = 6,b = 4;
    int c = add(a, b);
    printf(" % d \n",c);
}
```

在文件 add.c 中定义了两个全局变量 a 和 b,以及一个函数。甚至变量 a 用 static 限定了只能在本文件中使用。但是由于在文件 file1.c 中把文件 add.c 的全部内容都包含进来,所以不用 extern 声明其中的全局变量和函数也可以使用它们。

[**例 9-3**]　在文件 test.h 中定义三个宏分别替代>,<和==三个运算符,并在 main.c 文件中用 # include 包含这个文件并调用这三个宏。

程序如下:

```
//test.h 文件如下:
# define LAG >
# define SMA <
# define EQ ==
//main.c 文件如下
# include "test.h"
# include "stdio.h"
void main()
{
    int i;
```

```
        int j;
        printf( "输入整数 i,j:\n" );
        scanf( "%d%d", &i, &j);
        if(i LAG j)
            printf("%d 大于 %d\n",i,j);
        else if(i EQ j)
            printf("%d 等于 %d\n",i,j);
        else if(i SMA j)
            printf("%d 小于 %d\n",i,j);
        else
            printf("无此值.\n");
    }
```

运行情况如下：

```
输入整数 i,j:32 24
32 大于 24
```

9.3　条件编译

　　C语言提供了条件编译命令，可以有选择地编译一部分程序代码。条件编译有以下几种形式。

　　(1) ＃ifdef…＃else…＃endif，它的一般使用形式为：

```
＃ifdef 标识符 1
    程序段 1
＃else
    程序段 2
＃endif
```

　　它的作用是如果用＃define命令定义过标识符1，则编译程序段1，否则编译程序段2。可以没有其中的＃else部分，即：

```
＃ifdef 标识符 1
程序段 1
＃endif
```

　　如果用＃define命令定义过标识符1，就编译程序段1。
　　其中的程序段可以是一段程序，也可以是整个文件。
　　(2) ＃ifndef…＃else…＃endif，它的一般使用形式为：

```
＃ifndef 标识符 1
    程序段 1
＃else
    程序段 2
＃endif
```

　　这种形式的作用与第一种相反，如果没有用＃define命令定义过标识符1，则编译程序段1，否则编译程序段2。同样，也可以没有＃else部分。

（3）♯if…♯else…♯endif，它的一般使用形式为：

```
♯ if 常量表达式 1
    程序段 1
♯ else
    程序段 2
♯ endif
```

当常量表达式 1 的值为真时，就编译程序段 1，否则编译程序段 2。也可以没有 ♯else 部分。

条件编译的这三种方式可以实现相同的功能，应用时可以根据需要选择其中一种。

[例 9-4] ♯ifdef 和 ♯ifndef 的综合应用。定义三个宏：

```
♯ define MAX
♯ define MAXIMUM(x, y) (x > y)?x:y
♯ define MINIMUM(x, y) (x > y)?y:x
```

在函数 main 中用 ♯ifdef 检测 MAX 宏，根据检测结果调用其他两个宏。[难度等级：中学]

程序如下：

```
♯ include "stdio. h"
♯ define MAX
♯ define MAXIMUM(x, y) (x > y)?x:y
♯ define MINIMUM(x, y) (x > y)?y:x
void main()
{
    int a = 10, b = 20;
♯ ifdef MAX
    printf(" % d, % d 中较大的值是 % d\n", a, b, MAXIMUM(a,b));
♯ else
    printf(" % d, % d 中较小的值是 % d\n", a, b, MINIMUM(a,b));
♯ endif
♯ ifndef MIN
    printf(" % d, % d 中较小的值是 % d\n", a, b, MINIMUM(a,b));
♯ else
    printf(" % d, % d 中较大的值是 % d\n", a, b, MAXIMUM(a,b));
♯ endif
♯ undef MAX
♯ ifdef MAX
    printf(" % d, % d 中较大的值是 % d\n", a, b, MAXIMUM(a,b));
♯ else
    printf(" % d, % d 中较小的值是 % d\n", a, b, MINIMUM(a,b));
♯ endif
♯ define MIN
♯ ifndef MIN
    printf(" % d, % d 中较小的值是 % d\n", a, b, MINIMUM(a,b));
♯ else
    printf(" % d, % d 中较大的值是 % d\n", a, b, MAXIMUM(a,b));
♯ endif
}
```

运行情况如下：

10, 20 中较大的值是 20
10, 20 中较小的值是 10
10, 20 中较小的值是 10
10, 20 中较大的值是 20

习题

一、选择题

1. 在宏定义 ♯define PI 3.14159 中，用宏名 PI 代替一个_____。[难度等级：小学]

  A. 单精度数　　　　B. 双精度数　　　　C. 常量　　　　D. 字符串

2. 下列属于文件包含的命令是_____。[难度等级：小学]

  A. ♯define N 25　　　　　　　　　　B. ♯endif

  C. ♯include "stdio.h"　　　　　　　D. ♯else

3. 下面_____不是 C 语言所提供的预处理功能。[难度等级：小学]

  A. 宏定义　　　　B. 文件包含　　　　C. 条件编译　　　　D. 字符预处理

4. 以下说法正确的是_____。[难度等级：小学]

  A. 宏定义是 C 语句，所以要在行末加分号

  B. 可以使用 ♯undef 命令来终止宏定义的作用域

  C. 在进行宏定义时，宏定义不能层层置换

  D. 对程序中用双引号括起来的字符串内的字符，与宏名相同的要进行置换

5. 下面的说法不正确的是_____。[难度等级：小学]

  A. 使用宏的次数较多时，宏展开后源程序长度增长。而函数调用不会使源程序变长

  B. 函数调用是在程序运行时处理的，分配临时的内存单元。而宏展开则是在编译时进行的，在展开时不分配内存单元，不进行值传递

  C. 宏替换占用编译时间

  D. 函数调用占用编译时间

二、填空题

1. 程序

```
♯define NUM 30 + 4
void main()
{printf("NUM * 20 = % d",NUM * 20); }
```

的执行结果为_____。[难度等级：小学]

2. 以下 for 语句构成的循环执行了_____次。[难度等级：中学]

```
♯include ♯define N i
♯define M N + 1
♯ define NUM (M + 1) * M/2
main( )
{
int i,n = 0;
```

```
for (i = 1;i <= NUM;i++)
{
n++;
printf("%d",n);
}
}
```

3. 执行下面的程序后,a 的值是_____。[难度等级:中学]

```
#define SQR(X) X/X
void main()
{
    int a = 10,k = 2,m = 1;
    a/ = SQR(k + m)/SQR(k + m);
    printf("%d\n",a);
}
```

4. 以下程序的输出结果是_____。[难度等级:中学]

```
#define M(x,y,z) x * y + z
main()
{
    int a = 1,b = 2, c = 3;
    printf("%d\n", M(a + b,b + c, c + a));
}
```

5. 设有以下宏定义:

```
#define N 3
#define Y(n) ( (N+1) * n)
```

则执行语句:z＝2 * (N＋Y(5+1));后,z 的值为_____。[难度等级:中学]

三、编程题

1. 请写出一个宏定义 MYALPHA(C),用以判断 C 是否是字母字符,若是,得 1,否则得 0。[难度等级:中学]

2. 定义一个带参数的宏,形参为两个整数,求它们相除的余数。在函数 main 中输入两个整数,调用该宏,并输出调用结果。[难度等级:中学]

3. 三角形的面积为

$$area＝(s×(s－a)×(s－b)×(s－c))^{1/2}$$

其中,a,b,c 为三角的三边,s＝1/2(a+b+c)。

定义两个带参数的宏,一个宏求 s 的值,另一个宏通过调用第一个宏计算面积。在函数 main 中输入三角形的边长,并调用宏,最后输出三角形的面积。[难度等级:大学]

第10章

指　针

C 语言的一个重要的特色在于指针。使用指针可以表示复杂的数据结构,提高程序的效率;使被调用函数可以修改实参,从而使被调用函数返回多个值;能够动态分配内存等。

10.1　指针概述

10.1.1　内存的结构

当一个变量定义后,需要在内存中给它分配存储单元,然后才能存放数据。例如,局部变量只在定义它的局部范围内起作用,这是因为当程序执行到该局部时,系统才为局部变量分配内存单元,才能存储值到所分配的内存单元中。在这之前,系统没有为这些变量分配内存单元,它们在内存中还不存在,当然也就不能起作用了。

那么,系统怎么给变量分配内存单元?以及怎么管理这些内存单元呢?要回答这些问题,先要了解内存的结构。

内存是由一组内存单元组成的线性连续空间,如图 10-1 所示。每个内存单元可以存储一个字节的数据。不同类型的数据需要的内存单元数是不一样的,字符型(char)数据的存储宽度为 1 个字节,所以一个内存单元刚好能够存储一个字符。而整型(int)数据的存储宽度为 4 个字节,所以 4 个连续的内存单元才能够存放一个整数。

内存地址　　内存单元

```
1
2
3
...
...
...
...
...
```

图 10-1　内存的线性结构

每个内存单元都一个编号,称为内存单元的地址。第一个单元的地址为1,第二个单元的地址为2,以此类推。最后一个单元的地址是多少取决于内存容量的大小,内存容量越大,最后一个单元的地址就越大,反之越小。

10.1.2　指针的概念

在函数 fun 中定义了一个整型变量并赋初值,如:

```
void fun()
{
    int a = 12345;
    …
}
```

当函数 fun 被调用时,系统就为 a 分配内存单元。因为 int 型数据的存储宽度为4,故需要为它分配4个连续的内存单元。假设地址为1000,1001,1002,1003的4个内存单元分配给变量 a。然后就可以把赋给它的初值保存在相应内存单元中,如图10-2所示。

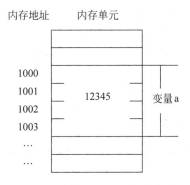

图 10-2　存储整型变量在内存中

系统为不同类型的变量分配不同数量的内存单元,其中第一个单元的地址称为该变量的地址,如变量 a 的地址为1000。

当函数 fun 执行完毕后,为变量 a 所分配的内存单元就被释放。当函数 fun 再次被调用时,又重新给变量 a 分配内存单元,并给它赋初值。这次给它分配的内存单元可能会与上次不同,如图10-3所示。

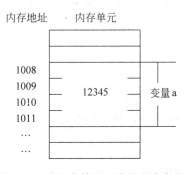

图 10-3　重新存储整型变量在内存中

此时,变量 a 的地址为 1008。

这样,与变量密切相关的两个概念就是变量的值与变量的地址。在 C 语言中,一个变量的地址称为该变量的指针。

在 C 语言中有两种访问变量的方法,一是通过变量的名对变量进行存取,如 i=j+2; i++;等。二是通过变量的地址对变量进行存取,如 scanf("%d", &i);要输入变量 i 的值,就要通过它的地址进行输入。

10.2 指针变量定义与操作

一个变量的指针就是它的地址,变量的地址也是一个值,就可以用一个变量把它保存起来,C 语言中把保存变量地址的变量称为指针变量。如图 10-4 所示,有一个整型变量 i 的值为 5,它的地址为 2012,把它的地址保存在另一个变量 ptr_i 中。保存变量指针(即地址)的变量称为指针变量,也称为指向变量的指针变量,如变量 ptr_i 是一个指针变量。指针变量保存了一个变量的地址,称为指针变量指向该变量,如指针变量 ptr_i 指向变量 i。

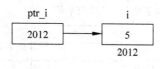

图 10-4 指针示意图

10.2.1 指针变量的定义

指针变量同样要遵循先定义后使用的原则。指针变量定义的一般形式为:

类型 * 变量名;

例如:

```
char * p;
int * q;
double * r;
```

定义指针变量时要注意以下两点。

(1) 变量名前面的"*"表示所定义的变量是指针变量,它不是变量名的一部分。如上例中的三个变量名分别是 p、q、r。

它也不是类型的一部分,如有定义为:

```
int * p,a;
```

则变量 p 是指针变量,变量 a 是整型变量。

(2) 一个指针变量只能指向同一种类型的变量。如有定义:

```
int * p;
```

则 p 只能指向整型变量,即它只能保存整型变量的地址。p 不能保存其他类型(如实型)变量的地址。

10.2.2 指针变量的引用

与指针引用有关的运算符有以下两个。

(1) &,取地址运算符,取一个变量的地址;

(2) *,指针运算符(也称间接访问运算符),访问指针所指向的变量。

取地址运算符 & 就是取一个变量的地址,然后就可以用该地址给一个指针变量赋值,如:

```
int a = 100;
int * p;
p = &a;
```

这样就把整型变量 a 的地址赋给指针变量 p,使指针变量 p 指向变量 a。

指针变量只能存放变量的地址,不能存放整型值,如以下赋值语句是错误的:

```
p = 2012;
```

指针运算符 * 就是用来访问指针变量所指向的变量,它是通过变量的地址来访问变量,所以称为间接访问;反之,通过变量名访问变量称为直接访问。当指针变量指向一个变量后,即把变量的地址赋给指针变量后,就可以用指针运算符 * 来存取该变量的值了,如:

```
printf(" % d", * p);
```

输出指针变量 p 所指向的变量的值,输出为 100。

```
int b = * p;
```

将指针变量 p 所指向的变量的值赋给变量 b,变量 b 的值也为 100。

```
 * p = 200;
```

改变 p 所指向的变量的值,变量 a 的值变为 200。

[例 10-1]

```
# include < stdio. h>
void main( )
{
    char ch;
    int a;
    double g;
    char * pc;
    int * pa;
    double * pg;
    ch = 'W';
    a = 110;
    g = 2.71;
    pc = &ch;
    pa = &a;
    pg = &g;
    printf( " % c, % d, % .2f\n", ch, a, g );
    printf( " % c, % d, % .2f\n", * pc, * pa, * pg );
}
```

输出结果如下：

```
W,110,2.71
W,110,2.71
```

在函数 main 的前三行定义了三个不同类型的变量。第 4～6 行定义了三个不同类型的指针变量，因为这时候这三个指针变量还没有指向任何变量，所以还不能输出它们的值。第 7～9 行给三个普通变量赋值。第 10～12 行给三个指针变量 pc、pa 与 pg 赋值，它们分别指向变量 ch、a 与 g。最后两行分别用变量名（直接访问）和变量指针（间接访问）输出变量的值，所以输出结果相同。

［例 10-2］ 输入两个整数，按从小到大的顺序输出它们的值。［难度等级：小学］

分析：可以用指针变量来实现此题。

程序如下：

```
# include < stdio. h>
void main( )
{
    int x, y;
    int * p, * q, * t;
    p = &x;
    q = &y;
input:scanf( "%d%d", p,q );
    if( * p > * q )
    {
        t = p;
        p = q;
        q = t;
exchange:}
    printf( "x = % d,y = % d\n", x, y );
    printf( "mix = % d,max = % d\n", * p, * q );
}
```

运行情况如下：

```
输入 8 3 回车,输出为:
x = 8,y = 3
mix = 3,max = 8
```

在 input 语句之前先定义整型变量 x 和 y，然后定义三个指针变量 p、q 和 t。虽然这时候还没有给变量 x 和 y 输入值，但是已经给它们分配了内存单元。所以可以用它们的地址给指针变量 p 和 q 赋值。

在 input 语句中，使用指针变量 p 和 q 作为输入的地址项，因为指针变量 p 和 q 实际就是变量 x 和 y 的地址，所以该语句等价于语句 scanf("%d%d", &x, &y)；。输入完成后，变量 x 和 y，以及指针变量 p 和 q 的值如图 10-5(a)所示。

因为 * p(即 x)的值大于 * q(即 y)的值，所以将执行 if 语句。在 if 语句中，交换的是指针变量的值，而不是交换变量的值。当执行到 exchange 语句时，变量 x 和 y 的值没有改变，仍然为 8 和 3。指针变量 p 和 q 的值改变了，指针变量 p 的值为 y 的地址，它指向变量 y，指针变量 q 的值为 x 的地址，它指向变量 x，如图 10-5(b)所示。

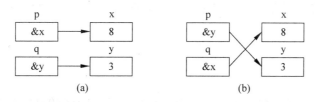

图 10-5 指针交换示意图

10.2.3 指针变量的运算

指针变量可以参与赋值、算术和关系运算。下面分别介绍这几种运算。

1. 赋值运算

可以将一个指针变量或地址表达式赋给另一个指针变量,如 p＝q。其中,p 是一个指针变量,q 是一个指针变量或者地址表达式。例如:

```
double g, * p1, * p2;
p1 = &g;
```

用一个地址表达式给指针变量赋值。

```
p2 = p1;
```

用一个指针变量给一个指针变量赋值。

需要注意的是,指针赋值运算只能在同类型指针之间进行。

2. 算术运算

指针变量可以进行自加、自减运算,也可以和一个整数进行加、减运算,如 p＋＋、p－－、p＋n 或 p－n,其中,p 是一个指针变量,n 是一个正整数。

指针变量进行这几种运算(自加、自减运算以及和一个整数进行的加、减)的结果与指针变量的数据类型的存取宽度有关。

如指针变量 p 所指向的变量的数据类型的存取宽度为 k,那么:

p＋＋的作用是将 p 的值增加 k,即增加该数据类型的存取宽度,而不是加 1;

p－－的作用是将 p 的值减少 k,即减少该数据类型的存取宽度,而不是减 1;

p＋n 的作用是将 p＋n×k,即增加数据类型的存取宽度的 n 倍,而不是加 n;

p－n 的作用是将 p－n×k,即减少数据类型的存取宽度的 n 倍,而不是减 n。

例如:

```
int * p, * q;
```

设 p 的值为 2000,int 的存取宽度为 4,那么以下几种运算的执行情况为:

执行 p＋＋后,p 的值为 2004;

执行 p－－后,p 的值为 1996;

执行 q＝p＋3 后,q 的值为 2012;

执行 q＝p－3 后,q 的值为 1988。

如果指针变量的类型是其他数据类型,则计算的结果以此类推。

两个同类型的指针变量之间可以进行减法运算,运算结果为两个指针之间相隔的数据存取宽度的数量。

例如:

```
int * p, * q;
```

如果指针变量 p 的值为 2008,指针变量 q 的值为 2000,int 的存取宽度为 4;
则 p-q 的值为 2,即它们相隔两个 int 型数据。

3. 关系运算

指针变量可以进行关系运算,即比较两个指针值的大小。进行关系运算的两个指针变量必须是同类型的指针变量。如指针变量 p、q 是同类型的指针变量,则

p<q,p 的值小于 q 的值为真,否则为假;

p>q,p 的值大于 q 的值为真,否则为假;

p==q,p 的值等于 q 的值,即 p 与 q 指向同一个对象为真,否则为假。

例如:

```
# include < stdio. h >
void main()
{
    int a,k = 4,m = 6, * p1 = &k, * p2 = &m;
    a = p1 == &m;
    printf(" % d\n",a);
}
```

输出结果为 0。

程序中比较指针变量 p1 的值是否与变量 m 的地址相等,指针变量 p1 指向变量 k,所以它们不相等,结果为假。

10.2.4 指针变量作为函数参数

指针变量也可以作为函数参数。C 语言中,由于形参变量和实参变量是两个不同的变量,它们被分配不同的内存单元,所以无法通过修改形参的值来改变实参的值。由于可以通过指针变量间接访问它所指向的变量,从而修改它的值,所以,当指针变量作为函数参数时,虽然还是不能改变实参的值,但是,可以修改它所指向的变量的值。

[例 10-3]

```
# include < stdio. h >
void change( int * p )
{
changing: * p = ( * p) * ( * p);
}
void main()
{
    int a;
    int * q;
    a = 5;
    q = &a;
```

```
call:change( q );
    printf("a = % d\n",a);
}
```

运行情况如下：

a = 25

在执行 call 语句之前先定义了一个整型变量 a，并给它赋初值为 5。然后定义了一个整型指针变量 q，并让 q 指向变量 a，如图 10-6(a)所示。

然后就执行 call 语句，调用函数 change，实参是指针变量 q，形参是指针变量 p。当把实参 q 的值传递给形参 p 之后，形参 p 也指向变量 a，如图 10-6(b)所示。虽然形参变量 p 和实参变量 q 是两个不同的变量，占用不同的内存单元，但是它们的值相同，从而它们指向一个相同的变量，即变量 a。

语句 changing 的作用是把指针变量 p 所指向的变量的 a 的值变成它的平方。此语句执行后，变量 a 的值变成它的平方，等于 25。形参变量 p 和实参变量 q 的值都没有改变，仍然指向变量 a，如图 10-6(c)所示。

所以，最后输出时，变量 a 的值为 25，如图 10-6(d)所示。

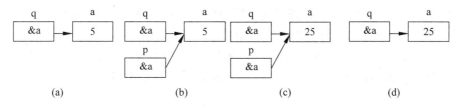

图 10-6　指针变量作函数参数

这个例子说明当指针变量作函数参数时，虽然还是不能修改实参的值，但是可以修改它所指向的变量的值。

[**例 10-4**]　编写一个函数 void swap(int ∗ p，int ∗ q)，它的功能是交换两个指针变量所指向的变量的值。在函数 main 中输入两个整型变量，并调用函数 swap 交换它们的值，输出交换后的两个整型变量的值。[难度等级：中学]

程序如下：

```
# include < stdio. h>
void swap( int ∗ p, int ∗ q )
{
    int t;
    t =  ∗ p;
    ∗ p =  ∗ q;
    ∗ q = t;
swaped:;
}
void main()
{
    int a, b;
    int ∗ pa,  ∗ qb;
```

```
        printf("输入变量 a、b 的值：\n");
        scanf( "%d%d", &a, &b );
        pa = &a;
        qb = &b;
call:swap( pa, qb );
        printf("交换后变量 a、b 的值：\n");
        printf("a=%d,b=%d\n",a,b);
}
```

运行情况如下：

输入变量 a、b 的值：3 4 回车
交换后变量 a、b 的值：
a=4,b=3

在执行语句 call 之前先定义了两个整型变量 a 和 b，并输入它们的值 3 和 4。然后定义了两个整型指针变量 pa 和 qb，分别指向变量 a 和 b，如图 10-7(a) 所示。

然后就执行语句 call，调用函数 swap，实参为指针变量 pa 和 qb，形参为指针变量 p 和 q。当完成参数传递后，形参指针变量 p 指向变量 a，形参指针变量 q 指向变量 b，如图 10-7(b) 所示。

函数 swap 的功能是交换两个形参变量所指向的变量的值，当执行到语句 swaped 的时候，变量 a 和 b 的值互相交换了，如图 10-7(c) 所示。同时，两个实参的值和两个形参的值都没有改变，实参 pa 和形参 p 还是指向变量 a，实参 qb 和形参 q 还是指向变量 b。

所以，最后输出时，变量 a 的值为 4，变量 b 的值为 3，如图 10-7(d) 所示。

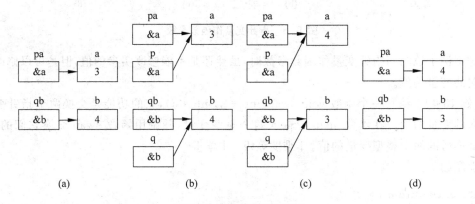

图 10-7 指针变量交换图

例 10-4 中的函数 swap 有以下两种最容易出错的写法。
第一种错误写法是：

```
void swap( int * p, int * q )
{
    int * t;
    * t = * p;
    * p = * q;
    * q = * t;
}
```

这种错误在于局部变量 t 也被定义为一个指针变量,但是没有给它赋值,即没有让它指向任何一个变量。然后就用语句 * t = * p;给指针变量 t 所指向的变量赋值,于是出错。改正这个错误的方法是先让指针变量 t 指向一个变量,如:

```
void swap( int * p, int * q )
{
    int tt;
    int * t;
    t = &tt;
    * t = * p;
    * p = * q;
    * q = * t;
}
```

第二种错误写法是:

```
void swap( int * p, int * q )
{
    int * t;
    t = p;
    p = q;
    q = t;
swaped:;
}
void main()
{
    int a, b;
    int * pa, * qb;
    printf("输入变量 a、b 的值: \n");
    scanf( "% d% d", &a, &b );
    pa = &a;
    qb = &b;
call:swap( pa, qb );
    printf("交换后变量 a、b 的值: \n");
    printf("a= % d,b= % d\n",a,b);
}
```

这种方法的错误在于只交换了形参指针变量的值,没有交换它们所指向的变量的值。执行语句 call 之前,两个指针变量 pa 和 qb 分别指向变量 a 和 b,如图 10-8(a)所示。当执行语句 call 完成参数传递之后,两个形参指针变量 p 和 q 也分别指向变量 a 和 b,如图 10-8(b)所示。

如图 10-8(c)所示,当执行到语句 swaped 的时候,变量 a 和变量 b 的值没有改变,实参指针变量 pa 和指针变量 pb 也没有改变,分别指向变量 a 和变量 b。改变的只是形参的值,形参指针变量 p 指向变量 b,形参指针变量 q 指向变量 a。没有完成交换变量 a 和变量 b 的值,如图 10-8(d)所示。

通常,一个函数只能用 return 语句返回一个值。但是,用指针变量作函数参数,利用指针变量的间接访问特性,修改指针所指向的变量,可以起到令函数返回多个值的作用。

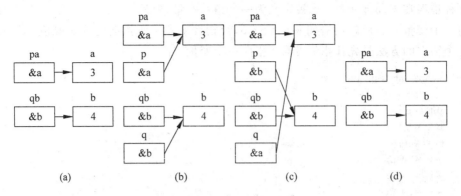

图 10-8　错误的指针变量交换图

[**例 10-5**] 编写一个函数，它的功能是给定一个大于 1 的正整数，返回比它大的最小的奇数，和比它小的最大的奇数，并在函数 main 中调用该函数，然后输出结果。[难度等级：中学]

程序如下：

```c
# include < stdio. h>
int func( int a, int * large, int * small )
{
    if( a <= 1 )
        return 0;
    if( a % 2 == 1 )
    {
        * large = a + 2;
        * small = a - 2;
    }
    else
    {
        * large = a + 1;
        * small = a - 1;
    }
    return 1;
}
void main()
{
    int a;
    int r;
    printf("输入变量 a 的值： \n");
    scanf( "%d", &a );
    int large, small;
    int * plarge, * psmall;
    plarge = &large;
    psmall = &small;
    r = func( a, plarge, psmall );
    if( r )
    {
        printf("比 %d 大的最小奇数是 %d\n",a,large);
```

```
        printf("比%d小的最大奇数是%d\n",a,small);
    }
    else
        printf( "输入错误\n" );
}
```

运行情况如下：

输入变量 a 的值：50 回车
比 50 大的最小奇数是 51
比 50 小的最大奇数是 49

函数 func 首先检查参数 a，如果它小于 2，就返回 0；如果它大于等于 2，就把比它大的最小的奇数赋给形参 large 指向的变量，把比它小的最大的奇数赋给形参 small 指向的变量，然后返回 1。这样，指针变量形参 large 和 small 可以让函数 func 返回多于一个返回值。

在函数 main 中，为了调用函数 func 而定义了两个指针变量：plarge 和 psmall，这两个指针变量的作用就是作为函数调用的实参，而没有别的用途。实际上也可直接取变量的地址作实参。如例 10-5 中的函数 main 也可以这样写：

```
void main()
{
    int a;
    int large, small;
    int r;
    printf("输入变量 a 的值：\n");
    scanf( "%d", &a );
    r = func( a, &large, &small );
    if( r )
    {
        printf("比%d大的最小奇数是%d\n",a,large);
        printf("比%d小的最大奇数是%d\n",a,small);
    }
    else
        printf( "输入错误\n" );
}
```

这样编写就不用定义两个指针变量再给它们赋值，所以更加简洁，也不容易出错。

运行情况如下：

输入变量 a 的值：9 回车
比 9 大的最小奇数是 11
比 9 小的最大奇数是 7

10.3　数组与指针

在内存中给变量分配内存单元后，变量就具有地址，可以用一个指针变量保存该变量的地址，从而使指针变量指向该变量，就可以通过指针变量间接访问变量。同样地，在内存中给数组分配内存单元后，每一个数组元素也有一个地址。如果用一个指针变量保存一个数组元素的地址,则也称指针变量指向该数组元素,就可以通过指针变量间接访问数组元素。

10.3.1 通过指针变量访问一维数组

要通过指针变量访问一维数组,先要定义指针变量,定义的方法与 10.2 节介绍的定义方法相同,要求数据类型与数组的数据类型相同,如:

```
double a[5]; //定义数组,其类型为 double
double * p;  //定义指针变量的方法与 10.2 节的方法相同,要求数据类型与数组的类型相同
```

定义好数组和指针变量之后,就可以把数组元素的地址赋给指针变量,从而使指针变量指向该数组元素,如:

```
p = &a[0];
```

把数组元素 a[0]的地址赋给指针变量 p,则指针变量 p 指向数组元素 a[0]。这时就可以通过指针变量 p 间接访问数组元素 a[0],如给它赋值:

```
* p = 1.5;
```

a[0]的值为 1.5。

[例 10-6]

```
# include < stdio. h >
void main()
{
    double a[5];
    double * p;
    int i;
    for( i = 0; i < 5; i++)
    {
        p = &a[i];
        * p = 1.5 + i;
    }
    for( i = 0; i < 5; i++)
        printf( "%.1f", a[i] );
    printf( "\n" );
}
```

运行时输出为:

```
1.5 2.5 3.5 4.5 5.5
```

在程序中先定义了一个有 5 个元素的实型数组以及一个实型指针。在第一个 for 循环中,把数组元素 a[i]的地址赋给指针变量 p,从而使指针变量 p 指向数组元素 a[i],然后通过指针变量给数组元素 a[i]赋值。当 i 从 0 增加到 4 的时候就完成了给数组的所有元素赋值,如图 10-9 所示。

在 C 语言中,数组名具有特殊的地位。C 语言规定数组名是一个常量,它的值是数组第一个元素的地址,称为数组的首地址。故以下两个给指针变量赋值的语句等价:

元素的值

a[0]	1.5
a[1]	2.5
a[2]	3.5
a[3]	4.5
a[4]	5.5

图 10-9　指针变量访问数组

```
p = &a[0];
p = a;
```

上面第一个语句是取第一个元素的地址赋给指针变量 p；第二个语句是把数组名代表的首地址赋给指针变量 p，所以两个语句等价。需要注意的是，数组名本身就代表首地址，故不需要再取它的地址了，如下面的语句是错误的：

```
p = &a;
```

当指针变量指向数组元素的时候，指针变量进行算术运算后仍然指向数组元素。如果指针变量 p 指向第 i 个数组元素，那么：

p++，执行 p 自加以后，指针变量 p 指向第 i+1 个数组元素；

p−−，执行 p 自减以后，指针变量 p 指向第 i−1 个数组元素；

p+k，p+k 指向第 i+k 个数组元素，p 保持不变；

p−k，p−k 指向第 i−k 个数组元素，p 保持不变。

在这些运算中，要注意运算的结果不能越过数组的边界。如 p=&a[0]，即 p 指向第 0 个数组元素，那么执行 p−− 之后，p 就不指向数组的任何元素了。

例如，有如下定义：

```
int b[8];
int * q;
q = &b[3];
```

则：

q++ 后，q 指向数组元素 b[4]；

q−− 后，q 指向数组元素 b[2]；

q+3 指向数组元素 b[6]；

q−2 指向数组元素 b[1]。

特别地，当指针变量 p 指向数组第 0 个元素，即 p=&b[0] 时，则：

(1) 指针变量 p+i 指向元素 b[i]，即 p+i 就是元素 b[i] 的地址。因为数组名 b 就是元素 b[0] 的地址，故 b+i 也指向元素 b[i]，即 b+i 也是元素 b[i] 的地址，如图 10-10 所示。

(2) *(p+i) 是指针变量 p+i 所指向的数组元素，即 b[i]。同理，*(b+i) 也是数组元素 b[i]。

(3) 指向数组元素的指针变量也可以带下标，如 p[i] 与 *(p+i) 等价，就是数组元素 b[i]。

综上所述可知，引用数组元素有以下两种方法。

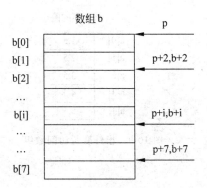

图 10-10　指针变量和数组名

（1）下标法：如 p[i]，b[i]等。

（2）指针法：如 *(p+i)，*(b+i)等。

其中，b 是数组名，p 是指向数组元素的指针变量。

有如下说明：int a[10]={1,2,3,4,5,6,7,8,9,10}，*p=a;则表达式 *(p+8)和表达式 *p+8 的值都为 9。但是它们的意义不同，表达式 *(p+8)为数组 a 的元素 a[8]，该元素的值为 9；而表达式 *p+8 为数组元素 a[0]与整数 8 相加的和，结果为 9。

[例 10-7]　编写程序，输入一个整型数组，然后分别用下标法和指针法输出数组的所有元素。[难度等级：小学]

程序如下：

```c
#include<stdio.h>
#define N 10
void main()
{
    int a[N], i;
    int *p;
    printf("输入 10 个整数: \n");
    for( i = 0; i < N; i++)
        scanf("%d", &a[i]);
    printf("下标法的输出结果为: \n");
    for( i = 0; i < N; i++)
        printf("%d", a[i]);
    printf("\n");
init1:p = &a[0];
    for( i = 0; i < N; i++)
        printf("%d", p[i]);
    printf("\n");
    printf("指针法的输出结果为: \n");
    for( i = 0; i < N; i++)
        printf("%d", *(a+i));
    printf("\n");
init2:p = a;
    for( i = 0; i < N; i++)
ponter2:printf("%d", *(p+i));
```

```
        printf( "\n" );
init3:for( p = a; p < a + N; p++)
ponter3:printf( "%d", *p );
        printf( "\n" );
}
```

运行情况如下：

```
输入10个整数：1 2 3 4 5 6 7 8 9 10回车
下标法的输出结果为：
1 2 3 4 5 6 7 8 9 10
1 2 3 4 5 6 7 8 9 10
指针法的输出结果为：
1 2 3 4 5 6 7 8 9 10
1 2 3 4 5 6 7 8 9 10
1 2 3 4 5 6 7 8 9 10
```

可以看到用两种下标法和三种指针法的输出结果都相同。

语句 ponter2 中，指针变量 p 的值不发生改变，而在语句 ponter3 中，指针变量 p 的值也要发生改变。

使用指针法需要注意的是：在使用之前，要让指针指向数组的第一个元素，如程序中的语句 init1、语句 init2 以及语句 init3 中 for 循环的第一个表达式。

10.3.2 数组作函数参数

在第 8 章我们看到，数组可以作函数的参数，形参和实参都是数组。这里分析一下数组作函数参数的情况。

当形参是数组的时候，如：

```
void func( int p[] )
```

系统将把形参转换为同类型的指针类型，如上述定义将被系统转换为：

```
void func( int *p )
```

形参转换为一个指针类型后，要求传入的实参是一个地址。因为数组名就是一个地址值，故可以用数组名作为函数调用的实参。如有数组定义为：

```
int a[10];
```

则可以用数组名 a 调用函数 func，如：

```
func(a);
```

当把实参 a 的值传递给形参 p 之后，p 和 a 都是数组的首地址，都指向实参数组元素 a[0]，如图 10-11 所示。

这样一来，就实现了形参数组和实参数组共占同一段内存单元。由此可知，数组作函数参数时，在参数传递的过程中，不是把实参数组传递给形参数组，而只是把实参数组的首地址传递给形参。

完成参数传递后，在函数 func 中，通过形参利用下标法或者指针法就可以修改数组元

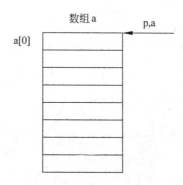

图 10-11　数组名作实参

素的值,实参数组的值也会同时发生变化。从这里也可以看到,实参数组元素发生改变,并不是把形参数组传回给实参数组。而是因为它们共占用同一段内存单元,修改的是同一个值。

数组作函数参数时,可以有以下 4 种使用方式。

(1) 形参和实参都用数组名。

```
void func( int a[], int n )          //形参 a 是数组名
{
...
}
void main( )
{
    int s[10];
    func( s, 10 );                   //实参 s 是数组名
    ...
}
```

[**例 10-8**]　请编写函数 int fun(int a[]),它的功能是:求出 1～100 之内能被 7 或者 11 整除,但不能同时被 7 和 11 整除的所有整数,并将它们放在 a 所指的数组中,返回这些数的个数。在函数 main 中调用函数 fun,并输出计算结果。[难度等级:小学]

函数 fun 的 N-S 图如图 10-12 所示。

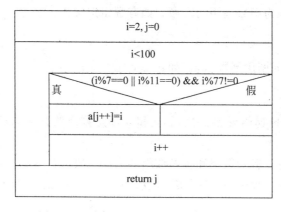

图 10-12　求被 7 或者 11 整除数的 N-S 图

程序如下:

```
#include<stdio.h>
#define N 100
int fun( int a[] )
{
    int i,j = 0;
    for(i = 2; i < 100; i++)
        if ((i % 7 == 0 || i % 11 == 0) && i % 77!= 0)
            a[j++] = i;
    return j;
}
void main()
{
    int a[N];
    int n;
    n = fun( a );
    printf( "满足条件的整数有 % d 个\n", n );
    printf( "满足条件的整数为: \n" );
    for( int i = 0; i < n; i++)
        printf( "% d ", a[i] );
    printf( "\n" );
}
```

运行情况如下:

满足条件的整数有 21 个
满足条件的整数为:
7 11 14 21 22 28 33 35 42 44 49 55 56 63 66 70 84 88 91 98 99

在例 10-8 中,函数 fun 的形参是数组,在函数 main 中调用该函数时实参也是数组。
(2) 形参用指针变量,实参用数组名。

```
void func( int * p, int n )              //形参 p 是指针变量
{
…
}
void main( )
{
    int s[10];
    func( s, 10 );                       //实参 s 是数组名
    …
}
```

[例 10-9] 函数 int fun(int * a, int n)的功能是:将形参 a 所指数组中的奇数按原顺序依次存放到 a[0]、a[1]、a[2]、…中,把偶数从数组中删除,奇数个数通过函数值返回。例如,若 a 所指数组中的数据最初排列为:9、1、4、2、3、6、5、8、7,删除偶数后 a 所指数组中的数据为:9、1、3、5、7,返回值为 5。在函数 main 中给数组赋值,并调用函数 fun,最后输出计算结果。[难度等级:中学]
函数 fun 的 N-S 图如图 10-13 所示。

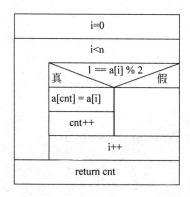

图 10-13　删除偶数的 N-S 图

程序如下：

```c
#include <stdio.h>
#define N 100
int fun( int * a, int n )
{
    int cnt = 0;
    for( int i = 0; i < n; i++)
    {
        if( 1 == a[i] % 2 )
        {
            a[cnt] = a[i];
            cnt++;
        }
    }
    return cnt;
}
void main()
{
    int a[N] = {9,1,4,2,3,6,5,8,7, 11};
    int cnt;
    cnt = fun( a, N );
    printf( "数组中奇数的个数为： % d\n", cnt );
    printf( "数组中的奇数为： \n");
    for( int i = 0; i < cnt; i++)
        printf( "% d ", a[i] );
    printf( "\n" );
}
```

运行情况如下：

```
数组中奇数的个数为： 6
数组中的奇数为：
9 1 3 5 7 11
```

在例 10-9 中，函数 fun 的形参是指针变量，在函数 main 中调用该函数时的实参是
数组。

（3）形参用数组名，实参用指针变量。

```
void func( int a[ ], int n )          //形参 a 是数组
{
    …
}
void main( )
{
    int s[10], * p;
    p = s;
    func( p, 10 );                    //实参 p 是指针变量
    …
}
```

（4）形参和实参都用指针变量。

```
void func( int * p, int n )          //形参 p 是指针变量
{
    …
}
void main( )
{
    int s[10], * p;
    p = s;
    func( p, 10 );                    //实参 p 是指针变量
    …
}
```

同样，当用指针变量作函数调用的实参时，在调用函数之前应先将数组的首地址赋给指针变量。

〔例 10-10〕　编写函数 void fun(int a[ ],int * p)，该函数的功能是：统计各年龄段的人数。M 个人的年龄通过调用随机函数获得，并放在主函数的 age 数组中；要求函数把 0～17 岁年龄段的人数放在 p[0]中，把 18～39 岁年龄段的人数放在 p[1]中，把 40～59 岁的人数放在 p[2]中，把 60 岁（含 60）以上年龄的人数都放在 p[3]中。结果在主函数中输出。

函数 fun 的 N-S 图如图 10-14 所示。

程序如下：

```
# include < stdio. h >
# include < stdlib. h >
# define M 100
void fun(int a[ ], int * p)
{
    int i;
    for(i = 0;i < M;i++)
        if(a[i]> = 0 && a[i]< = 17)
            p[0] += 1;
        else if(a[i]> = 18 && a[i]< = 39)
            p[1] += 1;
        else if(a[i]> = 40 && a[i]< = 59)
            p[2] += 1;
```

```
        else
            p[3] += 1;
    }
void main()
{
    int a[M];
    int b[4];
    int i;
    int * pa, * pb;
    for( i = 0; i <= 3; i++)
        b[i] = 0;
    for( i = 0; i < M; i++)
        a[i] = rand() % 120;
    pa = a;
    pb = b;
    fun( pa, pb );
    printf( "各年龄段的人数为: \n" );
    for( i = 0; i <= 3; i++)
        printf( "%d ", pb[i] );
    printf( "\n" );
}
```

运行情况如下：

各年龄段的人数为:
15 27 25 33

函数 fun 的两个形参中，一个是数组，一个是指针。调用函数 fun 时，两个实参都用指针变量。

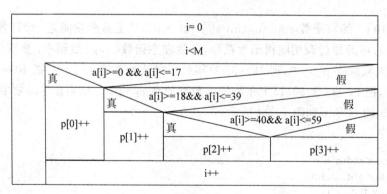

图 10-14   统计年龄的 N-S 图

10.3.3   通过指针变量访问多维数组

可以用指针变量指向一维数组，也可以用指针指向多维数组。本节以二维数组为例说明如何通过指针变量访问多维数组。

首先要弄清楚的是二维数组在内存中是怎么存储的，在 10.1 节中，我们知道，内存是一个线性连续空间，因此要在内存中存储二维数组，就要把二维数组转换成一维结构。C 语言采用按行优先的顺序存放二维数组,即按顺序先存放第0行的元素,再存放第1行的元素,……,以此类推。如有定义并初始化的二维数组:

int k[3][4] = {{1,2,3,4},{5,6,7,8},{9,10,11,12}};

则二维数组 k 在内存中的存储如图 10-15 所示。

图 10-15　二维数组存储图

二维数组同一维数组一样,也是数组,所以,使用二维数组的一些概念、方法,如元素的值与地址的关系,通过指针变量访问二维数组的方法等和一维数组的情况一致。

故在学习通过指针访问二维数组之前,回顾一下一维数组有关的知识是有帮助的。对于如下定义的一维数组:

int a[10];

一维数组有以下一些重要的性质,为了叙述方便,本节用统一的编号给一维和二维数组的性质编号。一维数组有以下三个性质。

(1) 数组名 a 代表数组的首地址,即第一个元素的地址。

(2) a+i 是第 i 个元素即 a[i] 的地址。

(3) *(a+i) 就是第 i 个元素即 a[i]。

在介绍二维数组的地址之前,先介绍两个概念。

行地址:假如 M 和 N 是已定义的符号常量,则 int a[M][N] 定义了一个二维数组,二维数组第 i 行的行地址 D_i 有如下两个性质。

(4) 它的值就是元素 a[i][0] 的地址。

(5) D_i+1 是下一行的行地址,即元素 a[i+1][0] 的地址,D_i-1 是上一行的行地址,即元素 a[i-1][0] 的地址。

(6) 虽然行地址 D_i 的值就是元素 a[i][0] 的地址,但是, *(D_i) 不等于 a[i][0]。

性质(5)表明:行地址与整数进行算术运算的结果是以行为单位变化的。而普通地址是以元素为单位变化的。

行地址的性质(6)是它与普通地址的区别所在。虽然行地址 D_i 的值就是元素 a[i][0] 的地址，但是，对行地址 D_i 作指针运算后却并不是元素 a[i][0]，这是因为元素 a[i][0] 的地址是 &a[i][0]，而不是行地址 D_i。那么 $*(D_i)$ 的值是什么呢？继续看下一个概念。

转义数组：假如 M 和 N 是已定义的符号常量，则 int a[M][N] 定义了一个二维数组，二维数组的转义数组是一个一维数组，它的数组名仍然是 a，转义数组有如下两个性质。

(7) 转义数组有 M 个元素{a[0],a[1],…,a[M−1]}，其中 a[i](i=0,…,M−1)是一个一维数组的数组名，该一维数组的 N 个元素为原二维数组的第 i 行的全部元素{a[i][0],a[i][1],…,a[i][N−1]}；

(8) 转义数组第 i 个元素 a[i] 的地址为原二维数组第 i 行的行地址 D_i。

根据转义数组性质(8)，元素 a[i] 的地址为行地址 D_i，故有

① $*(D_i) = a[i]$

这就回答了前面的问题，对行地址 D_i 作指针运算的结果为转义数组的元素 a[i]。

根据转义数组性质(7)，元素 a[i] 其实是一个一维数组的数组名，也就是该一维数组的首地址，即该一维数组的首元素 a[i][0] 的地址，故有

② $*(a[i]) = a[i][0]$

结合等式①和②，可知：

③ $*(*(D_i)) = *(a[i]) = a[i][0]$

根据行地址的性质 1 可知，行地址 D_i 的值就是元素 a[i][0] 的地址。同时由等式①可知，对行地址作指针运算 $*(D_i)$ 之后得到 a[i]，依然是元素 a[i][0] 的地址。这是行地址的一个特别的地方：行地址的值和它作指针运算之后的值是相同的。

二维数组地址有很多不同的表达方式，下面根据行地址和转义数组来分析这些不同的表达方式。

如有以下定义的二维数组：

```
int b[4][3];
```

在二维数组 b 的转义数组中，包含 4 个元素，每一个元素都是一个一维数组名，包含二维数组一行的所有元素：

第 0 个一维数组的数组名是 b[0]，该数组有三个元素：b[0][0],b[0][1],b[0][2]；

第 1 个一维数组的数组名是 b[1]，该数组有三个元素：b[1][0],b[1][1],b[1][2]；

第 2 个一维数组的数组名是 b[2]，该数组有三个元素：b[2][0],b[2][1],b[2][2]；

第 3 个一维数组的数组名是 b[3]，该数组有三个元素：b[3][0],b[3][1],b[3][2]。

由于 b[0] 是第 0 个一维数组的数组名，故 b[0] 是第 0 个一维数组的首地址，即元素 b[0][0] 的地址。根据一维数组的性质(2)，b[0]+j 是第 0 个一维数组第 j 个元素即 b[0][j] 的地址。则根据一维数组的性质(3)，$*(b[0]+j)$ 就是元素 b[0][j]。一般而言，有以下性质。

(9) b[i] 是第 i 个一维数组的数组名，即第 i 个一维数组的首地址，即元素 b[i][0] 的地址。b[i]+j 是该数组第 j 个元素即 b[i][j] 的地址。故 $*(b[i]+j)$ 就是元素 b[i][j]。

下面从转义数组 b 的角度来分析：由于 b 是转义数组的数组名，根据性质(1)，它也是该数组的首地址，也即该数组的第 0 个元素的地址。根据性质(8)，该数组第 0 个元素的地

址是二维数组第 0 行的行地址 D_0，根据性质(4)，b 的值就是元素 b[0][0]的地址。故有：

(10) b+i 是转义数组第 i 个元素的地址(根据性质(2))，即第 i 行的行地址 D_i，其值为元素 b[i][0]的地址。

(11) *(b+i)是转义数组的第 i 个元素(根据性质(3))，即 b[i]，其值也为元素 b[i][0]的地址。

表面上看，这也是一个奇怪的现象：*(b+i)和 b+i 的值相等。从值上看，*(b+i)和 b+i 相等，但是它们的含义不同，下面分析它们的区别。b+i 是一个行地址；而 *(b+i)等于 b[i]，b[i]是一维数组名，即该数组第 0 个元素的地址，所以 *(b+i)和 b[i]不是行地址，这是 b+i 和 *(b+i)的关键区别所在。当它们分别与一个整数值，如 1，作加法运算之后，它们之间的区别就更加明显。如(b+i)+1 等于 b+(i+1)，根据性质(2)，它是第 i+1 行的行地址，即元素 b[i+1][0]的地址。而 *(b+i)+1 等于 b[i]+1，根据性质(9)，为原数组第 i 行第 1 个元素的地址，即元素 b[i][1]的地址。一般地，有以下性质。

(12) *(b+i)+j 就是第 i 行第 j 个元素的地址，即元素 b[i][j]的地址。自然地，*(*(b+i)+j)就是第 i 行第 j 列元素，即 b[i][j]。

假如 M 和 N 是已定义的符号常量，int b[M][N]定义了一个二维数组，二维数组中地址的各种表示形式见表 10-1。

表 10-1 二维数组中的地址表示形式

表 示 形 式	值	举 例
b+i	转义数组第 i 个元素的地址，即第 i 行的行地址	b 为第 0 行的行地址，其值等于元素 b[0][0]的地址
*(b+i)，b[i]	转义数组第 i 个元素，即第 i 行第 0 个元素的地址	b[2]与 *(b+2)是第 2 行第 0 个元素的地址，即元素 b[2][0]的地址
*(b+i)+j，b[i]+j，&b[i][j]	第 i 行第 j 个元素的地址，即元素 b[i][j]的地址	*(b+2)+3，b[2]+3 与 &b[2][3]都是第 2 行第 3 个元素的地址
((b+i)+j)，*(b[i]+j)，b[i][j]	第 i 行第 j 个元素，即元素 b[i][j]	*(*(b+2)+3)，*(b[2]+3)，b[2][3]都是第 2 行第 3 个元素，即 b[2][3]

有两种形式来通过指针访问二维数组。

(1) 用指向数组元素的指针变量，如：

```
int a[3][4];
int *p;
```

因为 p 是一个指向整型变量的指针，而根据性质(10)，二维数组名是第 0 行的行地址，所以不能用二维数组名给指针变量 p 赋初值，如以下方法是错误的：

```
p = a;
```

只能用以下两种方法给 p 赋初值。

第一种是用数组元素的地址，如：

```
p = &a[0][0];
```

第二种是用转义数组的元素，如：

```
p = a[0];
```

根据性质(7),转义数组的元素是一维数组的数组名,故可以用它来给指针变量 p 赋值。

这两种方法都使指针变量 p 指向二维数组的元素 a[0][0],然后,逐步增加 p 的值或者给它加上一个偏移量都可以访问二维数组的所有元素。

[**例 10-11**] 使用指针变量,使二维数组的元素变为原来的两倍,最后输出二维数组的所有元素。[难度等级:小学]

程序如下:

```
# include < stdio. h >
# define M 3
# define N 4
void main()
{
    int s[M][N] = { { 1, 2, 3, 4 }, { 5,6,7,8 }, { 9,10,11,12 } };
    int * p;
    int i, j;
init1:p =  s[0];
    for( ; p < s[0] + M * N; p++)
visiting1: * p =  * p * 2;
init2:p = &s[0][0];
    for( i = 0; i < M; i++)
    {
        for( j = 0; j < N; j++)
visiting2:printf( "%d", * (p + i * N + j) );
        printf( "\n" );
    }
}
```

输出结果如下:

```
2 4 6 8
10 12 14 16
18 20 22 24
```

在两个语句 init1 和 init2 处,分别用不同的方法给指针变量 p 赋初值。在语句 visiting1 中,通过改变指针变量的值来访问二维数组中的所有元素。在语句 visiting2 中,通过给指针变量加上一个偏移量的方法来访问二维数组中的所有元素。

设二维数组的列数为 N,由二维数组在内存中的存储图 10-15,数组元素和偏移量的对应关系为,元素 s[i][j] 的偏移量为 i×N+j。

(2) 用指向一维数组的指针变量,简称为数组指针,定义指向一维数组的指针变量的一般形式为:

类型(* 变量名)[常量表达式];

如:

```
int a[3][4];
int ( * p)[4];
```

定义这种类型的指针变量时,要注意以下两点。

第一,不能省略指针变量外面的括号,例如,不能写成:

```
int * p[4];
```

这样是定义一个指针数组。

第二,方括号里的长度要与二维数组的列数相等,例如,不能写成:

```
int ( * p)[3];
```

当给数组指针变量 p 赋初值时只能用二维数组中的行指针,如:

```
p = a;
```

这样 p 指向二维数组的第 0 行,p+1 则指向二维数组的第 1 行。可以用以下方法输出二维数组的全部元素:

```
for( i = 0; i < M; i++)
    {
        for( j = 0; j < N; j++)
            printf( "%d", *( *(p+i)+j) );
        printf( "\n" );
    }
```

在这种方式下,也可以用下标法输出二维数组的全部元素:

```
for( i = 0; i < M; i++)
    {
        for( j = 0; j < N; j++)
            printf( "%d", p[i][j]);
        printf( "\n" );
    }
```

两种方法输出结果都为:

```
1 2 3 4
5 6 7 8
9 10 11 12
```

[例 10-12] 编写程序,将 m 行 n 列的二维数组中的数据,按列的顺序依次放到一维数组中,在函数 main 中初始化二维数组,最后输出一维数组。[难度等级:中学]

程序如下:

```
# include < stdio. h >
# define M 3
# define N 4
void main( )
{
    int s[M][N] = { { 1, 2, 3, 4 }, { 5,6,7,8 }, { 9,10,11,12 } };
    int b[M * N];
    int ( * p)[4];
    p = s;
    int i,j;
```

```
        int n = 0;
        for(j = 0;j < N;j++)
        {
            for(i = 0;i < M;i++)
            {
                b[n] = * ( * (s + i) + j);
                n++;
            }
        }
        for( i = 0; i < M * N; i++)
            printf( "% d ", b[i] );
        printf( "\n" );
    }
```

输出结果如下：

1 5 9 2 6 10 3 7 11 4 8 12

二维数组的指针变量也可以作函数参数,如果实参是二维数组名,那么形参只能定义为指向一维数组的指针变量。

[**例 10-13**] 编写函数 void fun(int (* t)[N]),将 N×N 矩阵中的元素按列右移一个位置,右边被移出的元素绕回左边。在函数 main 中设置数组,并调用函数 fun,最后输出旋转后的矩阵。

函数 fun 的 N-S 图如图 10-16 所示。

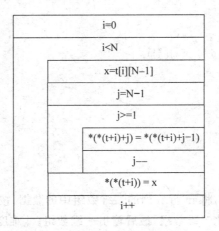

图 10-16　元素右移的 N-S 图

程序如下：

```
# include < stdio. h >
# define N 4
void fun(int ( * t)[N])
{
    int   i, j, x;
    for(i = 0; i < N; i++)
    {
        x = * ( * (t + i) + N - 1);
```

```
        for(j = N - 1; j >= 1; j-- )
            * ( * (t + i) + j) = * ( * (t + i) + j - 1);
        * ( * (t + i)) = x;
    }
}
void main()
{
    int   t[][N] = {21,12,13,24,25,16,47,38,29,11,32,54,42,21,33,10}, i, j;
    printf("原始数组:\n");
    for(i = 0; i < N; i++)
    {   for(j = 0; j < N; j++)  printf("% 2d  ",t[i][j]);
    printf("\n");
    }
    fun(t);
    printf("移动后的数组:\n");
    for(i = 0; i < N; i++)
    {   for(j = 0; j < N; j++) printf("% 2d   ",t[i][j]);
    printf("\n");
    }
}
```

输出结果如下:

```
原始数组:
21  12  13  24
25  16  47  38
29  11  32  54
42  21  33  10
移动后的数组:
24  21  12  13
38  25  16  47
54  29  11  32
10  42  21  33
```

10.4 字符指针变量

字符指针变量定义后,可以用以下三种不同的方式对它进行初始化。
(1) 用字符变量的地址初始化字符指针变量。
(2) 用字符数组初始化字符指针变量。
(3) 用字符串初始化字符指针变量。
本节分别对这三种方式进行介绍。

10.4.1 通过字符指针变量访问字符变量

通过字符指针变量访问字符变量时,也要先定义字符指针变量,并用一个字符变量的地址对它进行初始化,然后就可以通过指针变量访问该变量,如:

```
char ch;
char * p;
```

```
    p = &ch;
```

[**例 10-14**] 输入一个字母,把它变成它之后的一个字符,如 A->B,B->C,…,Z->A。
[难度等级:小学]

N-S 图如图 10-17 所示。

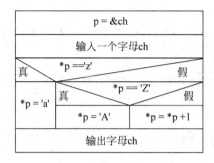

图 10-17 字母变换的 N-S 图

程序如下:

```
# include < stdio. h>
void main()
{
    char ch;
    char * p;
init1:p = &ch;
    printf( "输入一个字母: \n" );
    scanf( "% c", p );
    if( * p == 'z' )
        * p = 'a';
    else if( * p == 'Z' )
        * p = 'A';
    else
        * p = * p +1;
    printf( "转换后的字母: \n" );
    printf( "% c\n", * p );
}
```

运行情况如下:

```
输入一个字母: R 回车
转换后的字母:
S
```

在语句 init1 中,用一个字符变量的地址给指针变量赋值。

10.4.2　通过字符指针变量访问字符数组

通过字符指针变量访问字符数组时,也要先定义字符指针变量,并用一个数组元素的地址或者数组名对它进行初始化,然后就可以通过指针变量访问该数组的所有元素,如:

```
char a[];
```

```
char * p1;
p1 = a;
```

［例 10-15］

```
void main( )
{
    char a[ ] = "ABCDEFGH",b[ ] = "abCDefGh";
    char * p1, * p2;
    int k;
init1:p1 = a;
init2:p2 = b;
    for(k = 0;k <= 7;k++)
visiting1:    if ( * (p1 + k) ==  p2[k])
                printf(" % c", * (p1 + k));
    printf("\n");
}
```

输出结果如下：

CDG

在语句 init1 和语句 init2 两个语句中,分别用数组名 a 和 b 对指针变量 p1 和指针变量 p2 进行初始化。在语句 visiting1 中通过指针变量访问数组元素,其中,用指针法通过指针变量 p1 访问数组 a,用下标法通过指针变量 p2 访问数组 b。

［例 10-16］ 编写程序,判断字符串是否为回文,并输出判断结果。［难度等级：小学］

N-S 图如图 10-18 所示。

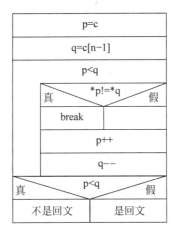

图 10-18　判断回文数的 N-S 图

程序如下：

```
# include < stdio. h >
# include < string. h >
void main( )
{
    char c[ ] = "contnoc";
    int n;
```

```
        n = strlen( c );
        char * p, * q;
init1:p = c;
init2:q = &c[n - 1];
    while( p < q )
    {
    visiting1:if( * p != * q )
            break;
        p++;
        q-- ;
    }
    if( p < q )
        printf( "字符串 % s 不是回文\n", c );
    else
        printf( "字符串 % s 是回文\n", c );
}
```

输出结果如下：

字符串 contnoc 是回文

在语句 init1 和语句 init2 中，分别使指针变量 p 和 q 指向数组的第一个和最后一个元素。在语句 visiting1 中，用指针变量访问数组元素。

10.4.3 通过字符指针变量访问字符串

要通过字符指针变量访问字符串，需要先定义字符指针变量，然后用一个字符串对它进行初始化。

可以在定义字符指针变量的同时对它初始化：

```
char * p = "hello";
```

也可以先定义字符指针变量，然后再对它初始化：

```
char * p;
p = "hello";
```

因为系统在存储字符串的时候会自动在字符串的末尾加上一个字符串结束标志'\0'，根据该标志就可以确定字符串的边界，从而能够正确操作字符串。

[例 10-17]

```
# include < stdio. h>
void main( )
{
    char * p = "hello";
    int n = 0;
    while( * p )
    {
        n++;
        p++;
    }
    printf( "n = % d\n", n );
}
```

程序输出如下：

n = 5

该程序通过字符指针变量访问字符串,统计字符串中字符的个数,遇到字符串结束标志'\0'就不再统计,程序输出字符串中字符的个数,不包括字符串结束标志'\0'。

用一个字符串对字符指针变量进行初始化时,实际上是将该字符串的首地址赋给指针变量。所以可以通过字符指针变量输出字符串中各元素的地址。

[例 10-18]

```
main( )
{
    char * s = "abcde";
    s += 2;
    print(" % x \n",s);
}
```

程序将输出字符串"abcde"中第二个字符的地址。

字符串是常量,只能引用它的值,不能试图修改它的值,如:

```
char * p = "abcde";
* p = 'z';
```

将会出错,因为它试图修改一个字符串常量。

可以用下标法或指针法通过字符指针变量对字符串进行访问。

[例 10-19] 编写程序,将 s 所指字符串中所有下标为奇数位置上的字母转换为大写(若该位置上不是字母,则不转换),转换后的结果放在一个字符数组 t 中。最后输出转换结果。[难度等级：小学]

N-S 图如图 10-19 所示。

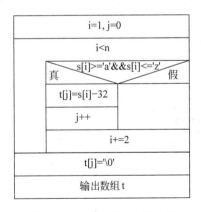

图 10-19 字母转换的 N-S 图

程序如下：

```
# include < stdio. h >
# include < string. h >
# define N 100
void main()
```

```
    {
        char * s = "begin command lineend command line";
        char t[N];
        int i,j,n;
        n = strlen(s);
        for(i = 1,j = 0;i < n;i += 2)
            if( s[i] >= 'a' && s[i] <= 'z')
            {
                t[j] = s[i] - 32;
                j++;
            }
        t[j] = '\0';
        printf( "转换后的字符串为: % s\n", t );
    }
```

运行情况如下:

转换后的字符串为: EIOMNIENOMNIE

[例 10-20] 将一个字符串 s 复制到一个字符数组 t 中。[难度等级:小学]
N-S 图如图 10-20 所示。

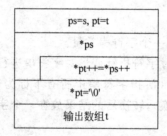

图 10-20　字符串复制的 N-S 图

程序如下:

```
# include < stdio. h >
# define N 100
void main( )
{
    char * s = "source string";
    char t[N];
    char * ps, * pt;
    ps = s;
    pt = t;
    while( * ps )
copying: * pt++ = * ps++;
    * pt = '\0';
    printf( "新的字符串为: % s\n", t );
}
```

输出结果如下:

新的字符串为: source string

在语句 copying 中用指针法访问字符串。其中，∗ps＋＋，由于＋＋和∗运算符的优先级相同，且都是右结合性，因此它等价于∗(ps＋＋)，作用是先得到指针 ps 所指向的字符串元素，再使指针 ps 增1。

其中的 while 语句的循环体也可以分开写，如：

```
while( ∗ps )
{
    ∗pt = ∗ps;
    ps++;
    pt++;
}
```

虽然分开书写的程序较长，但是它具有更高的可读性。

在复制字符串的时候要注意，只能把字符串复制到数组中，如本例所示。

10.4.4 字符指针变量作函数参数

字符指针变量也可以作为函数参数。字符指针变量作函数参数时，与指针变量作函数参数一样，形参和实参可以是数组和指针变量的不同组合。

当要把一组字符传递给一个函数，而在函数中要修改它们的值的时候，用字符数组作函数的形参能够提高程序的可读性。

[例 10-21]

```
# include < stdio. h >              //包含头文件
void fun( char c[ ] )
{
    int i = 0;
    while( c[i] )
    {
        if( c[i] == 'a' )
            c[i] = 'z';
        else if( c[i] == 'A' )
            c[i] = 'Z';
        else
            c[i] -= 1;
        i++;
    }
}
void main()
{
    char a[] = "hello";
    char ∗p;
    p = a;
    fun( p );
    printf( "修改后的字符串: %s", a );
}
```

运行情况如下：

修改后的字符串: gdkkn

在此程序中,将函数的形参定义为字符指针变量,如 void fun(char ＊ c)也是可以的。但是,因为在函数 fun 中修改了形参数组 c 元素的值,故将函数的形参定义为字符数组时,程序的可读性较高。反之,如果将形参定义为字符指针变量,会被误以为可以修改字符串的值。

　　[例 10-22] 假定输入的字符串中只包含字母和 ＊ 号。请编写函数 fun,它的功能是:只删除字符串前导和尾部的 ＊ 号,串中字母之间的 ＊ 号都不删除。在函数 main 中输入字符串并调用函数 fun,最后输出删除后的字符串。[难度等级:中学]

　　函数 fun 的 N-S 图如图 10-21 所示。

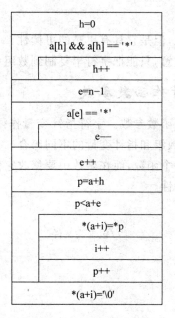

图 10-21　删除 ＊ 的 N-S 图

程序如下:

```
# include < stdio. h >
# define N 80
void fun(char a[])
{
    int n, h, e;
    n = 0;
    while( a[n] )
        n++;
    h = 0;
    while( a[h] && a[h] == '＊')
        h++;
    e = n - 1;
    while( a[e] == '＊')
        e--;
    e++;
    int i = 0;
    char ＊ p;
```

```
        for(p = a + h;p < a + e;p++)
        {
            * (a + i) = * p;
            i++;
        }
        * (a + i) = '\0';
}
void main()
{
    char str[N];
    char * pStr = str;
    printf( "输入字符串 str: \n" );
    gets( str );
    fun( pStr );
    printf( "删除后的字符串为: % s\n", str );
}
```

运行情况如下：

输入字符串 str: * * * aaa * * * bbb * * *
删除后的字符串为: aaa * * * bbb

[**例 10-23**]　编写一个函数 char * fun(char (* a)[N],int num)，从传入的 num 个字符串中找出一个最长的字符串，并返回字符串的序号。在函数 main 中输入所有字符串并调用函数 fun，最后输出结果。[难度等级：大学]

函数 fun 的 N-S 图如图 10-22 所示。

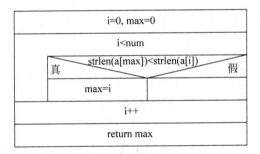

图 10-22　找最长字符串的 N-S 图

程序如下：

```
# define N 80
# define M 4
# include < stdio. h>
# include < string. h>
int fun(char ( * a)[N],int num)
{
    int i;
    int max;
    max = 0;
    for( i = 0;i < num;i++)
        if(strlen(a[max])< strlen(a[i]))
```

```
            max = i;
    return max;
}
void main()
{
    char t[M][N];
    int max;
    for( int i = 0; i < M; i++)
    {
        printf( "输入第 % d 个字符串为: \n", i + 1 );
        gets( t[i] );
    }
    max = fun( t, M );
    printf( "长度最长的字符串为: % s\n", t[max] );
}
```

运行情况如下:

输入第 1 个字符串为: this
输入第 2 个字符串为: is my
输入第 3 个字符串为: first
输入第 4 个字符串为: program
长度最长的字符串为: program

当实参是二维数组名时,形参必须定义为指向一维数组的指针。

10.4.5　字符指针变量与字符数组的比较

字符指针变量和字符数组都可以用来处理字符串,但是它们之间是有区别的,它们的区别有以下几个方面。

(1) 字符数组由一组数组元素组成,用字符数组处理字符串时,字符串是按顺序存放在字符数组中的,一个数组元素存放一个字符。字符指针变量只能保存一个地址,故用字符指针变量处理字符串时,字符串是常量,存储在静态存储区中,字符指针变量只存放了它的首地址。

(2) 用字符数组处理字符串时,只能用字符串对字符数组初始化,不能用字符串给字符数组赋值。用字符指针变量处理字符串时,既可以用字符串给字符指针变量赋初值,也可以用字符串给字符指针变量赋值。

可以用字符串对字符数组初始化,如:

```
char a[] = "hello";
```

不能用字符串给字符数组赋值,如:

```
char a[10];
a = "hello";
```

是错误的。

可以用字符串对字符指针变量进行初始化,如:

```
char * p = "hello";
```

也可以用字符串给字符指针变量赋值,如:

```
char * p;
p = "hello";
```

(3)用字符数组处理字符串时,可以改变数组元素的值,从而改变字符串;用字符指针变量处理字符串时,因为字符串是常量,不能通过字符指针变量改变字符串。

```
char a[] = "hello";
a[0] = a[0] - 32;
a[1] = a[1] - 32;
```

把字符串的前两个字母变成大写形式,故字符串改变为:"HEllo"。

而以下用法是错误的:

```
char * a = "hello";
a[0] = a[0] - 32;
a[1] = a[1] - 32;
```

这个程序段企图修改字符指针变量指向的字符串的值,因而是错误的。

10.5 函数与指针

10.5.1 返回指针值的函数

函数除了可以返回一个整型值、实型值以及字符型值,还可以返回一个地址值,即函数返回一个指针类型值。返回指针值的函数称为指针函数。

指针函数定义的一般形式为:

```
类型 * 函数名(形式参数列表)
{
    函数体
}
```

例如:

```
char * fun(char * p)
```

函数 fun 是一个指针函数,它将返回一个指向字符型数据的指针。

[例 10-24] 编写一个函数 char * fun(char * s,char * t),比较两个字符串的长度(不得调用 C 语言提供的求字符串长度的函数),函数返回较长的字符串。若两个字符串长度相同,则返回第一个字符串。在函数 main 中输入两个字符串,调用函数 fun,最后输出比较结果。[难度等级:中学]

函数 fun 的 N-S 图如图 10-23 所示。

程序如下:

```
# define N 100
# include < stdio.h >
char * fun(char * s,char * t)
{
```

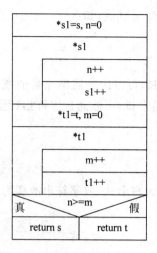

图 10-23　字符串比较的 N-S 图

```
    char * p, * t1 = t, * s1 = s;
    int n = 0, m = 0;
    while ( * s1)
    {
        n++;
        s1++;
    }
    while( * t1)
    {
        m++;
        t1++;
    }
    if(n > = m)
        p = s;
    else
        p = t;
    return p;
}
void main( )
{
    char s[N], t[N];
    printf( "输入字符串 s: \n" );
    gets( s );
    printf( "输入字符串 t: \n" );
    gets( t );
    char *p = fun( s, t );
    printf( "字符串 % s 和 % s 中长度较长的是: % s\n", s, t, p );
}
```

运行情况如下：

输入字符串 s: thank
输入字符串 t: you
字符串 thank 和 you 中长度较长的是: thank

当指针变量 s 所指的字符串较长时,就返回 s;当指针变量 t 所指的字符串较长时,就返回 t;当两者的长度相等时,返回 s。返回值都是一个字符型数据的地址。

编写指针函数的一个常见错误是返回一个局部变量的地址。

[例 10-25]

```
# include < stdio. h >
int * max( int x, int y)
{
    int * p, * q;
    p = &x;
    q = &y;
    if( * p >=  * q )
        return p;
    else
        return q;
}
void main()
{
    int a, b;
    int * t;
    printf( "输入两个整数: \n" );
    scanf( "% d % d", &a, &b );
call:t = max( a, b );
visit:printf( "较大的整数是: % d\n", * t );
}
```

函数 max 比较两个形参变量 x 和 y 的大小,返回值较大的变量的地址。函数 max 的错误在于它返回形参变量 x 或者 y 的地址,而形参变量 x 和 y 都是局部变量,它们只在函数 max 的局部起作用,当函数返回后,这两个变量就不存在了,为它们分配的存储单元可能又分配给其他的变量了,这时,再通过它们的地址去间接访问它们得到的可能是错误的值。

本例中语句 call 执行之后,函数 max 返回的值保存在指针变量 t 中,t 将指向函数 max 的一个形参变量 x 或者 y,此时,这两个变量都已经不存在了。在语句 visit 中,通过 t 去访问一个不存在的变量的值,就可能得到错误的值。

该程序正确的写法是:

```
# include < stdio. h >
int * max( int * p, int * q )
{
    if( * p >=  * q )
        return p;
    else
        return q;
}
void main()
{
    int a, b;
    printf( "输入两个整数: \n" );
    scanf( "% d % d", &a, &b );
```

```
        int * t;
call:t = max( &a, &b );
visit:printf( "较大的整数是: %d\n", * t );
}
```

在这个程序中,函数 max 的两个形参是两个指针变量,它返回所指值较大的形参变量,经过参数传递之后,形参的值和实参的值相等,所以,它实际返回的是一个实参值。在语句call 中,调用函数 max 的时候,实参是变量 a 和变量 b 的地址,函数 max 的返回值将是这两个地址中的一个,所以指针变量 t 的值将是变量 a 的地址或者变量 b 的地址。在语句 visit 执行的时候,变量 a 和变量 b 都还存在,所以通过指针变量 t 间接访问它们就不会出错了。

10.5.2　通过指针变量调用函数

程序运行时,也要为编译后的函数分配内存单元,把函数加载到该内存单元,然后才能调用函数运行。为函数分配的首地址称为函数的入口地址,函数名就代表函数的入口地址。数组除了首地址外,每一个元素都有一个地址;函数除了入口地址外,再没有其他地址,这是函数地址和数组地址不同的地方。

可以把函数的入口地址保存在一个指针变量中,此指针变量就指向这个函数,指向函数的指针变量称为函数指针。

函数指针和指针函数是不同的概念:函数指针是一个指针变量,它指向一个函数;而指针函数是一个函数,它的返回值是一个指针。

如有函数:

```
int mod( int x, int y )
{
    int z;
    z = x % y;
    return z;
}
```

如需要通过指针变量调用函数 mod,则要定义函数指针。

函数指针定义的一般形式为:

返回值类型(* 函数指针变量名)(形式参数类型列表); }

其中,返回值类型和形式参数类型列表要和该指针变量将要指向的函数一致。如函数指针 p 指向函数 mod,则其定义为:

int (* p)(int, int);

形式参数类型和数量要和函数 mod 一致,同时,返回值类型也要和函数 mod 一致。

定义好函数指针后,就可以用函数名给它赋值了。其一般形式为:

函数指针变量名＝函数名;

如:

p = mod;

此时,就可以通过函数指针调用函数,调用时用(* 指针变量名)代替函数名,其一般形

式为:

(＊指针变量名)(实际参数列表);

如:

int c;
c = (＊f)(21,8);

这和以下的函数调用等价:

c = mod(21,8);

[例 10-26]

```
# include < stdio. h>
int mod( int x, int y )
{
    int z;
    z = x % y;
    return z;
}
void main()
{
    int a, b;
    int c;
    int ( ＊p)(int, int);
    printf( "输入两个整数: \n" );
    scanf( "% d% d", &a, &b );
    p = mod;
    c = ( ＊p)( a, b );
    printf( "% d模% d是% d\n", a, b, c );
}
```

运行情况如下:

输入两个整数: 21 8 回车
21 模 8 是 5

10.6 多级指针、指针数组与命令行参数

10.6.1 多级指针

指针变量是保存地址(包括数据地址和函数地址)的变量,如图 10-24 所示指针变量 pi
保存了变量 i 的地址,因此称指针变量 pi 指向变量 i。

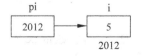

图 10-24 一级指针示意图

程序运行时,和其他变量一样,也要在内存中为指针变量分配内存单元,并把指针变量的值保存在分配的内存单元中,才能使用指针变量。如图 10-25 所示,指针变量 pi 的地址为 2024。

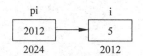

图 10-25　指针变量的内存地址

也可以把指针变量的地址保存在另一个指针变量中,如图 10-26 所示,指针变量 ppi 保存了指针变量 pi 的地址,称指针变量 ppi 指向指针变量 pi。

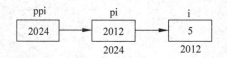

图 10-26　二级指针示意图

指向指针变量的指针变量称为指向指针的指针变量,又称二级指针变量,它所指向的指针变量称为一级指针。如:ppi 为二级指针,pi 为一级指针。定义二级指针变量的一般形式为:

类型 ** 变量名;

其中,变量名是二级指针的名,它指向一个一级指针,该一级指针指向一个变量。

只能用一级指针变量的地址给二级指针赋值。

[例 10-27]

```
#include<stdio.h>
void main()
{
    int a;
    printf("输入一个整数:\n");
    scanf("%d",&a);
    int *pa;
    pa = &a;
    int **ppa;
init:ppa = &pa;
visit:printf("输入的整数是%d\n", **ppa);
}
```

运行情况如下:

输入一个整数:6回车
输入的整数是6

在语句 init 中给二级指针 ppa 赋值,给它赋的值是一级指针变量 pa 的地址。在语句 visit 中,通过二级指针访问变量 a。** ppa 也可以写成 *(*ppa),更加直观。因为 ppa 指向一级指针变量,括号里的 * ppa 就是该一级指针变量,再对它进行一次指针运算就得到一级指针变量指向的变量,本例中为变量 a。

二级指针变量也可以作函数参数,形参是一个二级指针变量,实参可以是一个二级指针变量或者一个一级指针变量的地址。

[例 10-28]

```
void fun (int ** s, int p[2][3])
{
    ** s = p[1][1];
}
void main( )
{
    int a[2][3] = {1,3,5,7,9,11}, * p,b;
    p = &b;
call: fun(&p,a);
    printf(" % d\n", * p);
}
```

程序输出如下:

9

函数 fun 的第一个形参是一个二级指针变量。在语句 call 中,调用函数 fun 时的第一个实参是一级指针变量 p 的地址。

同理,可以定义和使用三级以及三级以上的指针变量,使用时也要一级一级地定义和赋值。所以,级数越多就越容易出错,使用时要慎重。

10.6.2 指针数组

称数组元素均为指针类型数据的数组为指针数组。指针数组的每一个元素都是一个地址值。定义指针数组的一般形式为:

类型 * 数组名[常量表达式];

例如:

```
char * q[3];
```

定义了一个数组,数组名是 q,该数组有三个元素,每一个元素都是指向字符型数据的指针。可以用三个字符串给数组元素赋初值,如:

```
q[0] = "begin";
q[1] = "end";
q[2] = "initial";
```

这样就将三个不同长度字符串的首地址保存到指针数组 q 中,就可以通过 q 访问这三个字符串。

指针数组和数组指针是两个不同的概念,指针数组是一个数组,它的每一个元素是一个指针;而数组指针是一个指针,它指向一个一维数组。

[例 10-29]

编写函数 void sort(char * s[], int n),对 n 个字符串按长度从小到大的顺序排序。

在函数 main 中调用函数 sort,并输出调用结果。［难度等级：中学］

函数 sort 的 N-S 图如图 10-27 所示。

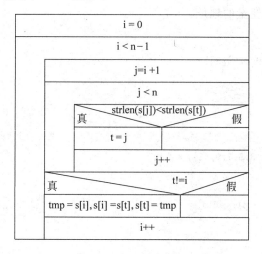

图 10-27　字符串排序的 N-S 图

程序如下：

```
# include < stdio. h >
# include < string. h >
# define N 5
void sort( char * s[ ], int n )
{
    int i, j, t;
    char * tmp;
    for( i = 0; i < n − 1; i++)
    {
        t = i;
        for( j = i + 1; j < n; j++)
            if( strlen(s[j]) < strlen(s[t]) )
                t = j;
        if( t != i )
        {
            tmp = s[i];
            s[i] = s[t];
            s[t] = tmp;
        }
    }
}
void main( )
{
    char * strings[N] = { "begin", "problem", "end", "sizeof", "a" };
    int i;
    sort( strings, N );
    printf( "排好序的字符串为: \n" );
    for( i = 0; i < N; i++)
```

```
        printf( "%s\n", strings[i] );
    }
```

运行时输出如下：

排好序的字符串为：
a
end
begin
sizeof
problem

10.6.3 命令行参数

要在操作系统下运行一个程序,可以通过鼠标双击该程序的图标,也可以在命令行窗口输入该程序的名字。通过命令行窗口运行程序的一般形式为：

程序名 参数1 参数2 … 参数n

其中,程序名就是编译程序后得到的可执行程序名,n个参数是传递给程序的参数,这些参数称为命令行参数。输入时程序名和各参数之间都用空格分隔。

那么这n个命令行参数是怎么传递给程序的呢？

实际上,命令行参数是通过函数main传递给程序的。在本书之前定义的函数main都没有形式参数,所以也无法接收实际参数。

函数main也可以定义为有参数的函数,其一般形式为：

```
int main( int argc, char * argv[ ] )
{
    函数体
}
```

函数main的第一个形参是一个整数,第二个形参是一个指针数组。

通过命令行运行程序时,系统把命令行的输入转换成函数main的实参传递给它。那么在命令行中的输入和函数main的参数之间的对应关系是什么呢？例如一个程序编译后的可执行程序名为test.exe,运行时输入：

test.exe f 8 0.2 random

第一个参数argc对应的是命令行中以空格分隔的输入项的数量(包括可执行程序名)。如例中有5个输入项,故argc的值为5。

系统把这5个输入项保存为5个字符串,并把这5个字符串首地址保存在第二个参数argv中,如图10-28所示。

程序test.exe运行时有4个参数：一个字符f,一个整数8,一个实数0.2和一个字符串random。这些参数都以字符串的形式传递给函数main,所以,在函数main中需要对它们进行相应的类型转换。

[例10-30]

输出命令行中的所有输入项。[难度等级：小学]

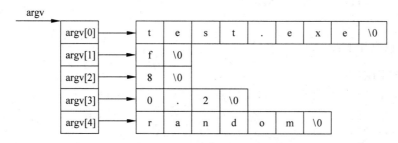

图 10-28 命令行参数图

程序如下：

```
# include < stdio. h>
void main( int argc, char * argv[ ] )
{
    printf( "命令行输入项为: \n" );
    while( argc > 0 )
    {
        printf( " % s\n", * argv );
        argc -- ;
        argv++;
    }
}
```

假设编译后的可执行程序名为 test. exe。

运行情况如下: test. exe k 3.14 20 hello 回车
命令行输入项为:
test. exe
k
3.14
20
hello

[**例 10-31**] 一个程序运行编译后得到的可执行程序名为 test. exe,该程序的功能是对一个班级的成绩进行分析,运行时输入项可能包括班级名(字符串)、学生人数(整数)以及平均分(实数)中的 1~3 个。编写函数 main 处理命令行参数。[难度等级:大学]

分析：程序运行时输入的参数不是固定的,可能有 1~3 个,而且也没有规定输入的顺序,如可能先输入学生人数,也可能先输入平均成绩等。所以设计程序的时候,在每一个输入项前输入一个提示字符串,如 −name 表示接下来的一个输入项是班级名称, −num 表示接下来的一个输入项是班级人数, −average 表示接下来的一个输入项是班级平均分。

程序如下：

```
# include < stdio. h>
# include < stdlib. h>
# include < string. h>
void main( int argc, char * argv[ ] )
{
    if( argc == 1)
```

```
        {
            printf( "错误,缺少参数\n" );
        }
        else
        {
            int i = 1;
            while( i < argc )
            {
                if(!strcmp(argv[i]," - name"))
                {
                    printf( "班级名称为 % s\n", argv[i + 1]);
                    i += 2;
                }
                else if(!strcmp(argv[i]," - num"))
                {
tran1:              int num = atoi(argv[i + 1]);
                    printf( "班级人数为 % d\n", num );
                    i += 2;
                }
                else if(!strcmp(argv[i]," - average"))
                {
trans2:             double aver = atof(argv[i + 1]);
                    printf( "班级平均分为 % f\n", aver );
                    i += 2;
                }
            }
        }
    }
```

因为函数 main 得到的参数都是字符串,如果需要输入整数或者实数的时候还要进行数据转换。在语句 tran1 和 trans2 中,分别调用系统函数 atoi 和 atof 进行数据转换,这两个系统函数在库 stdlib. h 中定义,所以程序要包含该库。函数 atoi 是把一个字符串,如"234",转换成一个整数,如 234,要求该字符串中只包含数字字符。函数 atof 是把一个字符串,如"3.1415",转换成实数,如 3.1415,要求该字符串中只包含数字字符和小数点。

运行情况一:

test.exe 回车
错误,缺少参数

运行情况二:

test.exe - name gduf 回车
班级名称为 gduf

运行情况三:

test.exe - num 55 - name gduf 回车
班级人数为 55
班级名称为 gduf

运行情况四:

test.exe - name gduf - average 78.5 - num 56 回车

班级名称为 gduf

班级平均分为 78.500000

班级人数为 56

习题

一、选择题

1. 对于基类型相同的两个指针变量之间,不能进行的运算是_____。[难度等级:小学]

    A. ＜   B. ＝   C. ＋   D. －

2. 若有说明:int i,j=7, ＊p=&i;,则与 i=j;等价的语句是_____。

    A. i=＊p;   B. ＊p=＊&j;   C. i=&j;   D. i=＊＊p;

3. 有如下说明 int a[10]={1,2,3,4,5,6,7,8,9,10}, ＊p=a;则数值为 9 的表达式是_____。[难度等级:中学]

    A. ＊p+9   B. ＊(p+8)   C. ＊p+=9   D. p+8

4. 有以下函数 char ＊ fun(char ＊ p) { return p; }该函数的返回值是_____。[难度等级:小学]

    A. 无确切的值   B. 形参 p 中存放的地址值

    C. 一个临时存储单元的地址   D. 形参 p 自身的地址值。

5. 设有如下定义:char ＊ aa[2]={"abcd","ABCD"};则以下说法中正确的是_____。[难度等级:大学]

    A. aa 数组元素的值分别是"abcd"和 ABCD"

    B. aa 是指针变量,它指向含有两个数组元素的字符型一维数组

    C. aa 数组的两个元素分别存放的是含有 4 个字符的一维字符数组的首地址

    D. aa 数组的两个元素中各自存放了字符'a'和'A'的地址

二、填空题

1. 若有定义语句:int a[4]={0,1,2,3}, ＊p;p=&a[1];则＋＋(＊p)的值是_____。[难度等级:小学]

2. 有如下程序段:int ＊p,a=10,b=1 p=&a; a=＊p+b;执行该程序段后,a 的值为_____。[难度等级:小学]

3. 以下程序运行后,输出结果是_____。[难度等级:中学]

```
main( )
{
    char ＊ s = "abcde";
    s += 2;
    print("%ld\n",s);
}
```

4. 以下程序运行后,如果从键盘上输入 ABCDE,则输出结果为_____。[难度等级:中学]

```
func (char str [ ])
{
```

```
    int num = 0;
    while ( * (str + num )!= '\0')
        num ++; return( num );
}
main()
{
    char str [10], * p = str ;
    gets(p);
    printf(" % d\n",func(p));
}
```

5. 以下程序的输出结果是_____。[难度等级：中学]

```
void fut (int ** s, int p[2][3])
{
    ** s = p[1][1];
}
void main( )
{
    int a[2][3] = {1,3,5,7,9,11}, * p;
    p = (int * )malloc(sizeof(int));
    fut(&p,a);
    printf(" % d\n", * p);
}
```

三、写程序结果题

1. 以下程序运行后的输出结果是_____。[难度等级：中学]

```
void main()
{
    char s[ ] = "9876", * p;
    for(p = s;p < s + 2;p++)
      printf(" % s\n",p);
}
```

2. 以下程序的输出结果是_____。[难度等级：中学]

```
void fun( int  * n)
{
    while(( * n) -- );
    printf(" % d",++( * n));
}
void main()
{
    int a = 100;
    fun(&a);
}
```

四、编程题

1. 编写程序,输出两个字符串中相同的字符。[难度等级：小学]

2. 编写函数 void fun(int a, int b, int c, int * max, int * min),对传送过来的三个
整数选出最大和最小数,并通过形参传回调用函数。在函数 main 中输入三个整数并调用函

数 fun,最后输出计算结果。[难度等级:小学]

3. 编写函数 void fun(char *a)的功能是:首先将大写字母转换为对应的小写字母;若小写字母为 a~u,则将其转换为其后的第 5 个字母;若小写字母为 v~z,使其值减 21。在函数 main 中给字符串赋值并调用函数 fun,最后输出转换后的字符串。[难度等级:小学]

4. 编写函数 int fun(unsigned a,int *cnt),函数功能是:统计一个无符号整数中各位数字值为零的个数,通过形参传回主函数并把该整数中各位上最大的数字值作为函数值返回。在函数 main 中输入整数并调用函数 fun,最后输出调用结果。[难度等级:中学]

5. 编写函数 void fun(int n,int *m),函数的功能是:将形参 n 中各位上为偶数的删出,剩余的数按原来从高位到低位的顺序组成一个新的数,并作为函数值返回。在函数 main 中设置整数,并调用函数 fun,最后输出计算结果。[难度等级:中学]

6. 给定程序中,函数 void fun(char *s,char *t,int n)的功能是:把形参 s 所指字符串中最右边的 n 个字符复制到形参 t 所指字符数组中,形成一个新串,若 s 所指字符串的长度小于 n,则将整个字符串复制到形参 t 所指字符数组中。在函数 main 中给字符串赋值并输入正整数 n,然后调用函数 fun,最后输出新字符串。[难度等级:中学]

7. 编写函数 void fun(int (*a)[M],int m),根据形参 m 的值(2≤m≤9),在 m 行 m 列的二维数组中存放如下所示规律的数据。在函数 main 中调用函数 fun,并输出调用结果。[难度等级:中学]

```
输入整数:4
1 2 3 4
2 4 6 8
3 6 9 12
4 8 12 16
```

8. 编写程序 outch,程序读入一行字符,根据命令行中的参数给出不同的输出。

若有命令行:outch −2 程序对所读入的一行字符输出最后两个字符。

若有命令行:outch +6 程序对所读入的一行字符输出开头 6 个字符。

若命令行中没有参数,则隐含规定输出最后 10 个字符。

为简单起见,命令行的参数中只含一个数字。[难度等级:大学]

9. 图 10-29 中,分别用 0、1、2、3 代表边的 4 个方向:北、东、南、西。

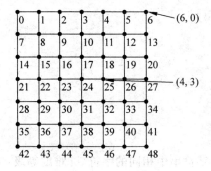

图 10-29　二维网格图

　　编写一个函数,函数的形式参数为一个边的方向值,当形参分别为 0、1、2、3 时,返回字符串"N","S","E","W"。[难度等级：大学]

　　10. 图 10-29 中,分别用 0、1、2、3、4、5、6、7 这 8 个整数代表转向的 8 个方向：东北、东南、南东、南西、西北、西南、北东、北西。

　　编写一个函数,函数的形式参数为一个转向的方向值,当形参分别为 0、1、2、3、4、5、6、7 时,返回字符串"EN","ES","SE","SW","WN","WS","NE","NW"。[难度等级：大学]

## 第11章

结 构 体

在人们认识世界的过程中,需要把观察到的事物或现象记录下来。不同的对象有不同的属性,因此,记录不同的对象时需要不同类型的数据。有些观察对象需要用整型数记录,如一个学校的学生人数,某地一年中下雨的天数,一本书用到的纸张数等。有些观察对象需要用实型数记录,如一棵树的高度,一个数的平方根,一个人的体重等。有些观察对象需要用字符型数记录,如一个人的性别,一个国家的国旗的颜色,一家公司的地址等。

这几种类型都是 C 语言中的基本类型,基本类型可以用来记录大量的事物或现象。但是,我们看到,一个基本类型只能记录一个事物或现象的某一个方面的属性,如整型数可以记录一个人的年龄,但它不能记录一个人的姓名。

一个对象常常具有多方面的属性,不同的属性需要用不同类型的数据记录,如一个学生有学号、姓名、性别、年龄、身高、体重、成绩、家庭地址、联系电话,学生的每一个属性都可以用一个基本类型数据描述,但是没有一个基本类型数据能够描述一个学生的全部属性。有时一个对象的几个属性可以用同一种类型的数据记录,如平面上的一个点的 x 坐标和 y 坐标,一个长方体的长、宽和高都可以用实型数描述,但是描述一个点需要两个实型数,描述一个长方体需要三个实型数。

当需要记录一个对象,而不是对象某一方面的属性的时候,C 语言中的几种基本数据类型就不够用了。C 语言中,可以用结构体类型来描述有多个属性的对象。本章介绍如何定义结构体类型来描述具有多属性的对象。

11.1　定义结构体类型

结构体类型是一种构造类型,是在基本类型的基础上构造出来的。在使用结构体类型之前需要先定义结构体类型,可以为不同的对象定义不同的结构体类型。

定义结构体类型的一般形式为:

```
struct 结构体名
{
    数据类型 成员名1;
```

```
        数据类型 成员名 2;
        ...
        数据类型 成员名 n;
    };
```

struct 是定义结构体类型的关键字,定义结构体的最后要加上分号。定义一个结构体类型就等于定义了一种新的数据类型,该数据类型的名称是"struct 结构体名",即数据类型的名称包含关键字 struct。

当要描述一个事物或现象时才定义一个新的结构体类型,该事物或现象的属性种类决定结构体类型的成员数量以及相应的数据类型。

例如,如果要定义一个结构体来描述学生,学生有以下几方面的属性:学号、姓名、性别、年龄、身高、体重、成绩、家庭地址、联系电话。那么就可以按如下的方式定义结构体类型:

```
struct student
{
    int num;
    char name[20];
    char gender;
    int age;
    double height;
    double weight;
    int score;
    char addr[80];
    char phone[20];
};
```

这就定义了一个结构体类型:一种新的数据类型,此数据类型的名字为 struct student。以后就可以用这种新数据类型定义变量了。该类型就可以从整体上描述一个学生,而不是只描述一个学生的部分属性。

```
struct point
{
    double x;
    double y;
};
```

定义了一个新的数据类型,名为 struct point。该类型也从整体上描述一个点,包括 x 坐标和 y 坐标。

```
struct date
{
    int year;
    int month;
    int day;
};
```

定义了一个新的数据类型,名为 struct date。它包括一个日期的三个属性:年、月、日。

定义结构体时,结构体的成员可以是基本类型,也可以是构造类型,如结构体类型。

例如：

```
struct rectangle
{
    struct point topleft;
    double width;
    double heiht;
};
```

定义了一个名为 struct rectangle 的新数据类型，用来描述一个矩形。矩形可以通过它左上角顶点的坐标加上长度以及宽度确定，所以此新数据类型有一个成员，指定矩形的左上角点，这个成员的数据类型也是一种构造类型。

如果结构体成员的类型也是结构体类型，则成员结构体类型也可以在结构体中定义，形成结构体的嵌套定义。如结构体 struct rectangle 也可以用如下方式定义：

```
struct rectangle
{
    struct point
    {
        double x;
        double y;
    } topleft;
    double width;
    double heiht;
};
```

定义结构体时也可以不指定结构体类型的名字，成为一种匿名的结构体。其一般形式为：

```
struct
{
    数据类型 成员名1;
    数据类型 成员名2;
    …
    数据类型 成员名n;
};
```

这样就定义了一种新的数据类型，但是没有名字。

本节只介绍了如何定义数据类型，没有介绍如何定义变量。系统只会为变量分配存储单元，而不会为类型分配存储单元。所以，现在还不能对类型进行任何操作，11.2节中定义结构体类型变量后就可以对它进行操作了。

11.2　结构体类型变量的定义与初始化

可以采取三种方法定义结构体类型变量，且定义变量的同时可以对它进行初始化。

（1）先定义结构体类型，再定义变量。定义及初始化的一般形式为：

struct 结构体名 变量名 = {成员变量值列表};

在 11.1 节中,已经定义了结构体类型 struct student,现在可以定义该类型的变量。如:

```
struct student std1,std2;
```

定义了两个数据类型为 struct student 的变量 std1,std2。

```
struct point p1, p2;
```

定义了两个数据类型为 struct point 的变量 p1,p2。

如果要在定义的同时对变量进行初始化,则要把成员变量的值放在一个大括号里面,值与值之间用逗号分隔,且值的顺序要与定义结构体中成员变量顺序一致。

例如:

```
struct student std3 = {1, "Li Ming", 'M', 19, 170, 130, 90, "Guangzhou", "13812341234" };
```

定义了一个类型为 struct student 的变量 std3,并对它进行了初始化。

如果结构体成员的类型也是结构体类型,初始化时也要按照顺序提供初值,如:

```
struct rectangle rt1 = { 3.2, 4.3, 5, 6 };
```

定义并初始化了类型为 struct rectangle 的变量 rt1,它描述了一个矩形,该矩形的左上角顶点的坐标为(3.2,4.3),矩形的宽度为 5,矩形的高度为 6。

(2) 在定义结构体类型的同时定义变量,一般形式为:

```
struct 结构体名
{
    成员列表
}变量名 = {成员变量值列表};
```

如:

```
struct student
{
    int num;
    char name[20];
    char gender;
    int age;
    double height;
    double weight;
    int score;
    char addr[80];
    char phone[20];
}std1,std2;
```

与第一种方式相同,也定义了两个数据类型为 struct student 的变量 std1,std2。

对变量进行初始化的方法也与第一种方式相同,不再赘述。

(3) 定义匿名结构体类型的变量,其一般形式为:

```
struct
{
    数据类型 成员名1;
```

```
        数据类型 成员名 2;
        …
        数据类型 成员名 n;
}变量名 = {成员变量值列表};
struct
{
    int code;
    char name[80];
    char addr[80];
}university = {1023, "Guangdong University","Guangzhou China"};
```

结构体变量占用的内存单元数是它的结构体成员占用的内存单元数的总和，如：

```
struct person
{
    char name[8];
    int age;
}tom;
printf(" % d\n", sizeof(tom) );
```

输出结果如下：

```
12
```

结构体变量 tom 占用的内存单元数是它两个成员 name 和 age 所占内存单元数的和。

11.3   结构体类型变量的引用

定义结构体类型变量后，就可以引用这个变量。引用结构体类型变量应遵循的规则如下。

(1) 可以用一个结构体变量给另一个结构体变量赋值。

例如：

```
struct student std1,std2 = {1, "Li Ming", 'M', 19, 170, 130, 90, "Guangzhou", "13812341234" };
std1 = std2;
```

定义时给 std2 赋了初值，但没有给 std1 赋初值。就可以把 std2 的值赋给 std1。

(2) 可以用成员运算符"."引用结构体变量的成员，一般形式为：

结构体变量名.成员名

例如：

```
printf( "height = % f\n", std1.height );
```

输出结构体变量 std1 的 height 成员。

(3) 如果成员的类型也是结构体类型，则要通过成员运算符"."逐级访问，才能访问最终的成员。

例如：

```
struct rectangle rt1 = { 3.2, 4.3, 5, 6 };
```

```
double x;
x = rt1.topleft.x;
```

则把矩形 rt1 的成员 topleft 的成员 x 的值赋给变量 x。

（4）成员变量和普通变量一样可以参与各种运算，成员的数据类型决定其参与运算的类型。

```
double area;
area = rt1.width * rt1.height;
```

计算得出矩形的面积。

（5）结构体变量定义后，要给它赋值，只能给它的成员赋值。

```
struct point p1;
p1.x = 4.5;
p1.y = 5.6;
```

以下给结构体变量赋值的方法是错误的：

```
p1 = {4.5,5.6};
```

（6）如果在函数外面定义结构体的同时定义结构体变量，则该变量是全局变量。

[例 11-1]

```
#include <stdio.h>
struct   tree
{
    int   x;
    char   *s;
}t;
func(struct   tree   t)
{
    t.x = 10;
    t.s = "computer";
    return(0);
}
void main()
{
    t.x = 1;
assign: t.s = "minicomputer";
call: func(t);
output: printf("%d, %s", t.x, t.s);
}
```

输出结果如下：

```
1, minicomputer
```

因为在函数外面定义结构体 struct tree 的同时定义了结构体变量 t，则变量 t 是全局变量。执行完语句 assign 后就给全局变量 t 赋了值。在语句 call 中，把变量 t 作为实参调用函数 fun，在函数 fun 中，修改了形参变量 t 的值。但是，这时修改的只是形参变量 t 的值，形参变量是局部变量，没有修改全局变量 t 的值。故，在语句 output 中，输出的是全局变量

t 的值。

[**例 11-2**] 编写一程序,定义一个结构体类型描述一个点。然后输入两个点的坐标,计算并输出这两个点间的距离。[难度等级:小学]

程序如下:

```
# include < stdio. h >
# include < math. h >
struct point
{
    int x;
    int y;
};
void main()
{
    struct point p1,p2;                        /* 定义两个点 */
    double dist;
    printf("输入第一个点的坐标值:\nx = ");       /* 输入第一个点 */
    scanf("%d",&p1.x);
    printf("y = ");
    scanf("%d",&p1.y);
    printf("输入第二个点的坐标值:\nx = ");       /* 输入第二个点 */
    scanf("%d",&p2.x);
    printf("y = ");
    scanf("%d",&p2.y);
    dist = sqrt( (p2.x - p1.x) * (p2.x - p1.x) + (p2.y - p1.y) * (p2.y - p1.y) );
                                                /* 计算两点距离 */
    printf("两点之间的距离为 %10.2f.\n",dist);
}
```

运行情况如下:

```
输入第一个点的坐标值:
x = 2
y = 3
输入第二个点的坐标值:
x = 4
y = 5
两点之间的距离为        2.83
```

11.4 结构体数组

也可以定义结构体类型的数组,定义的一般形式为:

struct 结构体名 数组名[常量表达式];

定义的方法与普通数组相同,只是数据类型为结构体类型。

例如:

```
struct point
{
```

```
        int x;
        int y;
};
struct point ps[10];
```

定义了一个有 10 个元素的数组,每一个数组元素的类型都是 struct point。这个数组可以用来记录 10 个点的坐标信息。

也可以定义结构体类型的同时定义结构体数组,如:

```
struct point
{
        int x;
        int y;
} ps[10];
```

定义结构体数组的同时也可以对它进行初始化,初始化时可以把所有的初值按顺序放在一个大括号里面,值与值之间用逗号分隔,如:

```
struct point
{
        int x;
        int y;
}ps[2] = {1,2,3,4};
```

也可以把单个数组元素的值放在一个大括号里面,各个大括号之间用逗号分隔,如:

```
struct stu
{
        int num;
        char name[10];
        int age;
};
struct stu students[3] = {{9801,"Zhang",20},{9802,"Wang",19}, {9803,"Zhao",18} };
```

如果给数组进行了初始化,可以不指定数组的长度,如上面的定义等价于:

```
struct stu students[] = {{9801,"Zhang",20},{9802,"Wang",19}, {9803, "Zhao", 18} };
```

系统自动确定数组 students 的长度为 3。

初始化时也可以只给出部分数组元素的初值,如:

```
struct person
{
        char name[9];
        int age;
};
struct person classes[10] = {"John",17, "Paul",19, "Mary",18, "Adam",16};
```

结构体数组 classes 的长度为 10,而只给出了 4 个元素的初值。

语句 printf("%c\n",classes[2].name[0]);的输出为 M。

[例 11-3] 请编写程序:一个结构体类型包含姓名、年龄和年薪三个成员,将表 11-1 的数据赋给结构体数组,并按照年龄从小到大顺序将它们输出到屏幕上。[难度等级:小学]

表 11-1   结构体数据

姓名	zhangsan	lisi	wangwu
年龄	38	22	24
年薪	28000	22000	27000

N-S 图如图 11-1 所示。

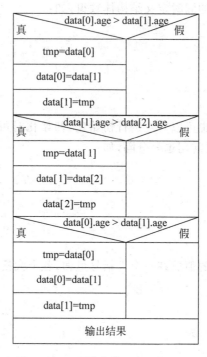

图 11-1   比较结构体对象的 N-S 图

程序如下：

```c
#include<stdio.h>
struct emp
{
    char name[20];
    int age;
    long yearsal;
};
void main()
{
    struct emp data[3] = {{"zhangsan",38,28000},    {"lisi",22,22000},    {"wangwu",24,
27000}},tmp;
    int i;
    if ( data[0].age > data[1].age )
    {
        tmp = data[0];
        data[0] = data[1];
        data[1] = tmp;
    }
```

```
        if ( data[1].age > data[2].age )
        {
            tmp = data[1];
            data[1] = data[2];
            data[2] = tmp;
        }
        if ( data[0].age > data[1].age )
        {
            tmp = data[0];
            data[0] = data[1];
            data[1] = tmp;
        }
        printf("\n%20s%4s%9s","姓名","年龄","年收入");
        for ( i = 0; i < 3; i++)
            printf("\n%20s,%3d,%8ld",data[i].name,data[i].age,data[i].yearsal);
}
```

运行时输出结果如下:

```
    姓名年龄   年收入
   lisi, 22,     22000
 wangwu, 24,     27000
zhangsan, 38,    28000
```

11.5　结构体指针

程序运行时,系统也要为结构体变量分配内存单元,然后才能使用该变量的值。当被分配内存单元后,结构体变量也有一个地址。可以用一个指针变量保存该结构体变量的地址,该指针变量称为结构体指针变量。

定义结构体指针变量的一般形式为:

struct 结构体名 * 指针变量名;

例如:

```
struct point
{
    int x;
    int y;
}
struct point tf, * p1;
```

可以用结构体变量的地址给结构体指针变量赋值,如:

p1 = &tf;

也可以用结构体数组元素的地址或者数组名给结构体指针变量赋值,如:

```
struct point ps[5];
p1 = &ps[2];
```

```
        p = ps;
```

通过结构体指针访问结构体的成员有以下两种方法。

（1）用成员运算符"."访问，其一般形式为：

（＊指针变量名）.成员名

先要用指针运算符"＊"得到指针所指向的结构体变量，如：

```
    p1 = &tf;
    (＊p1).x = 25;
```

给点结构体变量 tf 的 x 坐标赋值为 25。

（2）用指向运算符"->"访问，其一般形式为：

指针变量名 ->成员名

如：

```
    p1 = &tf;
    p1 -> y = 30;
```

给点结构体变量 tf 的 y 坐标赋值为 30。

［例 11-4］

```
# include < stdio. h >
struct st
{
    int x;
    int ＊ y;
} ＊ p;
int dt[4] = {10,20,30,40};
init1: struct st aa[4] = { 50,&dt[0],60,&dt[1], 70, &dt[2],80,&dt[3] };
void main()
{
    p = aa;
output1:printf(" ％ d\n", ++p -> x );
output2:printf(" ％ d\n", (++p) -> x);
output3:printf(" ％ d\n", ++( ＊ p -> y));
}
```

输出结果如下：

```
51
60
21
```

结构体 struct st 的第二个成员是一个指向整型的指针变量。在语句 init1 中定义了一个结构体数组 aa，并对它进行初始化，分别用数组 dt 的 4 个元素的地址初始化数组 aa 的 4 个元素的第二个成员，初始化后 aa[0]. y 就等于 ＆dt[0]，其余以此类推。

在函数 main 中，用数组名 aa 初始化结构体指针 p，指针 p 指向数组 aa 的第 0 个元素。在语句 output1 中，由于指向运算符"->"的优先级比自增运算符"＋＋"的优先级高，故

++p->x 等价于++(p->x),它的作用是使 p 所指向的元素的成员 x 增 1,然后输出该值,故输出为 51。

在语句 output2 中,(++p)->x 的作用是先使指针变量 p 增 1,使得 p 指向数组 aa 的第一个元素,然后输出该元素的成员 x,故输出结果为 60。

在语句 output3 中,由于指向运算符"->"的优先级比指针运算符"*"的优先级高,故 *p->y 等价于 *(p->y),它的作用是先得到 p 所指向的元素的成员 y,然后取它指向的变量。由于此时 p 指向数组 aa 的第一个元素,它的成员 y 指向数组 dt 的第一个元素 20。最后,++(*p->y)外面的自增运算符使该元素变为 21,故输出为 21。

[例 11-5]

```
# include < stdio. h>
struct point
{
        double x;
        double y;
};
struct rectangle
{
    struct point * pt;
    double width;
    double heiht;
};
void main()
{
init1: struct point topleft = {2,5};
init2: struct rectangle rct = { &topleft, 5, 6 }, * pr;
    pr = &rct;
output: printf( "% f, % f\n", pr -> pt -> x, pr -> pt -> y );
}
```

输出结果如下:

2.000000,5.000000

程序中定义了描述点的结构体类型 struct point,以及矩形的结构体类型 struct rectangle,它的第一个成员不是一个结构体类型 struct point 的变量,而是指向该类型的指针。在语句 init1 中,先定义并初始化了一个变量 topleft 来记录矩形的左上角顶点,在语句 init2 中定义了一个变量 rct 来记录一个矩形,并用变量 topleft 的地址来初始化变量 rct 的第一个成员。

在语句 output 中,通过指针变量 pr 两次运用指向运算符才访问到成员 x 和 y。

[例 11-6] 设计一个结构体类型 STREC,有学号和成绩两个成员,n 名学生的数据已存入结构体数组 a 中。请编写函数 void fun(struct STREC a[],struct STREC * s),该函数的功能是:找出成绩最高的学生记录,通过形参返回主函数(规定只有一个最高分)。在函数 main 中输入学生成绩并调用函数 fun,最后输出找到的学生学号及成绩。[难度等级:中等]

函数 fun 的 N-S 图如图 11-2 所示。

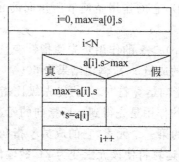

图 11-2 找最高成绩的 N-S 图

程序如下：

```c
#define N 8
#include <stdio.h>
struct STREC
{
    int num;
    int s;
};
void fun(struct STREC a[],struct STREC * s)
{
    int i,max;
    max = a[0].s;
    for (i = 0;i < N;i++)
        if(a[i].s > max)
        {
            max = a[i].s;
assign:     * s = a[i];
        }
}
void main()
{
    int score;
    struct STREC a[N];
    for( int i = 0; i < N; i++)
    {
        printf( "输入第%d个学生的成绩:\n", i + 1 );
        scanf( "%d", &score );
        a[i].num = i + 1;
        a[i].s = score;
    }
    struct STREC std;
call:fun( a, &std );
    printf( "最高分的学生学号及成绩为：%d %d\n", std.num, std.s );
}
```

运行情况如下：

输入第 1 个学生的成绩:85

输入第 2 个学生的成绩:76
输入第 3 个学生的成绩:59
输入第 4 个学生的成绩:67
输入第 5 个学生的成绩:73
输入第 6 个学生的成绩:84
输入第 7 个学生的成绩:92
输入第 8 个学生的成绩:61
最高分的学生学号及成绩为: 7 92

函数 fun 的两个形式参数中,第一个为结构体数组,第二个为结构体指针。在语句 call 中调用函数 fun 的时候,第一个实参为数组名 a,第二个实参为变量 std 的地址。要通过指针参数返回值,在被调用函数中,只能修改形式参数所指向的变量,而不能修改形式参数,所以在函数 fun 中的语句 assign 中,将数组元素赋给形参 s 所指向的变量。

[例 11-7] 设计一个结构体类型 STREC,包含的成员有学生的学号、出生年、月、日。请编写函数 struct STREC fun(struct STREC * a, int n, int number),找出学号为 m 的人员数据,作为函数值返回,由主函数输出,若指定编号不存在,在结构体变量中给所有数据置 −1,作为函数值返回。在函数 main 中输入学生信息并调用函数 fun,最后输出选中的学生及成绩。[难度等级:中学]

N-S 图如图 11-3 所示。

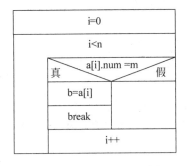

图 11-3 找学生的 N-S 图

程序如下:

```
#include<stdio.h>
#define N 3
struct STREC
{
    int num;
    int year;
    int month;
    int day;
};
struct STREC fun(struct STREC *a, int n, int m)
{
    struct STREC b = {−1, −1, −1, −1};
    for( int i = 0; i < n; i++)
    {
```

```
            if( a[i].num == m )
            {
                b = a[i];
                break;
            }
        }
        return b;
    }
void main()
{
    struct STREC a[N];
    int number;
    for( int i = 0; i < N; i++ )
    {
        printf( "输入第%d个学生的出生年份:\n", i+1 );
        scanf( "%d", &(a[i].year) );
        printf( "输入第%d个学生的出生月份:\n", i+1 );
        scanf( "%d", &(a[i].month) );
        printf( "输入第%d个学生的出生日数:\n", i+1 );
        scanf( "%d", &(a[i].day) );
        a[i].num = i+1;
    }
    printf( "输入要查找的学生学号:\n" );
    scanf( "%d", &number );
    struct STREC b;
call: b = fun( a, N, number );
    printf( "找到的学生学号为%d;出生年月日为: %d-%d-%d\n", b.num, b.year, b.month,
b.day );
}
```

运行情况如下：

输入第 1 个学生的出生年份:1981
输入第 1 个学生的出生月份:11
输入第 1 个学生的出生日数:21
输入第 2 个学生的出生年份:2012
输入第 2 个学生的出生月份:3
输入第 2 个学生的出生日数:20
输入第 3 个学生的出生年份:1959
输入第 3 个学生的出生月份:6
输入第 3 个学生的出生日数:8
输入要查找的学生学号:2
找到的学生学号为 2；出生年月日为：2012 - 3 - 20

在这个程序中,函数 fun 的第一个形参为结构体指针变量,它的返回值类型为结构体类型。在函数 main 的语句 call 中,调用函数 fun 的第一个实参为数组名 a,把函数 fun 的返回值保存在结构体变量 b 中。

11.6 用 typedef 定义类型

C 语言提供了使用 typedef 为已有类型定义类型别名的机制。定义别名后,除了可以使用原数据类型定义变量外,还可以使用类型别名定义变量。

例如:

```
typedef int INTEGER;
```

为类型 int 定义一个类型别名 INTEGER,定义类型别名后,INTEGER 和 int 一样都可以作为定义整型变量的类型。下面的两种定义整型变量的方法等价:

```
int a,b;
INTEGER a,b;
```

这样一来,编程的人就可以用比较熟悉的词 INTEGER 来定义变量了。

用 typedef 定义类型别名的步骤如下。

(1) 按定义变量的方法定义一个变量,例如:

```
int i;
```

(2) 用新类型别名替换变量名,例如:

```
int INTEGER;
```

(3) 在最前面加上 typedef,例如:

```
typedef int INTEGER;
```

(4) 以后定义变量就可以用新类型别名作为类型名,例如:

```
INTEGER j,k;
```

下面介绍用 typedef 定义类型别名的几种典型应用。

(1) 用 typedef 定义结构体类型的别名。

通常,定义结构体变量的方法是先定义结构体类型,再定义结构体变量,例如:

```
struct point
{
    double x;
    double y;
};
struct point p1;
```

可以用 typedef 为结构体类型 struct point 定义一个类型别名 POINT,然后用 POINT 定义类型。

```
typedef struct point POINT;
POINT p1;
```

也可以定义结构体类型的同时定义类型别名,如:

```
typedef struct point
```

```
{
    double x;
    double y;
}POINT;
```

因为定义别名以后，就是用该别名来定义变量，所以结构体名可以省略，如：

```
typedef struct
{
    double x;
    double y;
}POINT;
```

这两种方法定义的类型别名 POINT 是等价的。

（2）用 typedef 定义函数指针的类型别名。

函数指针定义的一般形式为：

返回值类型(* 函数指针变量名)(形式参数列表);

如要定义三个函数指针，则要分别定义如下：

```
int ( * pf1)(int, int);
int ( * pf2)(int, int);
int ( * pf3)(int, int);
```

这时就可以定义一个函数指针类型别名，以减少重复定义的编写量。按照定义类型别名的步骤，定义函数指针类型别名如下：

```
typedef int ( * PFUN)(int, int);
```

然后就可以用该别名定义指针变量了，如：

```
PFUN pf1,pf2,pf3;
```

（3）定义指针类型别名。

定义一个字符指针的形式为：

```
char * p1;
```

按照定义类型别名的步骤，定义指针类型别名如下：

```
typedef char * PCHAR;
```

就可以用类型别名 PCAHR 定义变量了，如：

```
PCHAR p1;
```

同样的方法可以定义整型指针别名和实型指针别名，如：

```
typedef int * PINT;
typedef double * PDOUBLE;
```

然后就可以定义指向整型或者指向实型的指针变量，如：

```
PINT p1;
PDOUBLE p2;
```

typedef 和♯define 是不同的，不同之处在于：♯define 是预编译命令，它是在预编译时处理的，它只作简单的字符串替换。它也不是语句，所以在最后不必加上分号"；"。而typedef 是在编译时处理的，它是定义一个类型别名。它是一个语句，所以在最后要加上分号"；"。

习题

一、选择题

1. 若程序中有下面的说明和定义：struct abc ｛int x；char y；｝struct abc s1，s2；则会发生的情况是＿＿＿＿＿＿。［难度等级：小学］

    A. 编译出错

    B. 程序将顺利编译、连接、执行

    C. 能顺利通过编译、连接，但不能执行

    D. 能顺利通过编译，但连接出错

2. 设有以下说明语句：typedef struct｛ int n；char ch［8］；｝PER；则下面叙述中正确的是＿＿＿＿＿＿。［难度等级：小学］

    A. PER 是结构体变量名　　　　　　　B. PER 是结构体类型名

    C. typedef struct 是结构体类型　　　　D. struct 是结构体类型名

3. 设有以下说明语句：struct ex｛ int x；float y；char z；｝example；则下面的叙述中不正确的是＿＿＿＿＿＿。［难度等级：小学］

    A. struct 结构体类型的关键字　　　　B. example 是结构体类型名

    C. x，y，z 都是结构体成员名　　　　　D. struct ex 是结构体类型

4. 下列程序的输出结果是＿＿＿＿＿＿。［难度等级：中学］

```
struct abc { int a, b, c; };
main()
{
struct abc s[2]={{1,2,3},{4,5,6}};
int t;
t=s[0],a+s[1],b;
printf("%d\n",t);
}
```

    A. 5　　　　　　　　B. 6　　　　　　　　C. 7　　　　　　　　D. 8

5. 以下程序的输出结果是＿＿＿＿＿＿。［难度等级：中学］

```
struct HAR { int x, y; struct HAR *p;} h[2];
main()
{
    h[0].x=1;
    h[0].y=2;
    h[1].x=3;
    h[1].y=4;
    h[0].p=h[1].p=h;
```

```
    printf("%d %d\n",(h[0].p)->x,(h[1].p)->y);
}
```

    A. 1 2   B. 2 3   C. 1 4   D. 3 2

二、填空题

1. 若有如下结构体说明：

```
struct  STRU
{  int a,b;
   char c;
   double d;
  struct  STRU  p1,p2;
};
```

请填空，以完成对 t 数组的定义，t 数组的每个元素为该结构体类型，_____ t[20];。[难度等级：小学]

2. 以下程序用来输出结构体变量 ex 所占存储单元的字节数，请填空。[难度等级：小学]

```
struct st
{   char name[20];double score;};
main()
{
struct st, ex;
        printf("ex size: %d\n",sezeof(_____);
}
```

3. 已知结构体 com 类型的变量 a，其初始化赋值如下：

```
struct com a = {"20",5,1.7691};
```

则结构体 com 的类型定义是_____。[难度等级：中学]

4. 下面程序的输出结果是_____。[难度等级：中学]

```
main()
{
struct cmplx { int x; int y; } cnum[2] = {1,3, 2,7};
printf("%d\n",cnum[0].y /cnum[0].x * cnum[1].x);
}
```

5. 运行下面程序，其输出结果是_____。[难度等级：中学]

```
# include <stdio.h>
struct   sample
{  int a,b; char * ch;   };
void f1(struct sample param)
{
    param.a += param.b;
    param.ch[2] = 'x';
    printf("%d\n",param.a);
    printf("%s\n",param.ch);
}
```

```
void main()
{
    struct sample arg;
    arg.a = 1000; arg.b = 100; arg.ch = "abcd";
    f1(arg);
}
```

三、写程序结果题

以下程序段的运行结果是_____。〔难度等级：中学〕

```
void main()
{
    static struct s1 {char c[4], * s;}
    static struct s2 {char * cp; struct s1 ss1;}
    s1 = {"abc","def"};
    s2 = {"ghi",{"jkl","mno"}};
    printf(" % c, % c\n",s1.c[0], * s1.s);
    printf(" % s, % s\n",s1.c,s1.s);
    printf(" % s, % s\n",s2.cp,s2.ss1.s);
    printf(" % s, % s\n",++s2.cp,++s2.ss1.s);
}
```

四、编程题

1. 设计一个结构体类型记录三维空间中的一个点。在函数 main 中输入两个点的信息，然后计算并输出两个点之间的距离。〔难度等级：小学〕

2. 设计一个结构体类型记录一个长方体，长方体可以由它的一个顶点、长、宽以及高等几个属性确定。在函数 main 中输入一个长方体的信息，然后计算并输出它的体积。〔难度等级：小学〕

3. 一份试卷中有 10 道题，每个题的数据包括编号、题目内容、题目类型、难度等级以及参考答案。设计一个结构体类型记录一个题目，并在函数 main 中输入 10 道题的信息，最后输出这 10 道题目。〔难度等级：小学〕

4. 设计一个结构体类型记录产品销售记录，每个产品销售记录由产品代码 dm(字符型 4 位)，产品名称 mc(字符型 10 位)，单价 dj(整型)，数量 sl(整型)，金额 je(长整型)5 部分组成。其中：金额＝单价×数量。编写程序输入一个产品的信息并计算金额，最后输出该产品信息。〔难度等级：小学〕

5. 假设有 N 个学生，每个学生的数据包括学号、姓名及 5 门课的成绩。要求从键盘输入各学生的学号和姓名，学生成绩用随机函数 rand 生成，最后输出 5 门的总平均成绩及最高分学生的情况。〔难度等级：小学〕

6. 设计一个结构体类型 STREC，包含学号和成绩两个成员。n 名学生的数据已在主函数中放入结构体数组 s 中，请编写函数 fun，它的功能是：把分数最低的学生数据放在 h 所指的数组中，注意：分数最低的学生可能不止一个，函数返回分数最低的学生的人数。在函数 main 中输入学生成绩并调用函数 fun，最后输出排序后的学生及成绩。〔难度等级：中学〕

7. 设计一个结构体类型 STREC，包含每位同学的编号、姓名和电话号码。调用 fun 函数建立班级通讯录。通讯录中记录每位同学的编号、姓名和电话号码。班级的人数和学生

信息从键盘读入。在函数 main 中调用该函数,然后输出所有数据。[难度等级:大学]

8. 设计一个结构体类型 STREC,包含的成员有学号、姓名和 3 门课,n 名学生的数据已存入结构体数组 a 中。请编写函数 double fun(struct STREC * a, int n),将存放学生数据的结构体数组,按照姓名的字典序(从小到大排序)排序。在函数 main 中输入学生成绩并调用函数 fun,最后输出排序后的学生数据。[难度等级:大学]

9. 定义一个结构体类型记录图 11-4 中的一个点,该类型有两个整型成员 x 和 y,分别表示该点的 X 和 Y 坐标。编写一个函数,该函数的形式参数为图 11-4 中的一个点的编号,返回值为该点对应的结构体类型变量。[难度等级:小学]

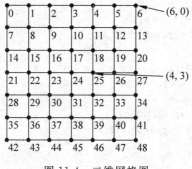

图 11-4 二维网格图

## 第12章

文　件

程序运行时,用变量或者数组保存需要处理的数据,变量和数组都是存储在内存中的。内存中的数据不能永久保存,一旦断电,这些数据就将丢失。如果需要将数据永久保存,就要将数据保存在外部存储器,如硬盘等。本章介绍如何通过文件将数据保存在外部存储器中。

12.1　文件的基本概念

文件是指存储在外部存储器中的一组数据集合。操作系统以文件为单位对外部存储器中的数据进行管理,操作系统用文件名对文件进行标识。要向外部存储器中存储数据必须先用指定的文件名建立一个文件,然后再把数据保存在该文件中。反之,要从外部存储器中读取数据,也要给出保存数据的文件名,打开该文件,然后才能通过该文件名读取外部存储器中的数据。

C 语言中,文件分为两种:文本文件和二进制文件。文本文件又称 ASCII 文件,它把处理的数据看作是一个字符序列,存储的时候,把该字符序列中每个字符的 ASCII 码保存在文件中。例如,要存储一个字符串"hello",则将该字符串中每个字符的 ASCII 码依次保存在文件中,保存结果如图 12-1 所示(不保存字符串结束标志'\0')。

01101000	01100101	01101100	01101100	01101111

图 12-1　文本文件存储

二进制文件把数据的二进制值存储到文件中。如有一个整数 2013,因为一个整数占 4 个字节,把它保存在外部存储器中也要占 4 个字节,把它以二进制形式保存在文件中的结果如图 12-2 所示。

00000000	00000000	00000111	11011101

图 12-2　二进制文件存储

数据既可以保存为文本文件也可以保存为二进制文件,两种方式保存的结果互不相同。如有一个整型变量 i:

```
int i = 123456;
```

把变量 i 保存为二进制文件时,只需把它的二进制值原样存储到文件中即可,一共占 4 个字节,如图 12-3 所示。

00000000	00000000	00110000	00111010

图 12-3 变量保存为二进制文件

而要把整型变量 i 保存为文本文件,则要把它转换成字符串"123456",然后把该字符串中各个字符的 ASCII 码依次保存在文件中,一共占 6 个字节,如图 12-4 所示。

00110001	00110010	00110011	00110100	00110101	00110110

图 12-4 变量保存为文本文件

把数据保存在外部存储器中后,程序要使用数据时需要从外存中的文件读取。而从外存中读取数据的速度往往比较慢,使用缓冲区可以提高读取数据的速度。缓冲区是内存中的一段存储区域,当要存取文件时,系统自动为每一个文件都开辟一个缓冲区。如果要从外存读取数据,一次将一批数据输入到缓冲区中,程序运行需要数据时,直接从缓冲区中读取。如果要向外存中写入数据,先将数据保存到缓冲区中,然后一次将缓冲区中的数据全部写到外存中。缓冲区示意图如图 12-5 所示。

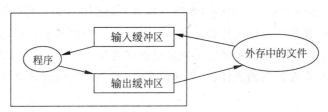

图 12-5 文件缓冲区示意图

C 语言中文件操作的基本流程如图 12-6 所示。在对文件进行读写操作之前,先要打开文件,如果打开成功才能读写文件内容,读写完毕还要关闭文件。如果打开文件失败,则不能对文件进行读写操作,这时需要检查打开失败的原因。

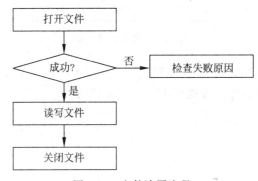

图 12-6 文件读写流程

12.2 文件结构体

C 语言中,成功打开一个文件后,用一个结构体变量记录与该文件有关的信息(如文件缓冲区的位置、文件当前的状态等)。该结构体类型别名是 FILE,定义在文件"stdio.h"中,定义形式为:

```
typedef struct
{
    int _fd;              //文件号
    int _cleft;           //缓冲区中剩余的字符数
    int _mode;            //文件使用方式
    char * _next;         //文件当前读写位置
    char * _buff;         //文件缓冲区位置
}FILE;
```

C 语言中,文件打开成功后,就会得到一个指向类型 FILE 的指针,该指针指向的变量记录了与文件相关的信息。以后,对文件的操作都是通过该指针来实现的,称这样的指针为文件指针。需要定义一个指针变量保存该指针值,指针变量的定义形式为:

FILE * 指针变量名;

如:

FILE * fp;

每一个打开的文件都有一个对应的文件指针,对文件的操作都要通过与它对应的文件指针进行。

12.3 文件的打开与关闭

12.3.1 用函数 fopen 打开文件

C 语言中使用文件之前需要打开文件,打开文件用库函数 fopen。使用函数 fopen 打开文件的一般形式为:

```
FILE * fp;
fp = fopen(文件名,文件使用方式);
```

其中,文件名是一个字符串,指定要打开的文件的名字;文件使用方式也是一个字符串,指定使用文件的方式。函数返回一个文件指针,如果打开成功,则该指针为一个结构体FILE 变量的地址;如果打开失败,则该指针的值为 NULL(NULL 在文件"stdio.h"中定义为 0,称为空指针)。

例如:

```
fp = fopen( "d:\test.txt", "w" );
```

该语句的作用是以"只写"的方式打开 d 盘下的文本文件 test.txt。

C语言中文件常见的使用方式见表 12-1。

表 12-1　C 语言中文件使用方式

文件使用方式	含　义
r	以只读方式打开一个文本文件
w	以只写方式打开一个文本文件
a	以向文件末尾追加数据方式打开一个文本文件
rb	以只读方式打开一个二进制文件
wb	以只写方式打开一个二进制文件
ab	以向文件末尾追加数据方式打开一个二进制文件
r+	以读写方式打开一个文本文件
w+	以读写方式建立一个新的文本文件
a+	以读写方式打开一个文本文件
rb+	以读写方式打开一个二进制文件
wb+	以读写方式建立一个新的二进制文件
ab+	以读写方式打开一个二进制文件

用"r"方式打开的文件必须是一个已经存在的文件,否则函数 fopen 返回一个空指针 (NULL)。该文件打开后只能读出其中的数据。

用"w"方式打开文件时,如果指定的文件不存在,则以指定的名字建一个新文件;如果指定的文件已经存在,则删除该文件,然后重新建一个新文件。文件打开后,只能向文件中写数据。

用"a"方式打开文件时,指定的文件必须已经存在,否则返回一个空指针。文件打开后,原来的数据得到保留,只在原文件的末尾添加新数据。

用"r+"、"w+"和"a+"三种方式打开文件时,既可以从文件中读数据,又可以向文件中写数据。方式"r+"要求指定的文件必须已经存在。

当向一个文本文件写数据的时候,要把换行符转换成回车和换行两个字符写入;反之,当要从中读数据的时候,要把回车和换行两个字符转换成换行符读入。而读写二进制文件不需要进行这种转换。

在程序开始运行时,系统会自动打开三个标准文件:标准输入、标准输出和标准出错输出。这三个文件都与系统终端关联,因此,当要从终端输入或输出时,就不再需要打开了。

因为打开文件时可能会出错,而且出错时都返回空指针。所以打开文件后应该检查是否成功,成功后再使用文件。检查成功与否的方式为:

```
if( fp == NULL )
{
    printf( "打开文件失败\n" );
    return;
}
…//继续执行程序
```

如果打开文件失败,那么程序就不能继续执行了,所以要从 if 语句中退出程序。反之,打开文件成功,则应继续执行 if 语句后面的语句进行文件读写等操作。

12.3.2 用函数 fclose 关闭文件

当使用完一个文件后,应该关闭该文件。关闭文件时,系统会把文件输出缓冲区中的数据写入到文件中,这样就能避免数据丢失。同时关闭文件后,系统将释放为该文件分配的缓冲区,并可以把相应内存单元分配给其他变量或者其他程序,以充分利用内存单元。

用函数 fclose 关闭文件的一般形式为:

```
fclose(文件指针);
```

例如:

```
fclose(fp);
```

12.4 文件读写

当成功打开一个文件后,就可以对它进行读、写操作了。本节介绍常用的读写函数。

12.4.1 字符输入、输出函数 fgetc 和 fputc

字符输入函数 fgetc 从指定的文件读入一个字符,指定的文件必须是已经用读或者读写方式打开。它的调用形式为:

```
ch = fgetc(文件指针);
```

它的作用是从文件指针指向的文件中读取一个字符并赋给字符变量 ch。

如果函数 fgetc 读取成功,返回值为读取的字符;反之,当函数读取文件末尾时,返回一个文件结束标志 EOF(EOF 在文件"stdio. h"中定义为−1)。

文本文件中存储的是字符的 ASCII 码,因为字符的 ASCII 码不会是−1,所以可以用 EOF 来判断读取文本文件是否结束。例如:

```
while( (ch = fgetc(fp)) != EOF )
{
  putchar( ch );
}
```

上述程序段的功能是读出一个文本文件中的所有字符,并显示在屏幕上。

二进制文件存储的是数据的二进制值,而一个数据的二进制值可能是−1,这时就不能用 EOF 作为判断读取文件是否结束的标志。为了解决这个问题,C 语言提供了另一个库函数 feof 来判断文件是否结束。该函数的调用形式为:

```
i = feof(文件指针);
```

如果文件结束,函数 feof 的返回值为真,否则为假。

例如:

```
while( !feof(fp) )
{
```

```
        c = fgetc( fp );
    }
```

上述程序段的功能是读出一个二进制文件中的所有字符。

字符输出函数 fputc 的功能是将一个字符输出到指定的文件中。函数 fputc 的调用形式为：

```
fputc(ch,文件指针);
```

它的作用是将一个字符 ch 输出到文件指针指定的文件中。

如果输出成功，函数 fputc 的返回值就是输出的字符，反之返回 EOF。

12.4.2 格式输入、输出函数 fscanf 和 fprintf

函数 fscanf 和 fprintf 和函数 scanf 和 printf 的作用相同，都是按照指定的格式输入、输出数据。不同之处在于，函数 fscanf 和 fprintf 是从文件中读写数据。所以，调用这两个函数要用文件指针指定要读写的文件。一般形式为：

```
fscanf(文件指针,格式字符串,输入列表);
fprintf(文件指针,格式字符串,输出列表);
```

使用函数 fprintf 输出数据时，不管文件是以文本还是以二进制形式打开，都要把所输出的数据转换成字符序列，然后输出字符的 ASCII 码。

转换过程要分为以下两种情况。

（1）如果输出的是整数，则直接按整数的实际位数转换并输出。

例如：

```
fprintf( fp, "%d", 1234567890 );
```

则输出到文件的内容如图 12-7 所示。

00110001	00110010	00110011	00110100	00110101	00110110	00110111	00111000	00111001	00110000

图 12-7   函数 fprintf 输出整数

（2）如果输出的是实数，则小数点后面要按照指定的位数进行四舍五入。

例如：

```
fprintf( fp, "%f", 3.1415926 );
```

默认小数点后保留 6 位，而要输出的数小数点后有 7 位，故要进行四舍五入。输出到文件中的内容为 3.141593，如图 12-8 所示。

00110011	00101110	00110001	00110100	00110001	00110101	00111001	00110011

图 12-8   函数 fprintf 输出实数

当用函数 fscanf 输入数据时，则要进行相反的转换，即把 ASCII 码值对应的字符序列转换成整数或者实数的二进制形式，再赋给变量。

例如：

```
fprintf( fp, "%f", 3.1415926 );
double g;
fscanf(fp,"%lf",&g);
```

则实数 g 的值为 3.141593。

因为在用 fprintf 输出数据的时候，要对数据进行转换，故同一类型的不同数据的长度都不一致，如同是整型，100 的长度为 3，1012 的长度为 4，所以输出的时候要设置格式，对输出的数据进行分隔。

[例 12-1]

```
#include <stdio.h>
void main()
{
    FILE *fp;
open1:fp = fopen( "test.dat", "w" );
    if( fp == NULL )
    {
        printf( "打开文件失败\n" );
        return;
    }
    int i = 100, j = 200, k = 300;
write: fprintf( fp, "%d %d %d", i,j,k );
    fclose( fp );

open2:fp = fopen( "test.dat", "r" );
    if( fp == NULL )
    {
        printf( "打开文件失败\n" );
        return;
    }
    int i1, j1, k1;
read:fscanf( fp, "%d%d%d", &i1, &j1, &k1 );
output:printf( "i1 = %d, j1 = %d, k1 = %d\n", i1, j1, k1 );
    fclose( fp );
}
```

运行情况如下：

```
i1 = 100, j1 = 200, k1 = 300
```

在此程序中，在语句 open1 中以只写方式打开一个文本文件，然后在语句 write 中向该文件写入三个整型变量 i,j,k 的值，各变量之间用空格分隔。在语句 open2 中以只读方式重新打开相同的文件，并在语句 read 中读入三个整数赋给变量 i1,j1,k1。最后在语句 output 中输出所读的三个整数。

其中，在 write 语句中写入一个整数后再写入一个空格，从而用空格对整数进行分隔。如果在写入的时候不对整数进行分隔，如把 write 语句改为：

```
fprintf( fp, "%d%d%d", i,j,k );
```

那么,语句 output 的输出结果将为:

i1 = 100200300, j1 = － 858993460, k1 = － 858993460

这是因为系统不知道一个整数的边界,只好将 100200300 读成一个整数,并把它赋给变量 i1。而读后面两个变量的值时失败,故它们的值为随机值。

12.4.3 块输入、输出函数 fread 和 fwrite

函数 fread 和 fwrite 可以用来读写一个数据块。它们的一般调用形式为:

```
fread(buff,size,count,fp);
fwrite(buff,size,count,fp);
```

其中,buff 是一个指针,对于函数 fread,它用来存放读入数据的内存单元的首地址;对于函数 fwrite,它是指向输出数据的内存单元的首地址。size 是要读写的数据块的字节数。count 是要读写的数据块的数量。fp 是要读写的文件指针。

下面分别举例说明如何读写一个整数、一个实数、一个数组以及一个结构体变量。

[例 12-2]

```
# include < stdio. h >
void main()
{
    FILE  * fp;
    int i = 12345;
open1:fp = fopen( "test.dat", "wb" );
    if( fp == NULL )
    {
        printf( "打开文件失败\n" );
        return;
    }
write:fwrite(&i,sizeof(i),1,fp);
    fclose( fp );

open2:fp = fopen( "test.dat", "rb" );
    if( fp == NULL )
    {
        printf( "打开文件失败\n" );
        return;
    }
    int j;
read:fread(&j,sizeof(i),1,fp);
output:printf( "读入的整数为: % d\n", j );
    fclose( fp );
}
```

运行情况如下:

读入的整数为: 12345

在此程序中,在语句 open1 中以只写方式打开一个二进制文件,然后在语句 write 中向该文件写入一个整型变量 i 的值。在语句 open2 中以只读方式重新打开相同的二进制文件，并在语句 read 中读入一个整数赋给变量 j。最后在语句 output 中输出所读的整数：12345。

[例 12-3]

```
#include <stdio.h>
void main()
{
    FILE * fp;
    double g = 13.2456;
open1:fp = fopen( "test.dat", "wb" );
    if( fp == NULL )
    {
        printf( "打开文件失败\n" );
        return;
    }
write:fwrite(&g,sizeof(g),1,fp);
    fclose( fp );

open2:fp = fopen( "test.dat", "rb" );
    if( fp == NULL )
    {
        printf( "打开文件失败\n" );
        return;
    }
    double f;
read:fread(&f,sizeof(f),1,fp);
output:printf( "读入的实数为: %f\n", f );
    fclose( fp );
}
```

运行情况如下：

读入的实数为：13.2456

在此程序中，在语句 open1 中以只写方式打开一个二进制文件，然后在语句 write 中向该文件写入一个实型变量 g 的值。在语句 open2 中以只读方式重新打开相同的二进制文件，并在语句 read 中读入一个整数赋给变量 f。最后在语句 output 中输出所读的实数：13.2456。

[例 12-4]

```
#include <stdio.h>
void main()
{
    FILE * fp;
    int a[4] = {1,2,3,4};
    int b[4];
    int i;
open1:fp = fopen( "test.dat", "wb" );
    if( fp == NULL )
```

```
        {
            printf( "打开文件失败\n" );
            return;
        }
write:fwrite(a,sizeof(int),4,fp);
    fclose( fp );

open2:fp = fopen( "test.dat", "rb" );
    if( fp == NULL )
    {
        printf( "打开文件失败\n" );
        return;
    }
read:fread(b,sizeof(int),4,fp);
    printf( "读入的数组元素为: " );
output:for( i = 0; i < 4; i++)
        printf( "%d ", b[i] );
    fclose( fp );
}
```

运行情况如下：

读入的数组元素为: 1 2 3 4

在此程序中，在语句 open1 中以只写方式打开一个二进制文件，然后在语句 write 中向该文件写入一个整型数组的 4 个元素。在语句 open2 中以只读方式重新打开相同的二进制文件，并在语句 read 中读入 4 个整数到数组 b 中。最后在语句 output 中输出数组 b 的全部元素：1、2、3、4。

[例 12-5]

```
# include < stdio. h>
struct point
{
        double x;
        double y;
};
struct rectangle
{
    struct point pt;
    double width;
    double heiht;
}rect = {2,4,3,5};
void main()
{
    FILE * fp;
open1:fp = fopen( "test.dat", "wb" );
    if( fp == NULL )
    {
        printf( "打开文件失败\n" );
        return;
    }
```

```
write:fwrite(&rect,sizeof(struct rectangle),1,fp);
    fclose( fp );
open2:fp = fopen( "test.dat", "rb" );
    if( fp == NULL )
    {
        printf( "打开文件失败\n" );
        return;
    }
    struct rectangle rect1;
read:fread(&rect1,sizeof(struct rectangle),1,fp);
printf( "读入的结构体变量为: " );
output:printf( "x = % f, y = % f, width = % f, height = % f\n", rect1. pt. x, rect1. pt. y, rect.
width, rect.heiht );
    fclose( fp );
}
```

运行情况如下:

读入的结构体变量为:
x = 2.000000, y = 4.000000, width = 3.000000, height = 5.000000

在此程序中,在语句 open1 中以只写方式打开一个二进制文件,然后在语句 write 中向该文件写入一个结构体类型(struct rectangle)变量。在语句 open2 中以只读方式重新打开相同的二进制文件,并在语句 read 中读入一个结构体类型(struct rectangle)数据保存在变量 rect1 中。最后在语句 output 中输出变量 rect1 的顶点坐标,以及它的宽和长。输出结果如下: x=2.000000,y=4.000000,width=3.000000,height=5.000000。

用 fwrite 将数据写入到文件时,由于同类型的不同数据所需的字节数相同,如整型数的宽度为 4 字节,故 100 的长度为 4,1012 的长度也为 4,所以输出的时候就不必设置格式,对输出的数据进行分隔。

例 12-1 中写三个整数到文件中,用 fwrite 和 fread 可以改写为例 12-6。

[例 12-6]

```
# include < stdio. h >
void main()
{
    FILE * fp;
    int i = 100, j = 200, k = 300;
    int i1, j1, k1;
open1:fp = fopen( "test", "wb" );
    if( fp == NULL )
    {
        printf( "打开文件失败\n" );
        return;
    }
write:fwrite(&i,sizeof(i),1,fp);
    fwrite(&j,sizeof(i),1,fp);
    fwrite(&k,sizeof(i),1,fp);
    fclose( fp );
```

```
open2:fp = fopen( "test", "rb" );
    if( fp == NULL )
    {
        printf( "打开文件失败\n" );
        return;
    }
read:fread(&i1,sizeof(i),1,fp);
    fread(&j1,sizeof(i),1,fp);
    fread(&k1,sizeof(i),1,fp);
output:printf( "i1 = % d, j1 = % d, k1 = % d\n", i1, j1, k1 );
    fclose( fp );
}
```

输出结果如下：

i1 = 100, j1 = 200, k1 = 300

从语句 write 开始，连续写三个整数到文件中，而不用设置格式对整数进行分隔。

12.5　文件定位

在对文件进行输入输出时，有一个变量用来标示当前读写的位置，称为位置指针。每当要读写文件时，都从位置指针指向的位置开始读写。读写完成后就向后移动位置指针，移动的距离由读写的数据量决定。如要读一个整数，则从位置指针指向的位置读入一个整数，因为一个整数占 4 个字节，所以位置指针自动向前移动 4 个字节的距离。可以调用 C 语言的函数改变这种自动移动的方式，把位置指针移动到指定的位置。本节介绍 C 语言中改变位置指针的函数。

12.5.1　函数 rewind

函数 rewind 的作用是使位置指针重新回到文件的开头。

［例 12-7］

```
# include < stdio. h >
void main()
{
    FILE * fp;
    int ch = 'A';
    int i = 1024;
    double f = 2.71;
    char ch1;
    int j;
    double g;
open1:fp = fopen( "test. dat", "w + " );
    if( fp == NULL )
    {
        printf( "打开文件失败\n" );
        return;
```

```
        }
        fprintf( fp, "%c %d %f", ch, i, f );
wind: rewind( fp );
        fscanf( fp, "%c%d%lf", &ch1, &j, &g );
        printf( "ch1 = %c, j = %d, g = %f\n", ch1, j, g );
        fclose( fp );
}
```

输出结果如下：

```
ch1 = A, j = 1024, g = 2.710000
```

程序以读写模式打开一个文件，先输出三个数，分别为字符型、整型和实型。然后在语句 wind 中，将文件的位置指针移到文件开头，此时就可以读出之前写入的数据了。

12.5.2 函数 fseek

函数 fseek 的作用是设置文件的位置指针。其调用形式为：

```
fseek(文件指针,位移量,起始点)
```

它的作用是把文件的位置指针从起始点移动由位移量指定的距离。

其中，起始点有三种，见表 12-2。

表 12-2 文件起始点

起 始 点	名 字	数 值
文件开始	SEEK_SET	0
文件当前位置	SEEK_CUR	1
文件末尾	SEEK_END	2

位移量以字节为单位。

文本文件存储换行符时，要把它存储为回车和换行两个字符，所以把函数 fseek 用于移动文本文件的指针位置指针时，可能会发生错误。故一般把函数 fseek 用于二进制文件。

例如：

```
fseek(fp,20,0);
```

将位置指针从文件开头向前移动 20 个字节。

```
fseek(fp,20,1);
```

将位置指针从当前位置向前移动 20 个字节。

```
fseek(fp,-20,1);
```

将位置指针从当前位置向后移动 20 个字节。

```
fseek(fp,-20,2);
```

将位置指针从文件末尾处向后移动 20 个字节。

使用 fseek 移动位置指针的时候要注意位置指针不能移到文件的范围之外去。

[例 12-8]

```c
# include < stdio.h >
struct STREC
{
    int num;
    int year;
    int month;
    int day;
}std = {100, 2012, 3, 20};
void main()
{
    FILE * fp;
open1:fp = fopen( "student.dat", "wb" );
    if( fp == NULL )
    {
        printf( "打开文件失败\n" );
        return;
    }
write:fwrite(&std, sizeof(struct STREC), 1, fp);
    fclose( fp );

open2:fp = fopen( "student.dat", "rb" );
    if( fp == NULL )
    {
        printf( "打开文件失败\n" );
        return;
    }
    struct STREC std1;
read1:fread(&std1, sizeof(struct STREC), 1, fp);
output1:printf( "num = % d, birthday: % d - % d - % d\n", std1.num, std1.year, std1.month,
std1.day );
seek1:    fseek( fp, - 16, 1 );
        struct STREC std2;
read2:fread(&std2, sizeof(struct STREC), 1, fp);
output2:printf( "num = % d, birthday: % d - % d - % d\n", std2.num, std2.year, std2.month,
std2.day );
seek2:    fseek( fp, - 20, 1 );
        struct STREC std3;
read3:fread(&std3, sizeof(struct STREC), 1, fp);
output3:printf( "num = % d, birthday: % d - % d - % d\n", std3.num, std3.year, std3.month,
std3.day );
        fclose( fp );
}
```

运行时输出结果如下:

```
num = 100, birthday:2012-3 - 20
num = 100, birthday:2012-3 - 20
num = - 858993460, birthday: - 858993460 - - 858993460 - - 858993460
```

在语句 open1 和 open2 中分别以只写和只读模式打开同一个文件,用于读和写。在语句 write 处向该文件写入一个结构体变量 std。

在语句 read1 中,从刚打开的文件中读入一个结构体类型(struct STREC)数据并赋给变量 std1。由于文件刚打开,所以位置指针位于文件开头,读出的内容与前面写入的内容相同。

当完成一次读操作后,位置指针自动向前移动,移动的距离等于读出的数据量。由于结构体类型 struct STREC 有 4 个整型成员,所以此类型的变量占 16 个字节的存储单元。读入一个变量后,文件指针将向前移动 16 个字节的距离。

在语句 seek1 中,将位置指针从当前位置向后移动 16 个字节,那么位置指针又回到了文件开头。此时,在语句 read2 中再次从文件中读入一个结构体类型(struct STREC)数据并赋给变量 std2,变量 std2 和 std1 的内容相同。故语句 output1 和 output2 的输出结果相同。

在语句 seek2 中,将位置指针从当前位置向后移动了 20 个字节的距离,这时就超出了文件的范围。所以,在语句 read3 中再次从文件中读入一个结构体类型(struct STREC)数据并赋给变量 std3,读出的内容就与之前的不同了。语句 output3 中输出的结果为随机值。

12.5.3　函数 ftell

当多次读取文件内容,或者多次移动位置指针后,可能就分不清当前位置指针了。调用库函数 ftell 可以得到当前的位置指针。此函数的调用形式为:

```
i = ftell(fp);
```

函数 ftell 的返回值为文件当前的位置指针,以相对于文件开头的位移量表示。如果出错,则返回值为 -1。

习题

一、选择题

1. C 语言中的文件存储方式有_____。[难度等级：小学]

    A. 只能顺序存取

    B. 只能随机存取(或直接存取)

    C. 可以顺序存取,也可随机存取

    D. 只能从文件的开头进行存取

2. C 语言文件操作函数 fread(buffer,size,n,fp) 的功能是_____。[难度等级：小学]

    A. 从文件 fp 中读 n 个字节存入 buffer

    B. 从文件 fp 中读 n 个大小为 size 字节的数据项存入 buffer 中

    C. 从文件 fp 中读入 n 个字节放入大小为 size 字节的缓冲区 buffer 中

    D. 从文件 fp 中读入 n 个字符数据放入 buffer 中

3. fwrite 函数的一般调用形式是_____。[难度等级：小学]

    A. fwrite(buffer,count,size,fp);

    B. fwrite(fp,size,count,buffer);

    C. fwrite(fp,count,size,buffer);

    D. fwrite(buffer,size,count,fp);

4. 若要用 fopen 函数建一个新的二进制文件,该文件要既能读也能写,则文件方式字符串应该为_____。〔难度等级:小学〕

    A. "ab+"   B. "wb+"   C. "rb+"   D. "ab"

5. 下列关于 C 语言数据文件的叙述中正确的是_____。〔难度等级:小学〕

    A. C 语言只能读写文本文件

    B. C 语言只能读写二进制文件

    C. 文件由字符序列组成,可按数据的存放形式分为二进制文件和文本文件

    D. 文件由二进制数据序列组成

二、填空题

1. 若 fp 是以"w+"方式打开的文件指针,则以下程序段的输出是_____。〔难度等级:小学〕

```
fprintf( fp, "%d %d %d", 1, 10, 100 );
rewind( fp );
int i, j, k;
fscanf( fp, "%d %d %d", &i, &j, &k );
printf( "i = %d, j = %d, k = %d\n", i, j, k );
```

2. 若 fp 是以"w+"方式打开的文件指针,则以下程序段的输出是_____。〔难度等级:小学〕

```
fprintf( fp, "%d%d%d", 2, 21, 211 );
rewind( fp );
int i, j, k;
fscanf( fp, "%1d%2d%3d", &i, &j, &k );
printf( "i = %d, j = %d, k = %d\n", i, j, k );
```

3. 若 fp 是以"w+"方式打开的文件指针,则以下程序段的输出是_____。〔难度等级:小学〕

```
fprintf( fp, "%c%c%c", 'A', 'B', 'C' );
rewind( fp );
char i, j, k;
fscanf( fp, "%c%c%c", &i, &j, &k );
printf( "i = %c, j = %c, k = %c\n", i, j, k );
```

4. 若 fp 是以"wb+"方式打开的文件指针,则以下程序段的输出是_____。〔难度等级:中学〕

```
int i = 1024;
double f = 3.14;
fwrite( &i, sizeof(int), 1, fp );
fwrite( &f, sizeof(double), 1, fp );
rewind( fp );
int j;
```

```
double g;
fread( &j, sizeof(int), 1, fp );
fread( &g, sizeof(double), 1, fp );
printf( "j = % d, g = % f\n", j, g );
```

5. 若 fp 是以"wb+"方式打开的文件指针,则以下程序段的输出是_____。〔难度等级：中学〕

```
int i = 3245;
double f = 31.235;
fwrite( &i, sizeof(int), 1, fp );
fwrite( &f, sizeof(double), 1, fp );
rewind( fp );
double g;
fseek( fp, 4, 0);
fread( &g, sizeof(double), 1, fp );
printf( "g = % f\n", g );
```

6. 若 fp 是以"wb+"方式打开的文件指针,则以下程序段的输出是_____。〔难度等级：小学〕

```
int i = 1024;
double f = 3.14;
fwrite( &i, sizeof(int), 1, fp );
fwrite( &f, sizeof(double), 1, fp );
printf( "pos = % d\n", ftell(fp) );
```

三、编程题

1. 以只写方式打开一个文本文件"exer.txt",用函数 fprintf 将一个整数写到该文件中,然后关闭文件。用只读方式打开同样的文件,用函数 fscanf 读入一个整数,然后关闭该文件。最后输出读入的整数。〔难度等级：小学〕

2. 以只写方式打开一个文本文件"exer.txt",用函数 fprintf 将一个整数数组写到该文件中,然后关闭文件。用只读方式打开同样的文件,用函数 fscanf 读入该整数数组,然后关闭该文件。最后输出读入的整数数组。〔难度等级：小学〕

3. 一个结构体类型记录一个长方体,长方体可以由它的一个顶点、长、宽以及高等几个属性确定。以只写方式打开一个文本文件"exer.txt",用函数 fprintf 将一个长方体类型变量写到该文件中,然后关闭文件。用只读方式打开同样的文件,用函数 fscanf 读入长方体类型变量,然后关闭该文件。最后输出读入的长方体类型变量。〔难度等级：小学〕

4. 一个结构体类型记录一个长方体,长方体可以由它的一个顶点、长、宽以及高等几个属性确定。以只写方式打开一个二进制文件"exer.dat",用函数 fwrite 将一个长方体类型变量写到该文件中,然后关闭文件。用只读方式打开同样的文件,用函数 fread 读入长方体类型变量,然后关闭该文件。最后输出读入的长方体类型变量。〔难度等级：小学〕

5. 编写函数 void fun(),将自然数 1～10 以及它们的平方根写到名为 myfile.txt 的文本文件中,然后再顺序读出显示在屏幕上。在函数 main 中调用函数 fun。〔难度等级：中学〕

6. 编写函数 void fun(char * pStr, int a, double b),将形参给定的字符串、整数、浮

点数按行写到文本文件 myfile.txt 中,再用字符方式从此文本文件中逐个读入并显示在终端屏幕上。在函数 main 中调用函数 fun。［难度等级：中学］

7. 编写函数 void writetext( ),从键盘输入若干行文本(每行不得超过 80 个字符),写到文件 myfile.txt 中,用－1 作为字符串输入结束的标志。编写函数 void readtext( ),将文件的内容读出显示在屏幕上。在函数 main 中调用这两个函数。［难度等级：大学］

8. 编写程序,将图 12-9 的邻接矩阵写入到一个文本文件,用空格分隔矩阵的元素值。
［难度等级：大学］

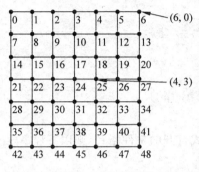

图 12-9 二维网格图

9. 编写程序,将图 12-9 的邻接表写入到一个文本文件,用空格分隔各元素值。［难度等级：大学］

第13章

程 序 调 试

编写程序时,常常会出现错误。程序中的错误可以分为两类:第一类是语法错误,这类错误比较简单。在编译程序的时候可以由编译系统发现,然后由编程人员改正。第二类是逻辑错误,逻辑错误是指程序编译后,没有发现语法错误,但是运行时结果不正确。

13.1　程序调试简介

当一个程序出现逻辑错误后,首先应当分析程序的算法(即分析它的 N-S 图),确保程序的算法没有问题,然后才去分析程序中的问题。因为如果一个程序的算法不正确,那么根据此算法编写的程序自然会出错误。有时,可以借助程序来分析算法。这是因为算法是静态的,对它进行静态分析时看不到其中的数据的变化过程,而观察程序运行时产生的中间结果对分析算法是有帮助的。

当确定程序算法正确以后,可以采用多种方法分析程序,以找出其中的错误,这里介绍常用的两种。

(1) 分段检查法。即把程序的代码分成几段,在每一段的结束处输出程序中的一些变量的值,然后通过这些中间值来判断有没有错误产生,如果有则分析错误产生的原因,这样就能够尽快将错误定位在一个或几个程序段。分段检查时,没有一个一成不变的公式用来对程序分段,只能根据算法、程序的结构甚至运行时的错误结果,灵活进行。

(2) 程序调试法。即运用调试工具对程序进行动态分析。调试工具可以灵活多变的方式执行程序,如可以中断程序的执行,以便观察程序中的变量的值,可以单步执行程序,可以分段执行程序等。运用调试工具可以提高分析程序的效率,就能尽快找到其中的错误。

在分析一个程序的时候,可以把这两种方法结合起来:先用分段检查法把程序中的错误定位在一个程序段中,再利用程序调式法就可以找出其中的错误。

本章介绍如何利用程序调试法对程序进行分析。

13.2 Visual C++6.0 调试工具

Visual C++6.0 是一个典型的 Windows 窗口处理程序,它的命令既可以通过单击菜单栏中的菜单项执行,也可以通过单击工具栏上的命名按钮执行。为了叙述方便,本章在介绍它的命令的时候统一采用通过工具栏来使用。Visual C++6.0 的命令中,与调试程序有关的命令有很多,本章只介绍一些基本的命令。

调试程序主要用到以下两个工具条。

1. 编译微型条

"编译微型条"工具条如图 13-1 所示。该工具条的打开方式为:在菜单栏或工具栏的空白处单击右键,在弹出的菜单中单击"编译微型条"命令。

图 13-1 编译微型条

"编译微型条"中,与调试有关的命令有以下两个。

一是开始调试程序的命令,此命令的图标为 。单击该命令就开始以调试模式执行程序。

二是增加或者删除断点命令,该命令的图标为 。把光标定位在一个语句中并单击该命令,就在该语句中增加一个断点。如果一个语句中已经有了一个断点,再单击该命令就是删除该语句中的断点。

在正常模式下执行时,程序将按照程序中的语句顺序连续执行,从第一个语句开始执行,直到最后一个语句执行完毕,中间不会停顿。

在调试模式下执行时,程序也将按照程序中的语句顺序执行,从第一个语句开始连续执行。当遇到断点时,程序就中断执行,等待用户命令,用户就可以通过查看程序中各变量的值以了解程序的执行状态。此后,程序就进入单步执行方式,一次执行一个语句并等待用户操作。

2. 调试工具条

"调试"工具条如图 13-2 所示。当以调试模式执行程序时,Visual C++6.0 自动打开该工具条。也可以手动打开该工具条,该工具条的打开方式为:在菜单栏或工具栏的空白处单击右键,在弹出的菜单中单击"调试"命令。

图 13-2 调试工具条

调试工具条中的命令都是与调试有关的命令,本节介绍一些基本的调试命令。

(1) 结束调试命令 ,该命令的作用是结束调试,从而结束程序的运行。

（2）单步进入命令 ，该命令的作用是一次执行一个语句。如果执行的语句是函数调用语句，以单步执行方式进入到函数里面继续执行。

（3）单步跳过命令 ，该命令的作用是一次执行一个语句。如果执行的语句是函数调用语句，也不进入到函数里面去，而是一次执行完函数调用语句。

（4）单步跳出命令 ，该命令的作用是在被调用函数中，连续不断地从当前位置执行到函数结束，函数返回后又进入单步执行方式。

（5）执行到光标行命令 ，如果从当前位置到光标所在行之间没有断点，该命令的作用是从当前位置连续不断地执行到光标所在的语句。如果其间有断点，在断点所在行中也会中断执行，进入单步执行方式。

（6）显示变量命令 ，该命令的作用是打开变量窗口，变量窗口左侧为变量名，右侧为该变量的值，如图 13-3 所示。

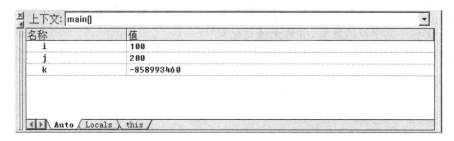

图 13-3　变量窗口

变量窗口中有三个选项卡，当选中第一个选项卡（Auto）时，变量窗口中显示的是上一个语句和当前语句中有关变量的值。如程序中的两个语句为：

```
j = 200;
k = i + 1;
```

且当前语句为第二个语句，当前语句中有两个变量 i 和 k，而前一个语句中有一个变量 j，故变量窗口中显示了三个变量 i，j，k 的值。变量 i 的值为 100，变量 j 的值为 200，当前语句是给变量 k 赋值，而当前语句还没有执行，故变量 k 的值为一个随机值。

当选中变量窗口的第二个选项卡（Locals）时，变量窗口中显示当前函数中的所有局部变量的值。

变量窗口的第三个选项卡（this）在调试 C++ 程序时才有用，本书略去不讲。

（7）打开观察窗口命令 ，该命令的作用是打开观察窗口，观察窗口左侧为变量名或者表达式，右侧为该变量或者表达式的值，如图 13-4 所示。

观察窗口有 4 个选项卡，4 个选项卡的作用相同，用户可在不同的选项卡窗口中观察不同的变量或者表达式的值。

使用观察窗口时，用户在观察窗口左侧输入一些变量或者表达式，系统会计算并在右侧显示它们的值。用户以此可以了解程序的执行状态。图 13-4 中在左侧输入变量 i 和 j，右侧显示它们的值分别为 100 和 200；在左侧输入表达式 i+j，右侧显示它的值为 300。

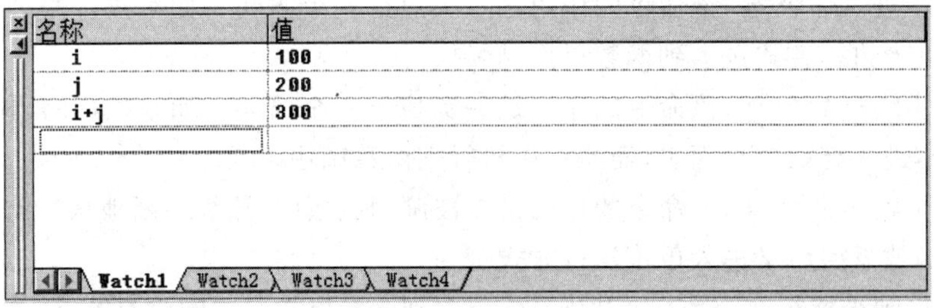

名称	值
i	100
j	200
i+j	300

◁ ▷ **Watch1** ╱ Watch2 ╲ Watch3 ╲ Watch4 ╱

图 13-4　观察窗口

13.3　程序调试举例

[**例**]　输入一行字符,保存在一个字符数组中,用回车符结束输入。统计数组中字母、空格以及数字三类字符的数量,并输出统计结果。

程序如下:

```
# include < stdio. h >
# include < stdlib. h >
void main( )
{
    char c[80];
    char ch;
    int n = 0;
    int m, i, j, k;
    while( ( ch = getchar( ) ) != '\n' )
    {
        c[n] = ch;
        n++;
    }
    c[n] = '\0';
断点1: i = 0, j = 0, k = 0;
    for( m = 0; m < n; m++ )
    {
        if( ( c[i] >= 'a' && c[i] <= 'z' ) || ( c[i] >= 'A' && c[i] <= 'Z' ) )
            i++;
    stat1: else if( c[i] == ' ' )
            j++;
        else
            k++;
    }
    printf( "输入的字符中字母、空格、数字的个数分别为: \n" );
    printf( "% d % d % d", i, j, k );
    printf( "\n" );
}
```

运行情况如下:

输入字母、空格或者数字: a 2b 3

输入的字符中字母、空格、数字的个数分别为：
1 5 0

本程序中，输入的时候共输入了 6 个字符，其中字母、空格和数字字符各两个。但是统计结果却是字母、空格、数字的个数分别为 1,5,0。

输出结果与预期的结果不同，可知程序中出现了错误。因为程序能够通过编译并运行，所以程序中的错误是逻辑错误。

在调试模式下运行程序，以便找出程序中的错误。

这时需要在程序中设置断点，让程序执行到断点处暂停。此时就可以观察其中变量的值以了解其运行情况。然后就可以单步执行程序。

本例中，程序的结构大致分为两部分，在第一部分中输入一行字符，然后在第二部分中统计三类字符的数量。所以可以在输入结束时增加一个断点，如程序中"断点 1"所在行，首先定位错误出在哪一部分。

然后开始以调试模式运行程序，因为"断点 1"所在行有一个断点，当程序运行到"断点 1"所在行时，就会中断运行，等待用户操作。这时，可以在观察窗口中添加两个变量 c 和 n，如图 13-5 所示。观察窗口中显示数组 c 的首地址，以及数组中的元素。数组 c 的首地址与本程序的功能无关，故不用考虑它。数组 c 的元素值为"a 2b 3"，且变量 n 的值为 6。

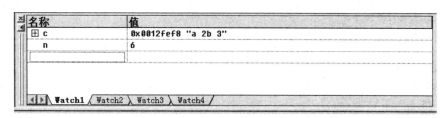

图 13-5　变量窗口 1

这说明输入数据的时候没有出错。可以断定，错误一定出现在统计的部分。

单击单步跳过命令 ⬚ 继续执行程序，每次执行一个语句。当 m＝0 的时候第一次执行 for 循环，因为数组 c 的第 0 个字符为'a'，所以 if 语句的第一个条件满足，则变量 i 的值增 1，其值变为 1。

当 m＝1 的时候第二次执行 for 循环，因为数组 c 的第一个字符为' '，所以 if 语句的第二个条件满足，则变量 j 的值增 1，其值变为 1。

当 m＝2 的时候第三次执行 for 循环，因为数组 c 的第二个字符为'2'，所以应当是 if 语句的第三个条件满足。但是，当单步执行的时候，结果却是第二个条件"c[i] ＝＝ ' '"满足，执行将使变量 j 的值增 1，其值变为 2。

当 m＝2 且执行语句 stat1 的时候，变量窗口中显示的变量的值如图 13-6 所示。

图 13-6　变量窗口 2

图中显示,变量 i 和变量 j 的值都是 1,值是正确的。

但是图中第一行显示的是 c[i] 的值为空格字符' '。此时,i 的值为 1,数组 c[1] 的值就是' ',这也没有问题。但是,这时,应当对数组元素 c[2] 进行判断,怎么读出来的值是 c[1] 呢?

原来问题出在程序上,此程序中变量 i,j,k 是用来分别记录三种字符数量的,for 循环的循环变量是 m,所以,在 for 循环中,应当用 c[m] 来读出数组 c 中的所有字符,而程序中却错误地使用了 c[i]。

当 for 循环第一次执行时,变量 i 的值为 0,读取数组 c 的第 0 个元素 c[0],它是一个字母,故 for 循环中 if 语句的第一个条件成立,从而使变量 i 的值变为 1。

从 for 循环第二次执行起,不管循环变量 m 的值是多少,每次都读取数组元素 c[i] 并进行判断,而变量 i 的值始终为 1,故每次都判断元素 c[1],该元素的值为' ',一直都是 for 循环中 if 语句的第二个条件成立。

当 for 循环执行完毕后,if 语句的第一个条件成立 1 次,变量 i 的值为 1,if 语句的第二个条件成立 5 次,变量 j 的值为 5,第三个条件成立 0 次,变量 k 的值为 0。

找到程序中产生错误的原因后,就可以修改产生错误的代码。把程序改正为如下:

```c
# include < stdio. h >
# include < stdlib. h >
void main()
{
    char c[80];
    char ch;
    int n = 0;
    int i = 0, j = 0, k = 0;
    int m;
    printf( "输入字母、空格或者数字: \n" );
    while( (ch = getchar()) != '\n' )
    {
        c[n] = ch;
        n++;
    }
    c[n] = '\0';
    for( m = 0; m < n; m++)
    {
        if( (c[m] >= 'a' && c[m] <= 'z') || (c[m] >= 'A' && c[m] <= 'Z') )
            i++;
        else if( c[m] == ' ')
            j++;
        else
            k++;
    }
    printf( "输入的字符中字母、空格、数字的个数分别为: \n" );
    printf( "%d %d %d", i, j, k );
    printf( "\n" );
}
```

运行情况如下：

```
输入字母、空格或者数字：a 2b 3
输入的字符中字母、空格、数字的个数分别为：
2 2 2
结果正确。
```

本例中程序只出现了一个错误。有时候，程序中会出现多次错误，在这种情况下，找出错误并改正错误的过程就需要重复进行，直到程序中没有错误为止。

习题

1. 单步执行例 13-1，在变量窗口观察其中变量值的变化情况，学会如何找出程序中的错误。［难度等级：小学］

2. 单步执行例 6-11，在变量窗口观察其中变量值的变化情况，加深对嵌套循环执行过程的理解。［难度等级：小学］

3. 单步执行例 8-2，在变量窗口观察其中变量值的变化情况，加深对函数调用过程的理解。［难度等级：小学］

4. 单步执行例 10-2，在变量窗口观察其中变量值的变化情况，加深对变量的地址值的理解。［难度等级：小学］

课程设计题目

在附图 A-1 所示的图中,网络节点标号已在图中标示出,相邻节点由单向边相连,即连接 0→1 和 1→0 是两个不同的边。相邻的三个节点如 (0-1-8) 构成一个转向,0-1-2 则不构成转向。编程实现以下功能。

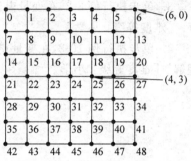

附图 A-1　二维网格图

(1) 将附图 A-1 的邻接矩阵写入到一个文本文件中,用空格分隔各元素值。

(2) 将附图 A-1 的邻接表写入到一个文本文件中,用空格分隔各元素值。

(3) 将附图 A-1 的所有边写入到一个文本文件中,写入的信息包括边的编号、两个顶点以及边的方向(边的 4 个方向分别为"N","S","E","W")。格式如下:

编号 始点-终点 方向

(4) 将附图 A-1 的所有转向写入到一个文本文件中,写入的信息包括转向的编号、三个顶点以及转向的方向(一个转向的方向为以下 8 个方向之一,"EN","ES","SE","SW","WN","WS","NE","NW")。格式如下:

编号 顶点 1-顶点 2-顶点 3 方向

分析:

第(1)问可以分两步实现,第一步生成图的邻接矩阵,并保存在一个二维数组中,其 N-S 图如附图 A-2 所示,其中判断两个点是否相邻的功能在第 5 章已经完成。

第二步把邻接矩阵写入到一个文件中,其 N-S 图如附图 A-3 所示。

第(2)问可以分三步实现,第一步求出每个点的邻居点的数量,并保存在一个一维数组 neighbor[] 中。这个功能在第 7 章的练习中已经实现。

第二步生成图的邻接表,并保存在一个二维数组中,其 N-S 图如附图 A-4 所示,其中 tg 是第(1)问中生成的邻接矩阵。

第三步把邻接表写入到一个文件中,其 N-S 图如附图 A-5 所示。

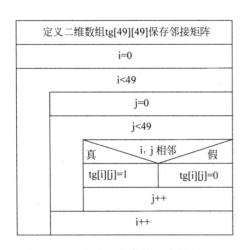

附图 A-2 生成图的邻接矩阵的 N-S 图

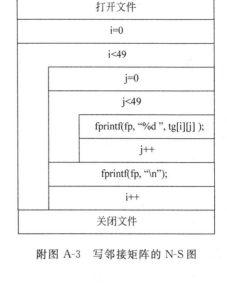

附图 A-3 写邻接矩阵的 N-S 图

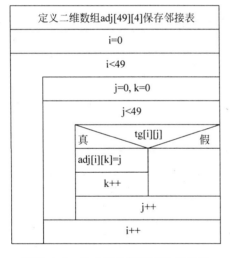

附图 A-4 生成图的邻接表的 N-S 图

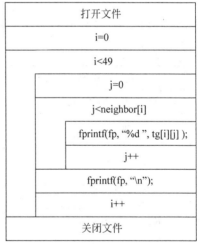

附图 A-5 写邻接表的 N-S 图

第(3)问也分两步进行,首先求出所有的边,并保存在一个数组中,然后把该数组写入到一个文件中。

基于邻接矩阵求所有边的算法 N-S 图见附图 A-6。

把所有边写入到文件的 N-S 图如附图 A-7 所示,其中子模块求一条边的方向为第10章的习题。

第(4)问也可以分两步实现,首先求出所有的转向,并保存在一个数组中,然后把该数组写入到文件中。

基于所有边求出转向的 N-S 图如附图 A-8 所示。这一步也可以通过依次判断三个点是否构成转向来实现,但是这需要用三重循环实现。实际上,所有的转向都由两条边构成,故此处给出的实现是通过判断两条边是否构成转向实现,这就只需要两重循环。判断两条边是否构成转向也要判断这两条边的三个点是否构成转向,这个模块是第5章的习题。

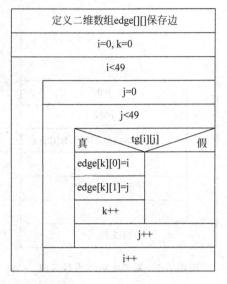

附图 A-6　求所有边的 N-S 图

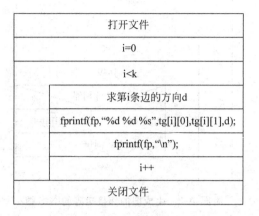

附图 A-7　写所有边的 N-S 图

把所有转向写到文件的 N-S 图如附图 A-9 所示,其中子模块求一个转向的方向为第 10 章的习题。

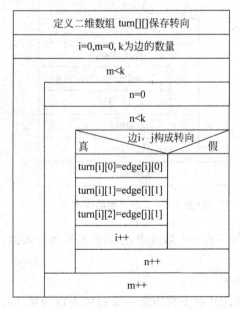

附图 A-8　求出转向的 N-S 图

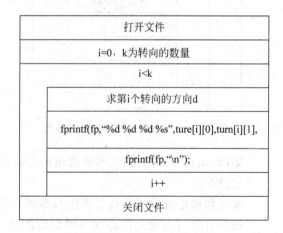

附图 A-9　写转向的 N-S 图

ASCII码表

ASCII 值	字　　符	ASCII 值	字　　符
0	NUL(null)	26	SUB (substitute)
1	SOH(start of headling)	27	ESC (escape)
2	STX (start of text)	28	FS (file separator)
3	ETX (end of text)	29	GS (group separator)
4	EOT (end of transmission)	30	RS (record separator)
5	ENQ (enquiry)	31	US (unit separator)
6	ACK (acknowledge)	32	(space)
7	BEL (bell)	33	!
8	BS (backspace)	34	"
9	HT (horizontal tab)	35	#
10	LF (NL line feed, new line)	36	$
11	VT (vertical tab)	37	%
12	FF (NP form feed, new page)	38	&
13	CR (carriage return)	39	'
14	SO (shift out)	40	(
15	SI (shift in)	41	)
16	DLE (data link escape)	42	*
17	DC1 (device control 1)	43	+
18	DC2 (device control 2)	44	,
19	DC3 (device control 3)	45	—
20	DC4 (device control 4)	46	.
21	NAK (negative acknowledge)	47	/
22	SYN (synchronous idle)	48	0
23	ETB (end of trans. block)	49	1
24	CAN (cancel)	50	2
25	EM (end of medium)	51	3

续表

ASCII 值	字　符	ASCII 值	字　符	ASCII 值	字　符
52	4	78	N	104	h
53	5	79	O	105	i
54	6	80	P	106	j
55	7	81	Q	107	k
56	8	82	R	108	l
57	9	83	S	109	m
58	:	84	T	110	n
59	;	85	U	111	o
60	<	86	V	112	p
61	=	87	W	113	q
62	>	88	X	114	r
63	?	89	Y	115	s
64	@	90	Z	116	t
65	A	91	[	117	u
66	B	92	\	118	v
67	C	93	]	119	w
68	D	94	^	120	x
69	E	95	_	121	y
70	F	96	`	122	z
71	G	97	a	123	{
72	H	98	b	124	|
73	I	99	c	125	}
74	J	100	d	126	~
75	K	101	e	127	DEL（delete）
76	L	102	f		
77	M	103	g		

共用体和枚举类型

共用体也是一种构造类型，它可以使不同类型的变量共用一段内存单元。

定义共用体类型的一般形式为：

```
union 共用体名
{
    数据类型 成员名 1;
    数据类型 成员名 2;
    …
    数据类型 成员名 n;
};
```

union 是定义共用体类型的关键字，定义共用体的最后要加上分号。定义一个共用体类型就等于定义了一种新的数据类型，该数据类型的名称是"union 共用体名"，即数据类型的名称包含关键字 union。

例如：

```
union un
{
    char c;
    int d;
    double f;
};
```

定义共用体类型后就可以定义变量了，如：

```
union un a, b;
```

也可以在定义共用体类型的同时定义变量，如：

```
union un
{
    char c;
    int d;
    double f;
}a, b;
```

也可以定义匿名的共用体类型，且同时定义变量，如：

```
union
{
    char c;
    int d;
    double f;
}a, b;
```

共用体类型数据有以下几个方面的特点。

(1) 用成员运算符"."引用共用体变量的成员，一般形式为：

共用体变量名.成员名

例如：

```
a.c = 'G';
a.d = 2;
```

(2) 共用体类型的成员共用同一段内存单元，所以，共用体变量和它所有的成员的地址都相同。

a、a.c、a.d 和 a.f 的地址相同，即 &a、&a.c、&a.d 以及 &a.f 的值相同。

(3) 由于第(2)个特点，同一时刻共用体类型的成员只能有一个存在。

例如：

```
a.c = 'G';
a.d = 2;
printf( "%c\n", a.c );
```

输出将是不可预知的结果。虽然先给 a.c 赋了值，但是当给 a.d 赋了值以后，就只有 a.d 存在，a.c 就不存在了，故输出它的值会出错。

(4) 由于同样的原因，共用体类型变量所占内存单元数是其最大的成员存储宽度，而不是所有成员宽度之和，如：

```
printf( "%d\n", sizeof(a) );
```

输出结果为 8，即变量 a 的成员 f 的存储宽度。

(5) 不能在定义共用体变量的同时对它进行初始化，如：

```
union un
{
    char c;
    int d;
    double f;
}a = { 'w', 5, 2, 45 };
```

因为一个共用体变量只能有一个成员存在，故不能提供三个初值。

但是，可以给共用体变量的第一个成员赋初值，如：

```
union un
{
    double f;
```

```
    char c;
    int d;

}a = { 3.5 };
printf( "%.1f\n", a.f );
```

用一个初值对 a 进行初始化,系统确定此时是第一个成员存在,故输出结果为 3.5。

(6) 函数不能用共用体类型变量作参数,也不能返回共用体变量。

(7) 共用体类型可以出现在结构体类型定义中,反之亦然,如:

```
struct aa
{
    char r1;
    double r2;
    int r3;
    union uu
    {
        char u1;
        int u2;
    } ua;
}mya;
```

在实际工作中,有些对象的取值只有少数几种。例如,地图上只有东、南、西、北 4 个方向,一个星期只有 7 天,一年只有 4 个季节等。C 语言提供了枚举类型来描述这些现象,定义枚举类型时指定所有可能的取值,此后,该类型的变量只能取其中的一个值。因为,枚举类型不是由基本类型构成的,故它不是构造类型,而是一种基本数据类型。

定义枚举类型的一般形式为:

```
enum 枚举类型名
{
    枚举值列表
};
```

其中,枚举值列表中列出了所有可能的值,称为枚举元素或者枚举常量。

enum 是定义枚举类型的关键字,定义枚举类型的最后要加上分号。枚举类型的名称是"enum 枚举类型名",即数据类型的名称包含关键字 enum。

例如:

```
enum Direction
{
    north, east, south, west
};
```

定义了一个枚举类型,类型名称为 enum Direction。

定义枚举类型后就可以定义枚举变量了,如:

```
enum Direction dir;
```

也可以在定义枚举类型的同时定义变量,如:

```
enum Direction
```

```
{
    north, east, south, west
} dir;
```

也可以定义匿名枚举类型的同时定义变量,如:

```
enum
{
    north, east, south, west
} dir;
```

这里定义了一个枚举类型,并定义了一个变量,但是,没有指定枚举类型的名字。

使用枚举类型要注意以下几点。

(1) 枚举元素是常量值,不能给它们赋值。

例如:

```
north = 0;
```

是错误的。

(2) C 语言编译时使第一个枚举元素的值为 0,第二个为 1,后面的依次增加。

例如,在枚举类型 enum Direction 中,枚举元素 north, east, south, west 的值分别为 0,1,2,3。

(3) 可以在定义枚举类型时指定枚举元素的值,如:

```
enum Direction
{
    north = 5, east, south = 8, west
};
```

没有指定值的枚举元素的值根据前面的枚举元素值自动增加。这种情况下,枚举元素 north, east, south, west 的值分别为 5,6,8,9。

(4) 只能将枚举值赋给枚举变量,如:

```
enum Language
{
    basic, c, c++, java
}lang;
lang = c;
```

如果要将一个整型值赋给枚举变量,则要进行强制类型转换,如:

```
enum Language
{
    basic, c, c++, java
}lang;
lang = (enum Language)2;
```

把整型值 2 强制转换成枚举类型 enum Language,再赋给枚举变量 lang。它和下面的赋值方式是等价的:

```
lang = c++;
```

习题参考答案

第 1 章

一、选择题

1. C   2. D   3. C

二、编程题

1. 略

2.
```c
# include < stdio. h>          //包含头文件
void main()
{
    printf( "Welcome to China!\n" );
}
```

3.
```c
# include < stdio. h>          //包含头文件
void main()
{
    printf( "    #\n" );
    printf( "   # # #\n" );
    printf( " # # # # #\n" );
    printf( "# # # # # # #\n" );
}
```

第 2 章

一、选择题

1. C   2. A   3. A   4. D   5. B

二、填空题

1. 1   2. 1   3. 1   4. 70   5. 24

三、编程题

1.
```c
# include < stdio. h>          //包含头文件
void main()
{
```

```
        printf( "sizeof(char) = % d\n", sizeof(char) );
        printf( "sizeof(int) = % d\n", sizeof(short) );
        printf( "sizeof(int) = % d\n", sizeof(int) );
        printf( "sizeof(int) = % d\n", sizeof(long) );
        printf( "sizeof(float) = % d\n", sizeof(float) );
        printf( "sizeof(double) = % d\n", sizeof(double) );
    }
```

2.
```
    # include < stdio. h>                //包含头文件
    void main()
    {
        int i, j, m ,n;
        i = 3, j = 5, m = i++, n = ++j;
        printf( "i = % d, j = % d, m = % d, n = % d\n", i, j, m, n );
    }
```

第 3 章

一、选择题

1. D 2. A 3. D 4. A 5. B

二、填空题

1. double 2. 1 3. 0 4. 1 5. 12

三、写程序结果题

8c

ed

61

2b

四、编程题

1.
```
    # include < stdio. h>
    void main()
    {
        int a, b, c;
        a = 5;
        b = 6;
        c = 4 * a * a + 3 * a * b + 5 * (a - b) * (a - b);
        printf( "c = % d\n", c );
    }
```

2.
```
    # include < stdio. h>
    void main()
    {
        double r = 3, pi = 3.14;
        double s, a;
        s = 2 * pi * r;
        a = pi * r * r;
        printf( "s = % f a = % f\n", s, a );
    }
```

第 4 章

一、选择题

1. A 2. B 3. D 4. C 5. A

二、填空题

1. 单 2. a＝5 3. 3 4. 0 5. 1,23,456

三、编程题

1.
```
# include < stdio. h >
void main()
{
    int score;
    char grade;
    printf("please input a score\n");
    scanf(" % d",&score);
    grade = score > = 90?'A':(score > = 60?'B':'C');
    printf(" % d belongs to % c\n",score,grade);
}
```

2.
```
# include < stdio. h >
main()
{
    double x, y;
    printf("please input a vaiable\n");
    scanf( " % lf", &x );
    y = 3 * x * x * x – 5 * x * x + x – 10;
    printf( "y =  % f\n", y );
}
```

3.
```
# include < stdio. h >
main()
{
    int a, b, c;
    printf("please input a\n");
    scanf( " % d", &a );
    printf("please input b\n");
    scanf( " % d", &b );
    c =  (a/10) * 1000 + (b/10) * 100 + (a % 10) * 10 + b % 10;
    printf( "c =  % d\n", c );
}
```

4.
```
# include < stdio. h >
main()
{
    double x, y, z, w;
    printf("please input x\n");
    scanf( " % lf", &x );
    printf("please input y\n");
    scanf( " % lf", &y );
    printf("please input z\n");
    scanf( " % lf", &z );
```

```
        w = (x + y)/(x - y) + (z + y)/(z - y);
        printf( "w = %f\n", w );
    }
5.  # include < stdio. h >
    void main()
    {
        int m = 560;
        int h;
        h = m / 60;
        m = m % 60;
        printf( "h = %d, m = %d\n", h, m );
    }
6.  # include < stdio. h >
    void main()
    {
        int id, x, y;
        printf( "please input id\n" );
        scanf( "%d", &id );
        x = id % 7;
        y = id / 7;
        printf("%d = (%d, %d)\n", id, x, y );
    }
```

第 5 章

一、选择题
1. B 2. B 3. B 4. A 5. C
二、填空题
1. a＝1 b＝3 c＝1   2. 2,2,2   3. 6   4. 2   5. a＝2，b＝1
三、写程序结果题
2,0,0
四、编程题

```
1.  # include < stdio. h >
    void main( )
    {
        long ge, shi, qian, wan, x;
        scanf("%ld", &x);
        wan = x/10000;
        qian = x % 10000/1000;
        shi = x % 100/10;
        ge = x % 10;
        if (ge == wan && shi == qian)/* 个位等于万位并且十位等于千位 */
        printf("this number is a huiwen\n");
        else
            printf("this number is not a huiwen\n");
    }
2.  # include < stdio. h >
    void main( )
```

```
{
    int weekday;
    printf( "please input weekday:\n" );
    scanf( "%d", &weekday );
    if( 0 == weekday )
        printf( "today is sunday" );
    else if( 1 == weekday )
        printf( "today is monday" );
    else if( 2 == weekday )
        printf( "today is tuesday" );
    else if( 3 == weekday )
        printf( "today is wednesday" );
    else if( 4 == weekday )
        printf( "today is thursday" );
    else if( 5 == weekday )
        printf( "today is friday" );
    else if( 6 == weekday )
        printf( "today is saturday" );
}
```

3.
```
# include < stdio. h >
void main( )
{
    int a, b, c;
    printf( "please input a, b, c:\n" );
    scanf( "%d%d%d", &a, &b, &c );
    int t;
    if( a < b )
        { t = a; a = b; b = t; }
    if( a < c )
        { t = a; a = c; c = t; }
    if( b < c )
        { t = b; b = c; c = t; }
    printf( "a = %d, b = %d, c = %d\n", a, b, c );
}
```

4.
```
# include < stdio. h >
void main( )
{
    char ch;
    printf( "please input ch:\n" );
    scanf( "%c", &ch );
    if( ch >= 'a' && ch <= 'z' )
        ch -= 32;
    else if( ch >= 'A' && ch <= 'Z' )
        ch += 32;
    printf( "ch = %c\n", ch );
}
```

5.
```
# include < stdio. h >
void main( )
{
    int a, b, c;
```

```
        printf( "please input a, b, c:\n" );
        scanf( "%d%d%d", &a, &b, &c );
        if( !( a + b > c ) || !( a + c > b ) || !( b + c > a ) )
            printf( "0\n" );
        else if( a == b && b == c )
            printf( "3\n" );
        else if( a == b || a == c || b == c )
            printf( "2\n" );
        else
            printf( "1\n" );
    }
```

6.
```
    # include < stdio. h >
    void main( )
    {
        int x, y;
        printf( "please input x:\n" );
        scanf( "%d", &x );
        if( 2 < x && x <= 10 )
            y = x * ( x + 2 );
        else if( -1 < x && x <= 2 )
            y = 2 * x;
        else if( x <= -1 )
            y = x - 1;
        printf( "y = %d\n", y );
    }
```

7.
```
    # include < stdio. h >
    void main()
    {
        int id, x, y, num;
        printf( "please input id\n" );
        scanf( "%d", &id );
        x = id % 7;
        y = id / 7;
        if( id == 0 || id == 6 || id == 42 || id == 48 )
            num = 2;
        else if( x == 0 || x == 6 || y == 0 || y == 6 )
            num = 3;
        else
            num = 4;
        printf("num of neighbor is %d\n", num );
    }
```

8.
```
    # include < stdio. h >
    void main()
    {
        int id1, id2, x1, y1, x2, y2;
        printf( "please input id1 and id2\n" );
        scanf( "%d%d", &id1, &id2 );
        x1 = id1 % 7;
        y1 = id1 / 7;
        x2 = id2 % 7;
```

```
        y2 = id2 / 7;
        if( (x1 == x2 && ((y1 - y2) == 1 || (y2 - y1) == 1 ))
            || (y1 == y2 && ((x1 - x2) == 1 || (x2 - x1) == 1 )))
            printf( "id1 and id2 is connected\n" );
        else
            printf( "id1 and id2 is not connected\n" );
    }
```

9.
```
    #include < stdio. h>
    void main()
    {
        int id1, id2, id3, x1, y1, x2, y2, x3, y3;
        printf( "please input id1 and id2\n" );
        scanf( "%d%d%d", &id1, &id2, &id3 );
        x1 = id1 % 7;
        y1 = id1 / 7;
        x2 = id2 % 7;
        y2 = id2 / 7;
        x3 = id3 % 7;
        y3 = id3 / 7;
        if( (x1 == x2 && x2 == x3) || (y1 == y2 && y2 == y3) )
            printf( "0\n" );
        else if( (x1 == x2 && ((y1 - y2) == 1 || (y2 - y1) == 1 )) || (y1 == y2 && ((x1 - x2)
    == 1 || (x2 - x1) == 1 )) &&
            (x2 == x3 && ((y2 - y3) == 1 || (y3 - y2) == 1 )) || (y2 == y3 && ((x2 - x3) ==
    1 || (x3 - x2) == 1 )) )
            printf( "1\n" );
        else
            printf( "0\n" );
    }
```

第 6 章

一、选择题

1. A 2. C 3. C 4. C 5. D

二、填空题

1. 876 2. 1 3. 0 4. 8 12 16 5. 6

三、程序填空题

```
s = 0;
i += 2  或  i = i + 2
j <= I  或  i >= j
f = f * j;
```

四、写程序结果题

x = 6

五、编程题

1.
```
    #include < stdio. h>
    void main()
```

```
{
    int x;
    int i = 1;
    printf( "input x\n" );
    scanf( "% d", &x );
    while( i < x )
    {
        if( 0 == x % i )
            printf( "% d ", i );
        i += 2;
    }
}
```

2.  ```
    # include < stdio. h >
    main( )
    {
        int a,b = 0,c = 0,i,j = 0;
        scanf("% d",&a);
        for(i = 1;i <= a/2;i++)
            if(a % i == 0) b += i;
        if(a <= b)
            for(i = 1;i <= b/2;i++)
                if(b % i == 0) c += i;
        if(c == a)
        {
        printf("% d - % d\n",a,b);j = 1;
        }
        if(j == 0)
            printf("No output\n");
    }
    ```

3.  ```
    # include < stdio. h >
    main( )
    {
        int a,b,num1,num2,temp;
        printf("please input two numbers:\n");
        scanf("% d, % d",&num1,&num2);
        if(num1 < num2)
        {
            temp = num1;
            num1 = num2;
            num2 = temp;
        }
        a = num1;b = num2;
        while(b!= 0)                    /* 利用辗除法,直到 b 为 0 为止 */
        {
            temp = a % b;
            a = b;
            b = temp;
        }
        printf("gongyueshu: % d\n",a);
        printf("gongbeishu: % d\n",num1 * num2/a);
    ```

```
    }
4.  # include < stdio. h >
    void main()
    {
        int i,j,n,s;
        for(j = 2;j < 1000;j++)
        {
            n = - 1;
            s = j;
            for(i = 1; i <= j / 2; i++)
            {
                if((j % i) == 0)
                {
                    n++;
                    s = s - i;
                }
            }
            if(s == 0)
            {
                printf(" % d is a wanshu\n",j);
            }
        }
    }

5.  # include < stdio. h >
    void main()
    {
        float sn = 100.0,hn = sn/2;
        int n;
        for(n = 2;n <= 10;n++)
        {
            sn = sn + 2 * hn;              / * 第 n 次落地时共经过的米数 * /
            hn = hn/2;                     / * 第 n 次反跳高度 * /
        }
        printf("the total of road is % f\n",sn);
        printf("the tenth is % f meter\n",hn);
    }

6.  # include < stdio. h >
    void main()
    {
        int x,y,z;
        for(x = 1;x <= 20;x++)
        {
            for(y = 1;y <= 33;y++)
            {
                for(z = 3;z <= 300;z += 3)
                {
    if((x + y + z == 100)&&(5 * x + y * 3 + z/3 == 100))
                        printf("公鸡有: % d 只,母鸡有: % d 只,小鸡有: % d 只!\n",x,y,z);
                }
            }
```

```
        }
    }
7.  # include < stdio. h >
    void main()
    {
        char letter;
        printf("please input the first letter of someday\n");
        while ((letter = getchar())!= 'Y')   /* 当所按字母为 Y 时才结束 */
        {
            getchar();
            switch (letter)
            {
            case 'S':printf("please input second letter\n");
                letter = getchar();
                if( letter  == 'a')
                    printf("saturday\n");
                else if ( letter  == 'u' )
                    printf("sunday\n");
                else printf("data error\n");
                getchar();
                break;
                  case
                  'F':printf("friday\n");break;
                  case
                  'M':printf("monday\n");break;
                  case
                  'T':printf("please input second letter\n");
                letter = getchar();
                if( letter  == 'u')
                    printf("tuesday\n" );
                else if ( letter  == 'h' )
            printf( "thursday\n" );
                else printf("data error\n");
                getchar();
                break;
            case 'W':printf("wednesday\n");break;
            default: printf("data error\n");
            }
        }
    }
8.  # include < stdio. h >
    void main(void)
    {
        int i;
        for (i = 1; i < = 256; i++)
        {
            printf(" % d\t",i);
            int j, a;
            a = i;
            int n = CHAR_BIT;
```

```
        int mask = 1 <<(n - 1);
        for (j = 1; j <= n; ++j)
        {
            putchar(((a&mask) == 0)?'0':'1');
            a <<= 1;
        }
        putchar('\t');
        printf(" %o\t %X\n",i,i);
    }
}
```

9.
```
# include < stdio. h>
void main()
{
    for( int id1 = 0; id1 < 49; id1++)
    {
        for( int id2 = 0; id2 < 49; id2++)
        {
            int x1, y1, x2, y2;
            x1 = id1 % 7;
            y1 = id1 / 7;
            x2 = id2 % 7;
            y2 = id2 / 7;
            if( (x1 == x2 && ((y1 - y2) == 1 || (y2 - y1) == 1 )) || (y1 == y2 && ((x1 -
x2) == 1 || (x2 - x1) == 1 )))
                printf( "1 " );
            else
                printf( "0 " );
        }
        printf( "\n" );
    }
}
```

10.
```
# include < stdio. h>
void main()
{
    for( int id1 = 0; id1 < 49; id1++)
    {
        printf( "%d ", id1 );
        for( int id2 = 0; id2 < 49; id2++)
        {
            int x1, y1, x2, y2;
            x1 = id1 % 7;
            y1 = id1 / 7;
            x2 = id2 % 7;
            y2 = id2 / 7;
            if( (x1 == x2 && ((y1 - y2) == 1 || (y2 - y1) == 1 )) || (y1 == y2 && ((x1
- x2) == 1 || (x2 - x1) == 1 )))
                printf( "%d ", id2 );
        }
        printf( "\n" );
    }
}
```

第 7 章

一、选择题

1. B 2. D 3. C 4. B 5. D

二、填空题

1. 20 2. 不确定 3. 6 4. 5 5. 6

三、写程序结果题

101

四、编程题

```
1.  # include < stdio. h >
    void main( void )
    {
        int m, k;
        int xx[ 200 ];
        int g = 0, i, j, flag = 1;
        int cnt = 0;
        i = m + 1;
        printf( "please input m,k:\n" );
        scanf( "% d % d", &m, &k );
        while( cnt < k )
        {
            for( j = 2; j < i; j++ )
                if( i % j == 0 )
                    break;
            if( j >= i )
            {
                xx[ cnt ] = i;
                cnt++;
            }
            i++;
        }
        printf( "找到的素数为: \n" );
        for( j = 0; j < k; j++ )
            printf( "% d ", xx[ j ] );
    }
2.  # include < stdio. h >
    # define N 100
    void main()
    {
        int n, p;
        int a[N], b[N];
        int i;
        printf( "please input n, p:\n" );
        scanf( "% d % d", &n, &p );
        printf( "please input % d intergers:\n", n );
        for( i = 0; i < n; i++ )
            scanf( "% d", &a[ i ] );
```

```
        for( i = 0 ; i < p ; i++ )
        {
            b[ i ] = a[ i ];
        }
        int j = 0;
        for( i = p; i <= n - 1; i++ )
        {
            a[ j ] = a[ i ];
            j++;
        }
        i = 0;
        for( ; j <= n - 1; j++ )
        {
            a[ j ] = b[ i ];
            i++;
        }
        for( i = 0; i < n; i++ )
            printf( "% d ", a[ i ] );
    }
```

3.
```
    # include < stdio. h >
    # define N 10
    void main( )
    {
        int a[ N ];
        int i, j = 0, t = 0;
        printf( "please input array a:\n" );
        for( i = 0; i < N; i++ )
            scanf( "% d", &a[ i ] );
        for( i = 1 ; i < N ; i++ )
        {
            if( a[ t ] == a[ i ] )
                ;
            else
            {
                a[ j ] = a[ t ];
                t = i;
                j++;
            }
        }
        a[ j ] = a[ t ];
        for( i = 0; i <= j; i++ )
            printf( "% d ", a[ i ] );
    }
```

4.
```
    # include < stdio. h >
    void main( )
    {
        int a[ 3 ][ 3 ];
        int N = 3;
        int i, j;
        printf( "please input array a:\n" );
```

```
          for( i = 0; i < N; i++)
              for( j = 0; j < N; j++)
              {
                  scanf( "%d", &a[i][j] );
              }
          for(i = 0;i < N;i++)
              for(j = 0;j <= i;j++)
                  a[i][j] = 0;
          for(i = 0;i < N;i++)
          {
              for(j = 0;j < N;j++)
                  printf( "%d ", a[i][j] );
              printf( "\n" );
          }
      }
```

5.
```
      # include < stdio. h >
      # define N 3
      void main()
      {
          int m;
          int a[N][N];
          printf( "please input m:\n" );
          scanf( "%d", &m );
          printf( "please input array a:\n" );
          int i, j;
          for( i = 0; i < N; i++)
          {
              for( j = 0; j < N; j++)
              {
                  scanf( "%d", &a[i][j] );
              }
          }
          for(j = 0;j < N;j++)
          {
              for(i = 0;i <= j;i++)
                  a[i][j] = a[i][j] * m;
          }
          for(i = 0;i < N;i++)
          {
              for(j = 0;j < N;j++)
                  printf( "%d ", a[i][j] );
              printf( "\n" );
          }
      }
```

6.
```
      # include < stdio. h >
      # define N 3
      void main()
      {
          int w[N][N];
          int i, j;
```

```
            int b[N];
            printf( "please input array w:\n" );
            for( i = 0; i < N; i++)
            {
                for( j = 0; j < N; j++)
                {
                    scanf( "%d", &w[i][j] );
                }
            }
            for( j = 0; j < N; j++)
            {
                int max = 0;
                for( i = 0; i < N; i++)
                    if( w[i][j] > max )
                        max = w[i][j];
                b[j] = max;
            }
            printf( "每列元素的最大值: " );
            for( j = 0; j < N; j++)
                printf( "%d ", b[j] );
            printf( "\n" );
        }

7.  #include < stdio. h >
    #define N 100
    void main()
    {
        char a[N];
        int n = 0;
        int i = 0;
        char max = 0;
        printf( "please input array a:\n" );
        char ch;
        while( (ch = getchar()) != '\n')
        {
            a[n] = ch;
            n++;
        }
        a[n] = '\0';
        for( int j = 0; j < n; j++)
        {
            if( a[j] > max )
            {
                max = a[j];
                i = j;
            }
        }
        for( int k = i; k >= 1; k-- )
            a[k] = a[k - 1];
        a[0] = max;
        printf( "%s\n", a );
    }
```

```
8.   # include < stdio. h >
     # define N 100
     void main( )
     {
         char a[N];
         int n = 0;
         char ch;
         int i = 0, j = 0;
         int t = n - 1;
         while( (ch = getchar()) != '\n' )
         {
             a[n] = ch;
             n++;
         }
         a[n] = '\n'; t = n - 1;
         while( a[t] == '*' )
             t-- ;
         while( i <= t )
         {
             if( a[i] != '*' )
             {
                 a[j] = a[i];
                 j++;
             }
             i++;
         }
         for( t++; t < n; t++ )
         {
             a[j] = '*';
             j++;
         }
         a[j] = '\0';
         printf( "% s\n", a );
     }
9.   # include < stdio. h >
     # define N 100
     void main( )
     {
         char a[N],w[N];
         char ch;
         char t1[N], t2[N];
         int n = 0;
         int last = 0;
         int i;
         printf( "please input array a:\n" );
         while( (ch = getchar()) != '\n' )
         {
             a[n] = ch;
             n++;
         }
```

```
        a[n] = '\0';
        printf( "please input array t1:\n" );
        int n1 = 0;
        while( (ch = getchar()) != '\n' )
        {
            t1[n1] = ch;
            n1++;
        }
        t1[n1] = '\0';
        printf( "please input array t2:\n" );

        int n2 = 0;
        while( (ch = getchar()) != '\n' )
        {
            t2[n2] = ch;
            n2++;
        }
        t2[n2] = '\0';
        for( i = 0; i < n; i++)
        {
            if( a[i] == t1[0] )
            {
                for( int j = 1; j < n1; j++)
                {
                    if( t1[j] != a[i + j])
                        break;
                }
                if( j >= n1 )
                    last = i;
            }
        }
        i = 0;
        while( a[i] )
        {
            w[i] = a[i];
            i++;
        }
        w[i] = '\0';
        int j = 0;
        i = last;
        for( j = 0; j < n2; j++)
        {
            w[i + j] = t2[j];
        }
        printf( "%s\n", w );
    }
10. #include < stdio.h>
    void main()
    {
        int a[49];
        for( int j = 0; j < 49; j++)
```

```
            a[j] = 0;
        for( int id1 = 0; id1 < 49; id1++)
        {
            for( int id2 = 0; id2 < 49; id2++)
            {
                int x1, y1, x2, y2;
                x1 = id1 % 7;
                y1 = id1 / 7;
                x2 = id2 % 7;
                y2 = id2 / 7;
                if( (x1 == x2 && ((y1 - y2) == 1 || (y2 - y1) == 1 )) || (y1 == y2 && ((x1
- x2) == 1 || (x2 - x1) == 1 )))
                    a[id1]++;
            }
        }
        for( int i = 0; i < 49; i++)
        {
            printf( "%d's neighbor is %d\n", i, a[i] );
        }
    }
```

11.
```
    #include <stdio.h>
    void main()
    {
        int a[168][2];
        int i, j;
        int t = 0;
        for( i = 0; i < 168; i++)
            for( j = 0; j < 2; j++)
                a[i][j] = 0;
        for( int id1 = 0; id1 < 49; id1++)
        {
            for( int id2 = 0; id2 < 49; id2++)
            {
                int x1, y1, x2, y2;
                x1 = id1 % 7;
                y1 = id1 / 7;
                x2 = id2 % 7;
                y2 = id2 / 7;
                if( (x1 == x2 && ((y1 - y2) == 1 || (y2 - y1) == 1 )) || (y1 == y2 && ((x1
- x2) == 1 || (x2 - x1) == 1 )))
                {
                    a[t][0] = id1;
                    a[t][1] = id2;
                    t++;
                }
            }
        }
        for( i = 0; i < 168; i++)
            printf( "%d %d %d\n", i, a[i][0], a[i][1] );
    }
```

```
12.  # include < stdio. h>
     void main()
     {
         int a[49][49];
         int i, j;
         for( i = 0; i < 49; i++)
             for( j = 0; j < 49; j++)
                 a[i][j] = 0;
         for( int id1 = 0; id1 < 49; id1++)
         {
             for( int id2 = 0; id2 < 49; id2++)
             {
                 int x1, y1, x2, y2;
                 x1 = id1 % 7;
                 y1 = id1 / 7;
                 x2 = id2 % 7;
                 y2 = id2 / 7;
                 if( (x1 == x2 && ((y1 - y2) == 1 || (y2 - y1) == 1 )) || (y1 == y2 && ((x1
 - x2) == 1 || (x2 - x1) == 1 )))
                 {
                     a[id1][id2] = 1;
                 }
             }
         }
         for( i = 0; i < 49; i++)
         {
             for( j = 0; j < 49; j++)
                 printf( "% d ", a[i][j]);
             printf( "\n" );
         }
     }
```

第 8 章

一、选择题
1. A 2. D 3. A 4. D 5. B
二、填空题
1. int 2. 15 3. 4 4. 8,17 5. 全局变量
三、程序填空题

a[i-1] a[i-9]

四、编程题
```
1.   # include < stdio. h>
     double fun( double x )
     {
         double f;
         if( x > 0 )
             f = (x + 1) / (x - 2);
         else if( x == 0 || x == 2 )
```

```
            f = 0;
        else
            f = (x - 1) / (x - 2);
        return f;
    }
    void main()
    {
        double x;
        printf( "输入浮点数 x: \n" );
        scanf( "%lf", &x );
        printf("fun( %f) = %f\n",x,fun(x));
    }
```

2.
```
    #include < stdio.h >
    double fun( int n)
    {
        int i, j;
        double sum = 0.0, t;
        for(i = 1;i < = n;i++)
        {
            t = 0.0;
            for(j = 1;j < = i;j++)
                t += j;
            sum += 1.0/t;
        }
        return sum;
    }
    void main( )
    {
        int n;
        printf( "输入正整数 n:\n" );
        scanf( "%d", &n );
        double sum = fun( n );
        printf( "所求的和为: %f\n", sum );
    }
```

3.
```
    #include < stdio.h >
    int fun( int n)
    {
        int c;
        if(n == 1)
            c = 10;
        else
            c = fun(n - 1) + 2;
        return(c);
    }
    void main()
    {
        printf("第五个人为 %d 岁\n",fun(5));
    }
```

4.
```
    #define N 10
    #include < stdio.h >
```

```
double fun(double x[ ], int n)
{
    double sum = 0.0;
    int i, j = 1;
    for(i = 0; i < n - 1; i++)
    {
        sum += sqrt((x[i] + x[i + 1])/2.0);
    }
    return sum;
}
void main()
{
    double x[N] = {1, 2, 3, 4, 5, 6, 7, 8, 9, 10};
    int n = 10;
    double sum = fun( x , 9);
    printf( "所求的和为: % f\n", sum );
}
```

5.
```
# define N 10
# include < stdio. h >
int fun( int a[ ], int n)
{
    int i;
    int j;
    int aver = 0;
    for( i = 0; i < n; i++)
        aver += a[i];
    aver /= n;
    i = 0; j = n - 1;
    while( i < j )
    {
        while( a[i] < aver )
            i++;
        int t;
        t = a[i]; a[i] = a[j]; a[j] = t;
        j-- ;
    }
    return aver;
}
void main( )
{
    int a[N] = {10, 9, 31, 6, 18, 34, 26, 43, 5, 50};
    int aver = fun( a, N );
    printf( "数组的平均值为: % d\n", aver );
    printf( "移动后的数组为: \n");
    for( int i = 0; i < N; i++)
        printf( "% d ", a[i] );
    printf( "\n" );
}
```

6.
```
# define N 5
# include < stdio. h >
```

```
int fun( int a[][2], int n, int s[][2] )
{
    int aver = 0;
    for( int i = 0; i < n; i++)
    {
        aver += a[i][1];
    }
    aver /= n;
    int j = 0;

    for( i = 0; i < n; i++)
    {
        if( a[i][1] > aver )
        {
            s[j][0] = a[i][0];
            s[j][1] = a[i][1];
            j++;
        }
    }
    return j;
}
void main( )
{
    int a[N][2] = {{101, 89}, {102, 74}, {103, 69}, {104, 91}, {105, 60}};
    int b[N][2];
    int cnt;
    cnt = fun( a, N, b );
    printf( "高于平均分的人数为 %d\n", cnt );
    printf( "高于平均分的学生及分数为：\n" );
    for( int i = 0; i < cnt; i++)
        printf( "%d\t%d\n", b[i][0], b[i][1] );
}
```

7.
```
#include "stdio.h"
#define N 0
#define E 1
#define S 2
#define W 3
int fun( int id1, int id2 )
{
    if( id1 == id2 + 7 )
        return N;
    else if( id1 == id2 - 1 )
        return E;
    else if( id1 == id2 - 7 )
        return S;
    else if( id1 == id2 + 1 )
        return W;
    else
        return -1;
}
void main()
{
```

```
        int id1, id2;
        int dir;
        printf( "input id1 id2\n" );
        scanf( "%d%d", &id1, &id2 );
        dir = fun( id1, id2 );
        switch( dir )
        {
        case N:printf( "north\n" );
        break;
        case E:printf( "east\n" );
        break;
        case S:printf( "south\n" );
        break;
        case W:printf( "west\n" );
        break;
        default:printf( "error\n" );
        }
    }
```

8.
```
    # include "stdio.h"
    # define EN 0
    # define ES 1
    # define SE 2
    # define SW 3
    # define WN 4
    # define WS 5
    # define NE 6
    # define NW 7
    int fun( int id1, int id2, int id3 )
    {
        if( id1 == id2 - 1 && id2 == id3 + 7 )
            return EN;
        else if( id1 == id2 - 1&&id2 == id3 - 7 )
            return EN;
        else if( id1 == id2 - 7&&id2 == id3 - 1 )
            return SE;
        else if( id1 == id2 - 7&&id2 == id3 + 1 )
            return SE;
        else if( id == id2 + 1&&id2 == id3 + 7 )
            return WN;
        else if( id1 == id2 + 1&&id2 == id3 - 7 )
            return WS;
        else if( id1 == id2 + 7&&id2 == id3 - 1 )
            return NE;
        else if( id1 == id2 + 7&&id2 == id3 + 1 )
            return NW;
        else
            return - 1;
    }
    void main()
    {
        int id1, id2, id3;
        int dir;
        printf( "input id1 id2 id3\n" );
        scanf( "%d%d%d", &id1, &id2, &id3 );
```

```
dir = fun( id1, id2, id3 );
switch( dir )
{
case EN:printf( "east north\n" );
break;
case ES:printf( "east south\n" );
break;
case SE:printf( "south east\n" );
break;
case SW:printf( "south west\n" );
break;
case WN:printf( "west north\n" );
break;
case WS:printf( "west south\n" );
break;
case NE:printf( "north east\n" );
break;
case NW:printf( "north west\n" );
break;
default:printf( "error\n" );
}
}
```

第 9 章

一、选择题

1. D 2. C 3. D 4. B 5. D

二、填空题

1. NUM * 20=110   2. 8   3. 3   4. 12   5. 48

三、编程题

1.
```
# include < stdio. h>
#define MYALPHA(C) ( (C >= 'A' && C <= 'Z') || (C >= 'a' && C <= 'z')) ? 1 : 0
void main()
{
    char ch;
    printf( "输入字符 ch:\n" );
    ch = getchar();
    if( MYALPHA(ch) )
        printf( "%c是字母字符\n", ch );
    else
        printf( "%c不是字母字符\n", ch );
}
```

2.
```
# include "stdio. h"
#define DIV(a, b) a % b
void main()
{
    int a, b;
    printf( "input a b\n" );
    scanf( "%d%d", &a, &b );
    int rem;
    rem = DIV(a, b);
    printf( "%d %% %d = %d\n", a, b, rem );
}
```

3.　# include < stdio. h>
　　# include < math. h>
　　#define S(a, b, c) (a + b + c)/2
　　#define AREA(a, b, c) sqrt(S(a, b, c) * (S(a, b, c) − a) * (S(a, b, c) − b) * (S(a, b, c) − c))
　　void main( )
　　{
　　　　double a, b, c;
　　　　printf("input a b c\n");
　　　　scanf(" % lf % lf % lf", &a, &b, &c);
　　　　double area;
　　　　area = AREA(a, b, c);
　　　　printf("area = % f\n", area);
　　}

第　10　章

一、选择题

1. C　2. B　3. B　4. B　5. C

二、填空题

1. 2　2. 11　3. 字符 C 的地址　4. 5　5. 9

三、写程序结果题

1. 9876　2. 0

四、编程题

1.　# include < stdio. h>
　　void main( )
　　{
　　　　char a[ ] = "language", b[ ] = "programe";
　　　　char * p, * q;
　　　　p = a; q = b;
　　printf("两个字符串中相同的字符为: \n");
　　　　while(* p&& * q)
　　　　{
　　　　　　if((* p) == (* q))
　　　　　　　　printf(" % c", * p);
　　　　　　p++; q++;
　　　　}
　　　　printf("\n");
　　}

2.　# include < stdio. h>
　　void fun(int a, int b, int c, int * max, int * min)
　　{
　　　　* max = a > b ? a : b;
　　　　* max = * max > c ? * max : c;
　　　　* min = a < b ? a : b;
　　　　* min = * min < c ? * min : c;
　　}
　　void main( )
　　{
　　　　int a, b, c;

```
        int max, min;
        printf( "输入整数 a:\n" );
        scanf( "%d", &a );
        printf( "输入整数 b:\n" );
        scanf( "%d", &b );
        printf( "输入整数 c:\n" );
        scanf( "%d", &c );
        fun( a, b, c, &max, &min );
        printf( "%d,%d 和 %d 三个数中,最大值为 %d,最小值为 %d\n", a, b, c, max, min );
    }
```

3.
```
    #define N 80
    #include <stdio.h>
    void fun( char *a )
    {
        while( *a )
        {
            if( *a >= 'A' && *a <= 'Z' )
            {
                char ch;
                ch = *a + 32;

                if( ch >= 'a' && ch <= 'u' )
                        *a = ch + 5;
                    else if( ch >= 'v' && ch <= 'z' )
                        *a = ch - 21;
            }
            a++;
        }
    }
    void main()
    {
        char a[N] = "ABCDUVWXYZ";
        fun( a );
        printf( "转换后的字符串为：%s\n", a );
    }
```

4.
```
    #include "stdio.h"
    int fun( unsigned a, int *cnt )
    {
        int t;
        int max = 0;
        *cnt = 0;
        while( a )
        {
            t = a % 10;
            if( 0 == t )
                *cnt = *cnt + 1;
            else if( t > max )
                max = t;
            a = a / 10;
        }
```

```
            return max;
        }
    void main()
    {
        unsigned a;
        long b;
        int cnt;
        printf( "输入正整数 a:\n" );
        scanf( "%d", &a );
        b = fun( a, &cnt );
        printf("%d中0的个数为 %d,各位上最大的值为 %d\n", a, cnt, b);
    }
```

5.
```
    #include  <stdio.h>
    #define N 80
    #include <stdio.h>
    void fun( int n, int *m )
    {
        int p[N];
        int cnt = 0;
        for( int i = 0; i < N; i++)
            p[i] = 0;
        while( n )
        {
            int k = n % 10;
            n /= 10;
            if( 1 == k % 2 )
            {
                p[cnt] = k;
                cnt++;
            }
        }
        *m = 0;
        for( i = cnt - 1; i >= 0; i-- )
            *m = *m * 10 + p[i];
    }
    void main()
    {
        int n = 234579234;
        int m;
        fun( n, &m );
        printf( "新整数为: %d\n", m );
    }
```

6.
```
    #define N 80
    #include <stdio.h>
    void fun( char *s, char *t, int n )
    {
        while( *s )
            s++;
        s--;
        char *p;
        p = t;
```

```
        int i = 0;
        while( * s && i < n )
        {
            * p = * s;
            s -- ;
            p++;
            i++;
        }
        * p = '\0';
        p -- ;
        while( t < p )
        {
            char ch;
            ch = * t; * t = * p; * p = ch;
            t++;
            p -- ;
        }
    }
    void main()
    {
        char s[ ] = " **** aaa *** bbb ***** ";
        char t[N];
        int n;
        printf( "输入正整数 n: \n" );
        scanf( "% d", &n );
        fun( s, t, n );
        printf( "新字符串为 % s\n", t );
    }
```

7.  ```
    # include < conio. h>
    # include  < stdio. h>
    # define M 10
    int a[M][M] = {0} ;
    void fun(int ( * a)[M], int m)
    {
        int j, k ;
        for (j = 0 ; j < m ; j++)
            for (k = 0 ; k < m ; k++)
                a[j][k] = (k + 1) * (j + 1) ;
    }
    void main ( )
    {
        int i, j, n ;
        printf ( "输入整数:\n" ) ;
        scanf ("% d", &n ) ;
        fun ( a, n ) ;
        for ( i = 0 ; i < n ; i++)
        {
            for (j = 0 ; j < n ; j++)
                printf ( "% d ", a[i][j] ) ;
            printf ( "\n" ) ;
```
```

```
        }
    }
8.  # define N 80
    # include < stdio. h >
    # include < string. h >
    # include < stdlib. h >
    void main( int argc, char * argv[ ] )
    {
        int k;
        if( argc == 1 )
            k = - 10;
        else
            k = atoi( argv[1] );
        char t[N];
        printf( "输入一行字符: \n" );
        gets( t );
        printf( "输出的字符串为: \n" );
        if( k > 0 )
        {
            t[k] = '\0';
            printf( "%s\n", t );
        }
        else
        {
            int n = strlen( t );
            char * p;
            p = t + n + k;
            printf( "%s\n", p );
        }
    }
9.  # include < stdio. h >
    char * getDir( int dir )
    {
        switch( dir )
        {
        case 0:return "N";break;
        case 1:return "E";break;
        case 2:return "S";break;
        case 3:return "W";break;
        default:return "error";
        }
    }
    void main( )
    {
        int dir;
        printf( "input dir\n" );
        scanf( "%d", &dir );
        char * pDir;
        pDir = getDir( dir );
        printf( "direction is %s\n", pDir );
    }
```

10.
```
# include < stdio. h>
char * getDir( int dir )
{
    switch( dir )
    {
    case 0:return "EN";break;
    case 1:return "ES";break;
    case 2:return "SE";break;
    case 3:return "SW";break;
    case 4:return "WN";break;
    case 5:return "WS";break;
    case 6:return "NE";break;
    case 7:return "NW";break;
    default:return "error";
    }
}
void main()
{
    int dir;
    printf( "input dir\n" );
    scanf( "%d", &dir );
    char * pDir;
    pDir = getDir( dir );
    printf( "direction is %s\n", pDir );
}
```

第 11 章

一、选择题

1. A   2. B   3. B   4. B   5. A

二、填空题

1. struct STRU   2. struct st 或 x   3. struct com { char name[];int kodo;double shuki; }   4. 6   5. 1100 abxd

三、写程序结果题

a,d

abc,def

ghi,mno

hi,no

四、编程题

1.
```
# include < stdio. h>
# include < math. h>
struct point
{
    int x,y,z;
};
void main()
{
```

```
    struct point p1,p2;                          /* 定义两个点 */
    double dist;
    printf("输入第一个点的坐标值:\nx = ");      /* 输入第一个点 */
    scanf(" % d",&p1.x);
    printf("y = ");
    scanf(" % d",&p1.y);
    printf( "z = " );
    scanf( " % d", &p1.z );
    printf("输入第二个点的坐标值:\nx = ");      /* 输入第二个点 */
    scanf(" % d",&p2.x);
    printf("y = ");
    scanf(" % d",&p2.y);
    printf( "z = " );
    scanf( " % d", &p2.z );
    dist = sqrt( (p2.x - p1.x) * (p2.x - p1.x) + (p2.y - p1.y) * (p2.y - p1.y) + (p2.z -
p1.z) * (p2.z - p1.z) );                          /* 计算两点距离 */
    printf("两点之间的距离为 % 10.2f\n",dist);
}
```

2.
```
# include < stdio.h>
struct point
{
    int x,y,z;
};
struct cuboid
{
    struct point org;
    int length;
    int width;
    int height;
};
void main()
{
    struct cuboid c1;                            /* 定义两个点 */
    int volume;
    printf("输入长方体顶点的坐标值:\nx = ");   /* 输入第一个点 */
    scanf(" % d",&c1.org.x);
    printf("y = ");
    scanf(" % d",&c1.org.y);
    printf( "z = " );
    scanf( " % d", &c1.org.z );
    printf("输入长方体的长宽高:\nlength = ");  /* 输入第二个点 */
    scanf(" % d",&c1.length);
    printf("width = ");
    scanf(" % d",&c1.width);
    printf( "height = " );
    scanf( " % d", &c1.height );
    volume = c1.length * c1.width * c1.height;
    printf("长方体( % d, % d, % d) % d, % d, % d的体积为 % d\n", c1.org.x, c1.org.y,
c1.org.z, c1.length, c1.width, c1.height, volume );
}
```

3.
```
# include < stdio. h>
struct Question
{
    int id;
    char cont[128];
    char type[32];
    char level[8];
    char answer[128];
};
# define N 2
void main( )
{
    struct Question q [N];
    for( int i = 0; i < N; i++)
    {
        printf( "输入第 % d 道题:\n", i );
        scanf( " % d",&q [i]. id );
    scanf( " % s",q [i]. cont );
    scanf( " % s", q [i]. type );
    scanf( " % s", q [i]. level );
    scanf( " % s", q [i]. answer );
    }
    for( i = 0; i < N; i++)
    {
    printf("第 % d 道题如下:\n", i );
    printf("编号: % d", q [i]. id );
    printf("内容: % s",q [i]. cont );
    printf("类型: % s",q [i]. type );
    printf("等级: % s",q [i]. level);
    printf("答案: % s",q [i]. answer);
    printf( "\n" );
    }
}
```

4.
```
# include < stdio. h>
# include < stdlib. h>
struct PRODUCT
{
    char dm[4];
    char mc[10];
    int dj;
    int sl;
    int je;
};
void main( )
{
    struct PRODUCT sonydv;
    printf( "输入产品代码:\n" );
    gets( sonydv. dm );
    printf( "输入产品名称:\n" );
    gets( sonydv. mc );
```

```
        printf( "输入产品单价:\n" );
        scanf( "%d", &sonydv.dj );
        printf( "输入产品数量:\n" );
        scanf( "%d", &sonydv.sl );
        sonydv.je = sonydv.dj * sonydv.sl;
        printf( "输入的产品信息如下:\n 代码\t 名称\t 单价\t 数量\t 金额\n" );
        printf( "%s\t%s\t%d\t%d\t%d\n", sonydv.dm, sonydv.mc, sonydv.dj, sonydv.sl,
    sonydv.je );
    }
```

5.
```
    #include < stdio.h >
    #include < stdlib.h >
    #include < math.h >
    #define N 5
    struct student
    {
        long studno;
        char name[20];
        double score[4];
    /* 三科成绩及平均成绩 */
    }stud[N];
    void main()
    {
        int i,j;
        double
        average = 0, sum, maxave = 0, temp;
        for (i = 0; i < N; i++)
        /* 输入各学生的数据 */
        {
            printf("输入第 %d 个学生的信息:\n", i + 1);
            printf("学生学号:");
            scanf("%ld", &stud[i].studno);

        printf("%ld\n", stud[i].studno);
            getchar();
            printf("学生姓名:");
            gets(stud[i].name);
            puts(stud[i].name);
            sum = 0;
            for (j = 0; j < 3; j++)
            {
                printf("第 %d 个学生的第[%d]门课成绩:", i + 1, j + 1);
                temp = rand()%100 + 1;
                printf( "%f\n", temp );
                stud[i].score[j] = temp;
                sum += temp;
            }
            stud[i].score[j] = sum/3;
            average += stud[i].score[j];
    maxave = (stud[i].score[j] > maxave)?stud[i].score[j]:maxave;
        }
        average/ = N;
        printf("\n %d 个学生的平均分 是 %6.2f\n", N, average);
        printf("\n 最好的学生信息:\n 学号   学生姓名   成绩1 成绩2 成绩3 总分   平均分");
```

```
        for (i = 0; i < N; i++)
        {
            if
        (fabs(maxave - stud[i].score[3])< 1e - 6)
            {
                printf("\n % 10ld  % - 20s",stud[i].studno,stud[i].name);
                for (j = 0;j < 3;j++)
            printf(" % 6.2f",stud[i].score[j]);printf(" % 6.2f  % 6.2f",stud[i].score[j] *
3,stud[i].score[j]);
            }
        }
    }
```

6.  ```
    # define N 8
    # include < stdio. h >
    struct STREC
    {
        int num;
        int s;
    };
    int fun(struct STREC * a, struct STREC * b)
    {
        int i,j = 0,n = 0,min;
        min = a[0].s;
        for(i = 0;i < N;i++)
        {
            if(a[i].s < min)
                min = a[i].s;
        }
        for(i = 0;i < N;i++)
            if(a[i].s == min)
            {
                * (b + j) = a[i];
                j++;
                n++;
            }
        return n;
    }
    void main()
    {
        int score,cnt;
        struct STREC a[N];
        struct STREC b[N];
        for( int i = 0; i < N; i++)
        {
            printf( "输入第 % d 个学生的成绩:\n", i + 1);
            scanf( " % d", &score );
            a[i].num = i + 1;
            a[i].s = score;
            printf( " % d\n", score );
        }

        cnt = fun( a, b );

        printf( "最低分数的人数为: % d\n", cnt );
```
```

```
            printf( "最低分数的学生学号和分数为: \n" );
            for( i = 0; i < cnt; i++)
                printf( "% d % d\n", b[ i ].num, b[ i ].s );
        }

7.   # include < stdio. h>
     # define M 80
     # define P 11
     # define N 100
     struct STREC
     {
         int num;
         char name[M];
         char phone[P];
     };
     void fun( struct STREC std[ ], int n )
     {
         for( int i = 0; i < n; i++)
         {
             struct STREC * cur = &std[ i ];
             printf( "输入学生姓名: \n" );
             gets( cur -> name );
             puts( cur -> name );
             printf( "输入学生电话号码: \n" );
             gets( cur -> phone );
             puts( cur -> phone );
             cur -> num = i + 1;
         }
     }
     void main()
     {
         int n;
         printf( "输入学生人数:\n" );
         scanf( "% d", &n );
         getchar();
         struct STREC std[N];
         fun( std, n );
         printf( "生成的学生通讯录为: \n" );
         int i = 0;
         while( i < n )
         {
             printf( "% d % s % s\n", std[i].num, std[i].name, std[i].phone );
             i++;
         }
     }

8.   # include < string. h>
     # define N 3
     # define M 80
     # include < stdio. h>
     struct STREC
     {
```

```
        int num;
        char name[M];
        int s[3];
    };
    void fun(struct STREC  * a, int n)
    {
        struct STREC t;
        for( int i = 1; i <= n; i++)
        {
            for( int j = 0; j < n - j; j++)
            {
                if( strcmp( a[j].name, a[j+1].name ) > 0 )
                {
                    t = a[j];
                    a[j] = a[j+1];
                    a[j+1] = t;
                }
            }
        }
    }
    void main()
    {
        struct STREC a[N];
        for( int i = 0; i < N; i++)
        {
            printf( "输入第%d个学生的姓名:\n", i+1 );
            gets( a[i].name );
            for( int j = 0; j < 3; j++)
            {
                printf( "输入第%d个学生的第%d门课成绩:\n", i+1, j+1 );
                scanf( "%d", &(a[i].s[j]) );
                getchar();
                printf( "%d\n", a[i].s[j] );
            }
            a[i].num = i+1;
        }
        fun( a, N );
        printf( "排好序的学生学号及成绩: \n" );
        for( i = 0; i < N; i++)
        {
            printf( "%s %d %d %d %d\n", a[i].name, a[i].num, a[i].s[0], a[i].s[1],
    a[i].s[2] );
        }
    }
9.  # include < stdio. h >
    struct Point
    {
        int x;
        int y;
    };
```

```
struct Point fun( int id )
{
    struct Point p1;
    p1.x = id % 7;
    p1.y = id / 7;
    return p1;
}
void main()
{
    int id;
    printf( "input id\n" );
    scanf( "%d", &id );
    struct Point p1;
    p1 = fun( id );
    printf( "%d = (%d, %d)\n", id, p1.x, p1.y );
}
```

第 12 章

一、选择题

1. C　2. B　3. D　4. B　5. C

二、填空题

1. i＝1,j＝10,k＝100　2. i＝2,j＝21,k＝211　3. i＝A,j＝B,k＝C

4. j＝1024,g＝3.140000　5. g＝31.235000　6. pos＝12

三、编程题

1.
```
# include < stdio.h>
void main()
{
    FILE * fp = fopen( "test", "w" );
    int i = 1024;
    int j;
    fprintf( fp, "%d", i );
    fclose( fp );

    FILE * fp1 = fopen( "test", "r" );
    fscanf( fp1, "%d", &j );
    fclose( fp1 );
    printf( "j = %d\n", j );
}
```

2.
```
# include < stdio.h>
# define N 5
void main()
{
    FILE * fp = fopen( "test", "w" );
    int a[N] = {1, 2, 3, 4, 5};
    int j, t;
    for( int k = 0; k < N; k++ )
        fprintf( fp, "%d ", a[k] );
    fclose( fp );
```

```
        FILE * fp1 = fopen( "test", "r" );
        for( j = 0; j < N; j++ )
        {
            fscanf( fp1, "%d", &t );
            printf( "%d\n", t );
        }
        fclose( fp1 );
    }
```

3.  ```
    #include <stdio.h>
    struct point
    {
        int x, y, z;
    };
    struct cuboid
    {
        struct point org;
        int length;
        int width;
        int height;
    };
    void main()
    {
        struct cuboid c1;
        printf("输入长方体顶点的坐标值:\nx = ");
        scanf("%d", &c1.org.x);
        printf("y = ");
        scanf("%d", &c1.org.y);
        printf( "z = " );
        scanf( "%d", &c1.org.z );
        printf("输入长方体的长宽高:\nlength = ");
        scanf("%d", &c1.length);
        printf("width = ");
        scanf("%d", &c1.width);
        printf( "height = " );
        scanf( "%d", &c1.height );

        FILE * fp = fopen( "exer.txt", "w" );
        fprintf( fp, "%d ", c1.org.x );
        fprintf( fp, "%d ", c1.org.y );
        fprintf( fp, "%d ", c1.org.z );
        fprintf( fp, "%d ", c1.length );
        fprintf( fp, "%d ", c1.width );
        fprintf( fp, "%d ", c1.height );
        fclose( fp );
        FILE * fp1 = fopen( "exer.txt", "r" );
        struct cuboid c2;
        fscanf( fp1, "%d", &c2.org.x );
        fscanf( fp1, "%d", &c2.org.y );
        fscanf( fp1, "%d", &c2.org.z );
```
```

```
        fscanf( fp1, "%d", &c2.length );
        fscanf( fp1, "%d", &c2.width );
        fscanf( fp1, "%d", &c2.height );
        fclose( fp1 );

        printf("长方体(%d, %d, %d) %d, %d, %d\n", c2.org.x, c2.org.y, c2.org.z,
    c2.length, c2.width, c2.height );
    }
```

4.
```
    #include <stdio.h>
    struct point
    {
        int x,y,z;
    };
    struct cuboid
    {
        struct point org;
        int length;
        int width;
        int height;
    };
    void main()
    {
        struct cuboid c1;
        printf("输入长方体顶点的坐标值:\nx = ");
        scanf("%d",&c1.org.x);
        printf("y = ");
        scanf("%d",&c1.org.y);
        printf( "z = " );
        scanf( "%d", &c1.org.z );
        printf("输入长方体的长宽高:\nlength = ");
        scanf("%d",&c1.length);
        printf("width = ");
        scanf("%d",&c1.width);
        printf( "height = " );
        scanf( "%d", &c1.height );

        FILE *fp = fopen( "exer.txt", "w" );
        fwrite( &c1, sizeof(c1), 1, fp );
        fclose( fp );
        FILE *fp1 = fopen( "exer.txt", "r" );
        struct cuboid c2;
        fread( &c2, sizeof(c2), 1, fp1 );
        fclose( fp1 );

        printf("长方体(%d, %d, %d) %d, %d, %d\n", c2.org.x, c2.org.y, c2.org.z,
    c2.length, c2.width, c2.height );
    }
```

5.
```
    #include <stdio.h>
    #include <math.h>
    void fun( )
```

```
    {
        FILE * myfile;
        int k;
        double sr;
        myfile = fopen( "myfile.txt", "w+" );
        if( NULL == myfile )
        {
            printf( "打开文件%s失败:\n", "myfile.txt" );
            return;
        }
        for( int i = 1; i <= 10; i++)
        {
            fprintf( myfile, "%d %f\n", i, sqrt(i) );
        }

        if( -1 == fseek( myfile, 0, SEEK_SET ))
            printf( "fseek error\n" );
        while( fscanf( myfile, "%d %lf", &k, &sr ) != EOF )
        {
            printf( "%d的平方根是%f\n", k, sr );
        }
        fclose( myfile );
    }
    void main()
    {
        fun();
    }
```

6.
```
    # include < stdio. h >
    # include < math. h >
    void fun( char * pStr, int a, double b )
    {
        FILE * myfile;
        int k;
        double sr;
        char str[80];
        myfile = fopen( "myfile.txt", "w+" );
        if( NULL == myfile )
        {
            printf( "打开文件%s失败:\n", "myfile.txt" );
            return;
        }
        fprintf( myfile, "%s\n%d\n%f\n", pStr, a, b );
        if( -1 == fseek(myfile,0, SEEK_SET ))
            printf( "fseek error\n" );
        fgets( str, 79, myfile );
        printf( "%s", str );
        fscanf( myfile, "%d", &k );
        printf( "%d\n", k );
        fscanf( myfile, "%lf", &sr );
        printf( "%f\n", sr );
```

```
        fclose( myfile );
    }
    void main()
    {
        fun( "test line", 1024, 12.345 );
    }
7.  # include < stdio.h>
    # include < string.h>
    void writetext( )
    {
        FILE * myfile;
        myfile = fopen( "myfile.txt", "w" );
        if( NULL == myfile )
        {
            printf( "打开文件 % s 失败:\n", "myfile.txt" );
            return;
        }
        char line[80];
        gets( line );
        while( 0 != strcmp( line, "-1" ))
        {
            fprintf(myfile, " % s\n", line );
            gets( line );
        }
        fclose( myfile );
    }
    void readtext()
    {
        FILE * myfile;
        myfile = fopen( "myfile.txt", "r" );
        if( NULL == myfile )
        {
            printf( "打开文件 % s 失败:\n", "myfile.txt" );
            return;
        }
        char line[80];
        while( fgets(line, 80, myfile ) != NULL )
        {
            printf( " % s", line );
        }
        fclose( myfile );
    }

    void main()
    {
        writetext();
        readtext();
    }
8.  # include < stdio.h>
    void main()
```

```
        {
            FILE * fp = fopen( "exer.txt", "w" );
            for( int id1 = 0; id1 < 49; id1++ )
            {
                for( int id2 = 0; id2 < 49; id2++ )
                {
                    int x1, y1, x2, y2;
                    x1 = id1 % 7;
                    y1 = id1 / 7;
                    x2 = id2 % 7;
                    y2 = id2 / 7;
                    if( (x1 == x2 && ((y1 - y2) == 1 || (y2 - y1) == 1 )) || (y1 == y2 && ((x1 -
        x2) == 1 || (x2 - x1) == 1 )))
                            fprintf( fp, "% d", 1 );
                    else
                            fprintf( fp, "% d", 0 );
                }
                fprintf( fp, "\n" );
            }
        }
9.      # include < stdio. h>
        void main()
        {
            FILE * fp = fopen( "exer.txt", "w" );
            for( int id1 = 0; id1 < 49; id1++ )
            {
                fprintf( fp, "% d ", id1 );
                for( int id2 = 0; id2 < 49; id2++ )
                {
                    int x1, y1, x2, y2;
                    x1 = id1 % 7;
                    y1 = id1 / 7;
                    x2 = id2 % 7;
                    y2 = id2 / 7;
                    if( (x1 == x2 && ((y1 - y2) == 1 || (y2 - y1) == 1 )) || (y1 == y2 && ((x1 -
        x2) == 1 || (x2 - x1) == 1 )))
                            fprintf( fp, "% d ", id2 );
                }
                fprintf( fp, "\n" );
            }
        }
```

第 13 章

1. 略 2. 略 3. 略 4. 略

参 考 文 献

［1］　赫伯特.希尔特.C 语言大全[M].王子恢,戴健鹏等译.4 版.北京：电子工业出版社,2003.
［2］　KERNIGHAN B W,RITCHIE D M. The C Programming Language[M].2 版.北京：清华大学出版社,1996.
［3］　谭浩强.C 程序设计[M].3 版.北京：清华大学出版社,1999.
［4］　耿焕同.C 语言程序设计[M].镇江：江苏大学出版社,2012.
［5］　谭成矛.C 语言及程序设计基础[M].武汉：武汉大学出版社,2010.
［6］　陈良银,游洪跃,李旭伟.C 语言程序设计[M].C99 版.北京：清华大学出版社,2007.
［7］　KING K N.C 语言程序设计现代方法[M].吕秀峰译.北京：人民邮电出版社,2007.
［8］　DETIEL P J,DETIEL H M.C 大学教程(第五版)[M].苏小红,李东,王甜甜等译.北京：电子工业出版社,2008.
［9］　刘玉英.C 语言程序设计——案例驱动教程[M].北京：清华大学出版社,2011.
［10］　姜成志.C 语言程序设计教程[M].北京：清华大学出版社,2011.

参　考　文　献